新工科暨卓越工程师教育培养计划电气类专业系列教材

GONG CHENG SHU XUE YING YONG RU MEN

工程数学应用入门
——基于MATLAB的计算方法

■ 编 著／陈 众 唐夏菲

■ 参 编／施星宇 李清辉

U0180091

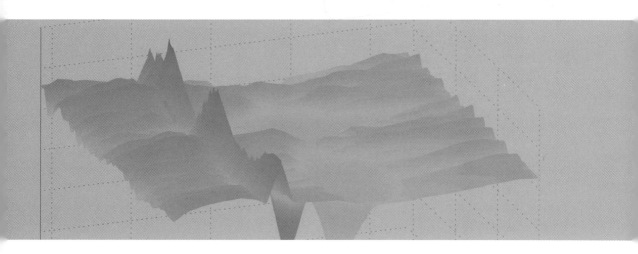

华中科技大学出版社
http://press.hust.edu.cn
中国·武汉

内 容 简 介

以二阶电路的响应计算为基本例题,结合物理过程,介绍数学原理,在完成具体目标的过程中,将 MATLAB 软件的使用方法、常用数据类型、编程语法、内建函数、simulink 工具箱的使用等内容分散在各章节中介绍。

本书可以作为工科生的 MATLAB 编程类课程的教材,也可以作为研究生电力系统仿真课程的辅助资料,同时,对工科专业的科研技术人员而言,该书对掌握相关理论基础知识也有一定的参考价值。

图书在版编目(CIP)数据

工程数学应用入门:基于 MATLAB 的计算方法/陈众,唐夏菲编著. —武汉:华中科技大学出版社,2023.9

ISBN 978-7-5680-9715-4

Ⅰ.①工… Ⅱ.①陈… ②唐… Ⅲ.①工程数学-计算机辅助计算-Matlab 软件-高等学校-教材 Ⅳ.①TB11 ②TP391.75

中国国家版本馆 CIP 数据核字(2023)第 172086 号

工程数学应用入门——基于 MATLAB 的计算方法　　　　　　陈　众　唐夏菲　编著
Gongcheng Shuxue Yingyong Rumen——Jiyu MATLAB de Jisuan Fangfa

---

策划编辑:范　莹
责任编辑:李　露
封面设计:廖亚萍
责任校对:李　琴
责任监印:周治超

出版发行:华中科技大学出版社(中国·武汉)　　　电话:(027)81321913
　　　　　武汉市东湖新技术开发区华工科技园　　　邮编:430223
录　　排:武汉市洪山区佳年华文印部
印　　刷:武汉科源印刷设计有限公司
开　　本:787mm×1092mm　1/16
印　　张:14.5
字　　数:345 千字
版　　次:2023 年 9 月第 1 版第 1 次印刷
定　　价:45.00 元

序

　　数学在科技进步和经济发展中发挥了基础性作用，特别地，随着计算机技术的发展，其运算速度不断提高、算法推陈出新，基于计算机的仿真实验法逐渐成为学术界、工业界验证理论可行性的必要手段之一。

　　MATLAB作为世界知名的数值计算软件之一，有强大的数值运算和符号运算功能，有数百个仿真工具包供使用者调用。该软件具有应用广泛、方便实用、高效便捷的特点。然而，其众多的内置函数命令使学生易于获得运算结果，而难以深刻理解从基础理论到编程实现的全过程，这就导致学生对工程数学的本质理解得不够深刻，知其然而不知其所以然，难以进一步开展创新研究。

　　本书作者长期从事电力系统及其自动化方面的教学与科研工作，系统梳理了电气工程领域常涉及的数学课程，包括"高等数学"、"线性代数"、"复变函数"、"概率论与数理统计"等，在讲述数学原理的同时，结合"电路"、"电机学"、"电磁场"、"信号与系统"、"自动控制原理"等专业课中涉及的相关数学问题，建立理论与工程实际的联系。这样的设计思路可使读者更好地理解并建立利用数学方法解决工程问题的思路，促进创新能力的培养。此外，通过设计专业虚拟实验，在MATLAB软件中实现仿真，完成数学语言到计算机语言的转换，具有很强的工程实践意义。

重庆大学　谢开贵

前言

工程数学可让工科学生更加方便地处理工程常见问题。工科专业的学生在大一学习完"高等数学"课程后，基本会被要求学习"线性代数"、"概率论与数理统计"、"复变函数"、"数值分析方法"等工程数学基础课程。在进入"信号与系统"、"自动控制原理"、"电机学"等专业基础课和专业课的学习后，会用到工程数学基础知识。然而，部分讲授数学课程的老师通常主要从事数学方面的研究和教学工作，缺乏一定的专业背景，会对数学在专业中的应用缺乏连贯性的讲解，从而会导致本科生在学习这些数学知识时，存在一定的困惑，例如，"线性代数"中矩阵的奇异性判断为什么定义为行列式为 0 与否，在工程上有什么用？"复变函数"中计算留数是为了做什么？为什么在傅里叶变换公式的基础上多加一个 σ 就成了拉普拉斯变换？拉普拉斯变换显然是复变函数形式的，它又为什么可以用来解"高等数学"中的微分方程？工程上实际不能实现的冲激函数为什么在"信号处理"和"自动控制原理"中那么重要？它与经常用的阶跃信号有什么关系？

本书作者在求学的过程中，也对类似的问题心存疑惑，后长期从事自动化和电力系统仿真方面的教学和科研工作，逐渐有所理解。因此，作者尝试在 MATLAB 课程教学中，将 MATLAB 编程与工程数学知识点融合，使学生在大一或大二学习 MATLAB 课程的过程中，回顾和总结所学的数学知识，并与正在开展的专业基础入门课程融合，更好地理解专业知识点。

作者在长沙理工大学电气与信息工程学院进行了近十年的教学尝试，从学生反馈的意见来看，该课程起到了承前启后的作用，在一定程度上能够帮助学生更好地掌握专业知识，同时避免了在 MATLAB 教学过程中，仅讲授语法和编程，从而与 C 语言课程功能重叠的缺陷。经十年左右的规划和持续努力，该项目在 2022 年入选了湖南省一流本科课程（线上线下混合）。

本书的特色如下。

（1）大多数章节以二阶电路的响应计算为基本例题，结合物理过程，介绍数学原理，在完成具体目标的过程中，将 MATLAB 软件的使用方法、常用数据类型、编程语法、内建函数、simulink 工具箱的使用等内容分散在各章节中介绍。由于 MATLAB 的语法相对松散，内建函数众多，只需要确实掌握基本内容，就可以举一反三地学习其他内容。

（2）本书配套实现了多种数字资源，除了常规的 PPT、程序，还提供 MATLAB 的 mlx 文件形式的交互式课件、融入思政内容的课堂教学过程，具体可扫描本页二维码查看。

（3）开发了对外开放的参数化网络实验平台，在长沙理工大学官网试运行。参数化的习题系统的实现克服了传统题库数量有限的缺点，题目的变量名称、数值等由算法随机生成，学生完成代码后的核对过程由后台算法实现，在避免学生抄袭作业的同时，大幅度减小了教师检查作业的工作量，并在大数据分析和查询功能不断完善的条件下，进一步辅助教师和教学管理人员监控教学质量。

本书可以作为工科生的 MATLAB 编程类课程的教材，也可以作为研究生电力系统仿真课程的辅助资料，同时，对工科专业的科研技术人员而言，该书对掌握相关理论基础知识也有一定的参考价值。由于作者水平有限，看问题的角度单一，书中难免存在不足之处，也期待同行专家进行批评指正。

本书的撰写得到了长沙理工大学曾喆昭教授、王文副教授、席燕辉副教授等老师的相关指导和帮助，研究生程浩宇、符彪丗、夏楚恒，本科生罗冰倩、扶祺等同学也在查找资料和编写部分源代码方面做出了非常有益的工作。本书编写时间较长，期间还有很多参与过的同学，不一一列举，在此一并致谢。

作　者

2023 年 5 月

mlx

PPT

程序

目 录

1

线性方程组的求解与应用

1.1 线性方程组的求解

1.1.1 定义

线性方程组是各个方程的未知量均为一次的方程组(例如二元一次方程组),其是最简单也是最重要的一类代数方程组。大量的科学技术问题,最终往往归结为解线性方程组,因此线性方程组的数值解法在计算数学中占有重要地位。

线性方程组包括定解方程组、不定方程组、超定方程组、奇异方程组等多种形式的。本书只考虑最为简单的有唯一解的线性方程组的求法。

由"线性代数"课程可知,一般的、有唯一解的线性方程组可表示为

$$
\begin{cases}
a_{11}x_1 + a_{12}x_2 + \cdots + a_{1n}x_n = b_1 \\
a_{21}x_1 + a_{22}x_2 + \cdots + a_{2n}x_n = b_2 \\
\cdots \\
a_{m1}x_1 + a_{m2}x_2 + \cdots + a_{mn}x_n = b_m
\end{cases}
\tag{1.1}
$$

式中,$x_1, x_2, \cdots, x_n$ 代表未知量,$a_{ij}(1 \leqslant i \leqslant m, 1 \leqslant j \leqslant n)$ 为方程的系数,$b_i(1 \leqslant i \leqslant m)$ 称为常数项。系数和常数项是任意复数或某一个域的元素。

1.1.2 线性代数表达与求解

可以将式(1.1)改写成矩阵的形式:

$$
Ax = b
\tag{1.2}
$$

系数所构成的 m 行 n 列矩阵为

$$
A = \begin{bmatrix}
a_{11} & a_{12} & \cdots & a_{1n} \\
a_{21} & a_{22} & \cdots & a_{2n} \\
\cdots & \cdots & \cdots & \cdots \\
a_{m1} & a_{m2} & \cdots & a_{mn}
\end{bmatrix}
\tag{1.3}
$$

A 称为方程组的系数矩阵。当常数项 $b_1, b_2, \cdots, b_n$ 都等于零时,方程组称为齐次线性方程组,齐次线性方程组在一般情况下不会有非零解,因此我们往往讨论非齐次线性方程组(带常数 b_n),其解可以借助矩阵运算得出:

$$x = A^{-1}b \tag{1.4}$$

例题 1-1 已知方程如下，求解变量 x, y, z。

$$\begin{cases} x + y + z = 10 \\ 2x + 3y + z = 17 \\ 3x + 2y - z = 8 \end{cases} \tag{1.5}$$

解题过程：

三个方程式、三个未知数，先确定各个方程式中的未知数的系数，可得

$$\begin{bmatrix} 1 & 1 & 1 \\ 2 & 3 & 1 \\ 3 & 2 & -1 \end{bmatrix} \begin{bmatrix} x \\ y \\ z \end{bmatrix} = \begin{bmatrix} 10 \\ 17 \\ 8 \end{bmatrix} \Rightarrow AX = B \tag{1.6}$$

A 为系数矩阵，B 为右边值向量，$X = [x, y, z]^{\mathrm{T}}$ 为未知数构成的列向量。

用 A 来代表未知数中的所有系数，A=[1,1,1；2,3,1；3,2,-1]，用 B 来代表各个方程式右边的数值，B=[10；17；8]。在 MATLAB 命令行窗口输入以下命令（见图 1-1）。

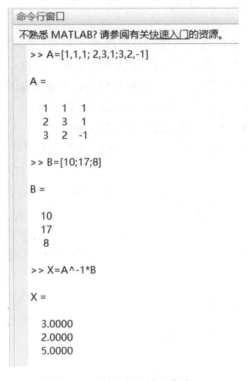

图 1-1　命令行窗口输入命令 1

A^-1 代表的就是 A^{-1}，计算 A^-1 * B 就可以得到相应的 X 的数值了，即 $x = 3, y = 2, z = 5$。

1.1.3　矩阵的奇异性与方程冗余

例题 1-2 已知并联电路结构如图 1-2 所示，设 $R_1 = 1\ \Omega, R_2 = 2\ \Omega, R_3 = 3\ \Omega$，电源 $e = 1\ \mathrm{V}$，求流经各电阻的电流。

解题过程:

以三个电阻上的电流 i_1、i_2、i_3 为三个未知数,根据电路原理可知:

(1) 电阻 R_1 上的压降＋电阻 R_2 上的压降＝电源电压;

(2) 电阻 R_1 上的压降＋电阻 R_3 上的压降＝电源电压;

图 1-2　简单并联电路

(3) 电阻 R_2 上的压降＝电阻 R_3 上的压降。

按以上描述可以列出矩阵形式的表达式为

$$\begin{bmatrix} 1 & 2 & 0 \\ 1 & 0 & 3 \\ 0 & 2 & -3 \end{bmatrix} \begin{bmatrix} i_1 \\ i_2 \\ i_3 \end{bmatrix} = \begin{bmatrix} 1 \\ 1 \\ 0 \end{bmatrix} \tag{1.7}$$

在 MATLAB 中输入以下命令(见图 1-3),并计算结果。

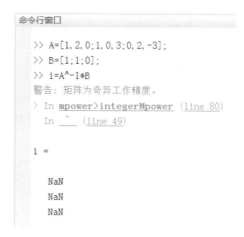

图 1-3　命令行窗口输入命令 2

可以清楚地看到,在计算 A^-1,即 **A** 的逆矩阵时,提示矩阵为奇异矩阵,得不到正确的答案。事实上,我们也很容易看出,方程组中的第一式减去第二式,就是第三式。说明第三式是冗余的。

这个案例的正确解法留给读者自行解决。这个案例提示我们,在解决一个复杂问题时,尤其是未知量很多的时候,我们有时候并不容易发现找到的约束条件是冗余的。而在线性代数中,利用矩阵的奇异性,能够非常快地得出对应的结论。

1.2　编程知识点(1)

1.2.1　命令行窗口

在图 1-1 中,我们可以看到命令行窗口,在 MATLAB 启动后,它会位于窗口的正中间,其作用是非常重要的,基本的运算都可以在这里实现。

我们可以在命令行窗口的命令行上输入单个语句并查看生成的结果,如图 1-1 所示。在某些英文教材中,将命令行窗口称为"scratch pad"(便笺簿)。

在命令行窗口最下面的光标闪烁的时候,按键盘上的上下键,界面会不断显示最近输入过的命令,如图 1-4 所示。

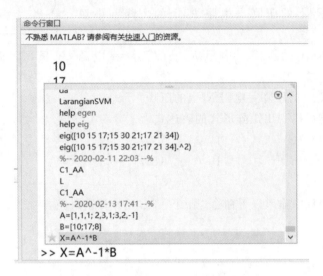

图 1-4　命令行窗口查阅命令

如果需要临时进行某简单计算,在这里进行输入是非常方便的。与计算机的计算器功能进行比较,此方法最大的好处是,万一输错了数据,借助上下键功能非常容易进行修改。简单计算示例如图 1-5 所示。

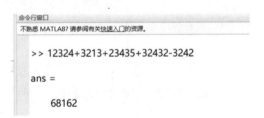

图 1-5　简单计算示例

1.2.2　变量命名规则

在图 1-1 中,我们用到了 A、B、X 三个变量名称,A、B 是直接赋值的,X 是计算出来的。

MATLAB 中变量的命名规则如下。

(1) 变量名必须以字母开头,后面可以用字母、数字、下划线,但不能用空格和标点符号(与 C 语言的标准相同)。

(2) 变量名区分大小写,A 和 a 表示两个不同的变量。

(3) 名字可以任意长,但是只有前面的 63 个字符参与识别。

(4) 应避免使用函数名和系统保留字。

对变量命名的建议是:① 变量名应尽量反映变量的含义;② 局部变量名尽量采用小写,全局变量名尽量采用大写。

在 MATLAB 语言中,变量不需要事先声明,MATLAB 在遇到新的变量名时,会自动建立变量并分配内存。给变量赋值时,如果变量不存在,会创建此变量;如果变量存在,会更新它的值。

1.2.3　矩阵赋值操作

前面对变量 A 的赋值操作表达式为 A＝[1,1,1; 2,3,1;3,2,－1],等号"＝"左边是被赋值的变量的名称,右边是赋值的内容。

可以发现这里使用了","和";"两种不同的间隔,可以看出,前者用于分隔同一行的数据,后者起到另起一行的效果。因此,A＝[1,1,1; 2,3,1;3,2,－1]可生成一个 3×3 的矩阵,而 B＝[10;17;8]可生成一个 3×1 的列向量。如果需要一个行向量,则只需要使用","进行分隔。此外,MATLAB 也允许使用空格进行列和列之间的分隔,例如 C＝[1 3 2]和 C＝[1, 3, 2]都可生成一个 1×3 的行向量。

变量可以分为标量、向量和矩阵,在 MATLAB 中,它们可以被统一视为矩阵,标量也就是一个 1×1 的矩阵。

总体上讲,在 MATLAB 中创建矩阵有以下规则。

(1)矩阵元素必须在"[ ]"内,也可以用 A＝[]创建一个空矩阵。

(2)矩阵的同行元素之间用空格(或",")隔开。

(3)矩阵的行与行之间用";"(或回车符)隔开。

(4)矩阵的元素可以是数值、变量、表达式或函数(例如,A＝[sin(pi),-cos(pi)])。

(5)矩阵的尺寸不必预先定义。

最简单的建立矩阵的方法是通过键盘直接输入矩阵的元素,输入的方法按照上面的规则。此外还有一些其他快捷的方法可用于创建维数较大的矩阵,参见第 3.4.1 节。另外,可以利用 MATLAB 函数创建矩阵,基本矩阵函数如下。

(1)ones 函数:产生全为 1 的矩阵,ones(n)可产生 n×n 维的全 1 矩阵,ones(m,n)可产生 m×n 维的全 1 矩阵。

(2)zeros 函数:产生全为 0 的矩阵。

(3)rand 函数:产生在(0,1)区间均匀分布的随机阵。

(4)eye 函数:产生单位阵。

(5)randn 函数:产生均值为 0,方差为 1 的标准正态分布随机矩阵。

需要注意的是,在 MATLAB 中,定义空矩阵 A＝[]与 clear A 不同,clear 是将 A 从工作空间中删除,而空矩阵则存在于工作空间中,只是维数为 0。

1.2.4　访问

1. 矩阵元素的访问

可以通过下标引用矩阵的元素,即(Subscript,行列索引),如 Matrix(m,n),也可以通过矩阵元素的序号来引用矩阵元素,即(Index,相应元素在内存中的排列顺序)。

下标与序号是一一对应的,其概念类似于如何将 C 语言中的二维数组当成一维数组访问。在 MATLAB 中,矩阵元素按列存储,因此,以 m×n 矩阵 A 为例,矩阵元素 A(i,j)的序号为(j－1)∗m＋i。

例如,图 1-6 中,每个格子中心的数字为矩阵 A 的元素值,左上角为按下标访问,右下角为按序号访问。m＝n＝3,第 3 行第 2 列的元素值为 2,按下标访问为 A(3,2),i＝3,j＝2,则序号为(j−1)＊m＋i＝(2−1)×3＋3＝6,故按序号访问采用 A(6)形式。

A(1,1) 1 A(1)	A(1,2) 1 A(4)	A(1,3) 1 A(7)
A(2,1) 2 A(2)	A(2,2) 3 A(5)	A(2,3) 1 A(8)
A(3,1) 3 A(3)	A(3,2) 2 A(6)	A(3,3) −1 A(9)

图 1-6　下标与序号对应关系

验证代码如下:

```
>>A=[1,1,1; 2,3,1;3,2,-1]
A=
  1    1    1
  2    3    1
  3    2   -1
>>A(6)
ans=
    2
>>A(3,2)
ans=
    2
```

序号与下标的相互转换关系也可利用 sub2ind 和 ind2sub 函数求得。

```
>>sub2ind([3,3],3,2)
ans=
    6
>>[i,j]=ind2sub([3,3],6)
i=
    3
j=
    2
```

这两个函数在高维数组中使用时优势会相对突出,例如对读入的图片数据进行操作时,一般都是 $m×n×3$ 的三维矩阵, m、n 分别是图片的长、宽,3 层分别是红、绿、蓝三原色。

2. 子矩阵的访问

子矩阵是指矩阵的一部分元素组成的新矩阵。通常利用冒号表达式访问子矩阵。

(1) A(:,j)表示取矩阵 **A** 第 j 列的全部元素。

(2) A(i,:)表示取矩阵 **A** 第 i 行的全部元素。

(3) A(i,j)表示取矩阵 **A** 第 i 行、第 j 列的元素。

（4）A(i:i＋m,:)表示取矩阵 A 第 $i\sim i+m$ 行的全部元素。

（5）A(:,k:k＋m)表示取矩阵 A 第 $k\sim k+m$ 列的全部元素。

（6）A(i:i＋m,k:k＋m)表示取矩阵 A 第 $i\sim i+m$ 行内,第 $k\sim k+m$ 列中的所有元素。

此外,还可利用一般向量和 end 运算符来表示矩阵下标,从而获得子矩阵。end 表示某一维的末尾元素下标。例如下面例子：

```
>>A(1:2,1:2)
ans=
    1    1
    2    3
>>A(1:2:end,1:2:end)
ans=
    1    1
    3   -1
```

上面两个操作中,第一个取矩阵 A 的第 1,2 行,第 1,2 列。第二个操作中,数字 2 变成了递增量,end 表示行或者列的最大值(m 或 n),这里都是 3,因此取的是矩阵 A 的第 1,3 列和第 1,3 列的交叉点上的元素。

1.2.5　矩阵的逆阵

内部函数 inv 用于求 A 的逆阵,等价于 A^-1。A 如果不是方阵的话,计算是不成立的,MATLAB 会给出错误提示（见图 1-7）。

```
>> A=[1,3];
>> inv(A)
错误使用 inv
矩阵必须为方阵。

>> A^-1
错误使用 ^ (line 51)
用于对矩阵求幂的维度不正确。请检查并确保矩阵为方阵并且幂为标量。要执行按元素矩阵求幂,请使用 '.^'。
```

图 1-7　错误操作的提示

用上述两种算法求逆阵应该是完全等价的。例如下面代码：

```
>>A=[1 0; 2 4];
>>A^-1==inv(A)
ans=
  2×2 logical 数组
  1  1
  1  1
```

ans 显示的比较结果是 2×2 的逻辑数组,可证明两算法是等价的。

1.2.6　算术操作符

前文中,我们已经见过＋、－、＊、＝这些基本操作符,与 C 语言中的是相同的,在 C 语言中,一个变量代表一个数,数组需要通过索引进行访问。在 MATLAB 中,不仅可以像在 C 语言中那样做,而且还可以根据"线性代数"课程中的表达法进行操作。

1. 加减

例如以下操作:

```
>>A=[1,1,1; 2,3,1;3,2,-1];
>>A1=[3,2,1;1,1,3;2,1,3];
>>C=A+ A1
C=
    4    3    2
    3    4    4
    5    3    2
>>D=A-A1
D=
   -2   -1    0
    1    2   -2
    1    1   -4
```

以上为矩阵的加减法的最基本操作。原则上,进行加减运算的两个矩阵的维数应该一样。但也有特例,例如矩阵 A 可以加上一个标量,计算结果为 A 的每个元素加上该标量。A 也可以加上一个与自己行数相同(或列数相同)的矩阵 B,如:

```
>>A=[1,1,1; 2,3,1;3,2,-1];
>>B=[10;17;8];
>>A+B
ans=
    11   11   11
    19   20   18
    11   10    7
>>A+B'
ans=
    11   18    9
    12   20    9
    13   19    7
```

上面 B'表示矩阵 B 的转置。不难看出,计算 $A+B$ 时,将列向量 B 加入了矩阵 A 的每一列。而对于 A＋B′,将行向量 B 加入了矩阵 A 的每一行。

2. 乘除

MATLAB 中矩阵与矩阵的乘法,应当满足线性代数中矩阵与矩阵的乘法对行列数的要求:即左矩阵的列数必须与右矩阵的行数相同,即 $A(M \times N)$ 乘以 $B(N \times K)$ 的乘积矩阵 C 为 $M \times K$ 维的。

MATLAB 提供了两种除法运算:左除(\)和右除(/)。对标量而言,都是把"\"或"/"看成一条横线,横线下面的数为分母,例如 3\2 和 2/3 是一样的。但对于矩阵而言,A\B 代表的是 $A^{-1} * B$,而 B/A 代表的是 $B * A^{-1}$,计算结果是完全不同的。

此外有两点需要注意。

(1) A\B 与 $A^{-1} * B$ 不是完全等价的,两者的计算过程在 MATLAB 内部是不完全相同的,某些情况下会导致数据截断时有些许误差,导致结果并不完全一致。例如:

```
>>A=[1,1,1; 2,3,1;3,2,-1];
>>B=[10;17;8];
>>A\B
ans=
     3.0000
     2.0000
     5.0000
>>A^-1*B
ans=
     3.0000
     2.0000
     5.0000
>>A\B==A^-1*B
ans =
    3×1 logical 数组
     1
     1
     0
>>inv(A)*B==A^-1*B
ans =
    3×1 logical 数组
     1
     1
     1
```

看上去 A\B 和 A^-1 * B 的计算结果是一样的,但对两者进行比较时,可以看到,比较的结果不全为真,但如前所述,inv(A) 和 A^-1 却是等价的。这种程序内部的计算截断对逻辑判断带来的影响并不少见,例如:

```
>>((0.1+0.2)+0.3)==(0.1+(0.2+0.3))
ans =
    logical
     0
```

这是由小数的二进制表达造成的(0.1 是无法用二进制数精确表示的)。

(2) A^-1、A\1、1/A 不是完全等效的(A\1、1/A 会提示矩阵维数问题)。

1.2.7 .*、./、.\、.^操作

若想对矩阵的元素进行相关运算,则需要用到 .*、./、.\、.^等操作符,"."表示点

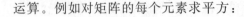

运算。例如对矩阵的每个元素求平方：

```
>>A=[1,2;3,4];
>>A.^2
ans=
     1     4
     9    16
>>A^2
ans=
     7    10
    15    22
```

从上例可以清楚地看出点运算的作用。进行 A. * B、A. \B、A. /B、A. ˆB 这样的二元操作时，只需要令 A 和 B 为同维矩阵即可。

1.2.8　ans 变量

ans 在 MATLAB 中总是显示最近的计算结果。比如图 1-5 中在命令行中输入时，我们没有将结果赋值给变量，MATLAB 就会将结果默认赋值给 ans，而前面算 $A^{-1}*B$ 的时候，将结果赋值给了 X 变量。

ans 这个默认变量实际上是 MATLAB 内部预定义的变量，在 MATLAB 中编程时，尽量不要让 ans 这些内部变量作为用户自己定义的变量，否则可能会导致程序出现某些 bug。常见的预定义变量如表 1-1 所示。

表 1-1　MATLAB 中的预定义变量

名　　称	意　　义
ans	预设的计算结果
eps	MATLAB 定义的正的极小值＝2.2204e-16
pi	内建的 π 值
inf	无限大
NaN	无法定义一个数目
i 或 j	虚数单位
nargin	函数输入参数个数
nargout	函数输出参数个数
realmax	最大的正实数
realmin	最小的正实数
flops	浮点运算次数

例如，代表圆周率 π 的变量 pi 在 MATLAB 中的精度很高，如果不小心将 pi 赋值为别的数，将导致没有准确的圆周率可以用。

其他的内部预定义变量各有用途，可以查阅其他文献资料进行了解。这里简单举例如下：

```
>>sin(pi)==0
ans =
     logical
     1
>>sin(pi)<eps
ans =
     logical
     0
```

圆周率 π 本身是无限不循环小数,因此,用 MATLAB 计算 sin(π) 时,得不到准确的 0 值,因此在进行逻辑判断时,我们会用到 eps 这个表示足够小的内部变量(在高等数学中经常用符号 ε 表示)。

1.2.9　工作区查看变量与 whos 命令

工作区(workspace)包含在 MATLAB 中创建的或从数据文件或其他程序导入的变量,它一般位于界面的最右侧。如果工作区浏览器当前未显示,要将其打开,可借助 MATLAB 工具条或 MATLAB 命令提示符。

(1) MATLAB 工具条:在主页选项卡上的环境部分中点击布局,然后在显示部分中选择工作区。

(2) MATLAB 命令提示符:输入 workspace。

在工作区,鼠标右击工作区列项名称,可以选择查看变量的值、大小、字节、类等,如图 1-8 所示。

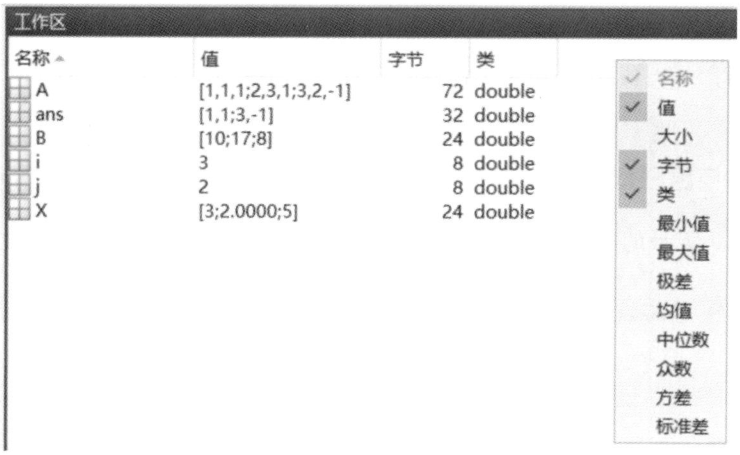

图 1-8　工作区数据显示操作

此外,在命令行窗口中输入 whos 命令,按回车键,可以显示工作区中的所有变量及其属性(大小、字节数、数据类型等),如图 1-9 所示。

目前我们看到的工作区,在 MATLAB 中被称为基本工作区,只要不退出 MATLAB,或者不执行 clear 这样的命令,在该空间的变量将一直存在,但并不能认为它们是全局变量。

命令行窗口

```
>> whos
Name      Size          Bytes Class   Attributes

A         3x3              72 double
B         3x1              24 double
X         3x1              24 double
ans       2x2              32 double
i         1x1               8 double
j         1x1               8 double
```

图 1-9　用 whos 命令查看工作区中的变量

1.2.10　数据回显

从前文的操作中还可以发现,对 A、B 进行赋值的语句末尾使用了";",而对 C 进行赋值的语句没有,结果就是 A、B 的值在命令行窗口没有显示,而 C 的值则完整显示出来。

前面提到";"的作用是在为矩阵赋值时进行换行,它的另外一个作用是决定是否把该行的结果在 MATLAB 的命令行窗口中显示出来,加分号就是不显示,不加就是显示。这个规则不仅对命令行窗口成立,对编辑器也成立。

当 for,while 循环中存在不带";"的语句时,计算结果将不断地在命令行窗口中刷新显示,导致程序运行速度变慢。在特殊情况下可以采用这种方式快速观察变量的变化趋势。

1.3　二阶电路的相量计算法

1.3.1　二阶电路原型

如图 1-10 所示的简单电路,假设电路各组成元件的参数已知,输入变量取电压源 $e(t)$,输出变量取电容上的电压 u_C。

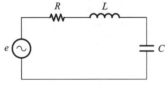

图 1-10　简单电路

1.3.2　电路的相量方程

选取电容电压 u_C 和流经电感的电流 i_L 为电路的变量。根据电路原理及相关定律,对图 1-10 所示的电路可列出相关方程:

$$\begin{cases} \dot{i}_L(R+j\omega L)+\dot{u}_C=\dot{e} \\ \dot{i}_L(1/j\omega C)-\dot{u}_C=0 \end{cases} \tag{1.8}$$

也可以改写成如下形式:

$$\begin{bmatrix} (R+j\omega L) & 1 \\ 1 & -j\omega C \end{bmatrix}\begin{bmatrix} \dot{i}_L \\ \dot{u}_C \end{bmatrix}=\begin{bmatrix} \dot{e} \\ 0 \end{bmatrix} \tag{1.9}$$

1.3.3 相量求解

例题 1-3   当图 1-10 中的电源为幅值为 100 V,频率为 50 Hz 的交流电时,在 MATLAB 中计算电感上的电流相量和电容上的电压相量。

解题过程:

按题意,需要生成相关变量,并根据数学关系进行运算,考虑到命令较多,书写过程中产生错误的概率较大,我们不在命令行窗口中直接完成书写,而是采用编辑器来完成书写。

在 MATLAB 主界面的工具栏中,选择"主页"→"新建脚本",会弹出一个 Untitled (未命名的)编辑器,如图 1-11 所示。

图 1-11   编辑器

然后在编辑器中依次输入以下命令(RLCPhasor. m):

```
clear all
R=1;                        % 电阻
L=2e-3;                     % 电感
C=2e-3;                     % 电容
f=50;                       % 频率
w=2*pi*f;                   % 角频率
A=[R+1j*w*L,  1;
         1,  -1j*w*C];      % 注意复数表达
em=100;                     % 电源幅值
theta=0;                    % 电源初始相角
e=em*exp(j*theta);          % 电源向量

B=[e;0];
X=A^-1*B
% 以复数形式表达的相量
iL=X(1)                     % 取元素,电感电流
uC=X(2)                     % 取元素,电容电压
uR=iL*R;                    % 电阻电压
uL=e-uC-uR;                 % 电感电压
```

```
iLmod=abs(iL)                              % 取模长
iLAng=angle(iL)*180/pi                     % 取角度,由弧度换算为角度
uCmod=abs(uC)                              % 取模长
uCAng=angle(uC)*180/pi                     % 取角度,由弧度换算为角度

quiver(0,0, real(e),imag(e),1,'k');        % 绘制箭头,电源相量
hold on                                     % 保持图形
% 电感电流相量
quiver(0,0, real(iL),imag(iL),1,'m');
% 电容电压相量
quiver(0,0, real(uC),imag(uC),1,'r');
% 电阻电压相量,以上面相量末端为起点
quiver( real(uC),imag(uC), real(uR),imag(uR),1,'g');
% 电感电压相量,以上面相量末端为起点
quiver( real(uC+uR),imag(uC+uR), real(uL),imag(uL),1,'b');
hold off                                    % 解除保持
axis equal                                  % 横纵坐标比例一致
grid on                                     % 绘制网格
```

在 MATLAB 主窗口的工具栏中选择"编辑器"→"运行",会提示需要保存文件,可以自己选择一个文件目录,定一个文件名,文件的命名规则与变量的完全相同。运行结束后可以看到如图 1-12 所示的结果。

图 1-12　运行结果

运行程序后的结果为

```
>>C2_Ex1
X=
    51.8722+49.9649i
    79.5217-82.5572i
```

```
iL=
   51.8722+49.9649i
uC=
   79.5217-82.5572i
iLmod=
   72.0224
iLAng=
   43.9270
uCmod=
   114.6272
uCAng=
   -46.0730
```

绘制相量关系图,如图 1-13 所示。图 1-13 中,$\dot{i}_L$(iL)相量与 $\dot{u}_R$(uR)相量方向相同,由于电阻值为 1 Ω,两者长度也相同。$\dot{u}_C$(uC)相量和 $\dot{u}_L$(uL)相量方向相反,分别滞后和超前 $\dot{i}_L$ 相量 90°。相量 $\dot{u}_R$、$\dot{u}_L$ 和 $\dot{u}_C$ 之和与相量 $\dot{e}$(eL)相同。

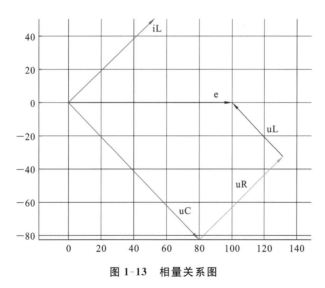

图 1-13 相量关系图

1.4 编程知识点(2)

1.4.1 编辑器窗口

命令行窗口(command window)相当于是一个便笺簿,用过之后可以舍弃。若不想舍弃,想长期使用,则应该使用 MATLAB 的编辑器,它是用来编辑、修改、调试 m 文件的。m 文件即前面输入的这些命令的集合体。

创建新的 m 文件的方法如下。

(1) 直接在窗口中键入 edit 指令。

(2) 在 EDITOR 列表的新建(New)按钮下选择脚本(Script)可以快速创建新的 m 文件或 Function 文件,如图 1-14 所示。

图 1-14　编辑器窗口

打开已有 m 文件的方法如下(以 test. m 文件为例)。

(1) 在窗口键入文件路径,如果目标文件在当前目录下,可在窗口直接输入 open 或者 edit 指令,如 open test. m 和 edit test. m。

(2) 如果文件不在当前目录下,需要先修改文件路径,可在当前目录窗口修改路径或使用 usepath 指令,如 userpath('test. m 文件所在路径')。

1.4.2　脚本文件

在编辑器窗口完成对命令的编辑后,就可以保存为后缀为. m 的脚本文件。脚本文件只是一串按照用户意图排列而成的 MATLAB 指令集合,即只是简单命令的叠加,它没有输入参数,也没有输出参数。

一个脚本文件也可以被别的脚本文件或函数调用。被函数调用时,通常该脚本产生的变量也只在函数所生产的子工作空间中生存,函数退出时,这些变量被清除。被其他脚本文件调用时,则大概率运行后产生的变量都是全局变量(取决于调用它的脚本文件的性质)。这些变量均驻留在基本工作区中,只要用户不使用指令 clear 加以清除,或者 MATLAB 指令窗不关闭,这些变量将一直保存在基本工作区中。

文件名的命名规则与变量的相同,参见第 1.2.2 节。尤其要指出,由于 MATLAB 是解释性语言,切忌将文件名命名成纯数字(如 1. m),这样在编辑器窗口的工具栏点击运行按钮(绿色箭头)的时候,会只出现数字 1,而得不到任何其他想要的结果。

1.4.3　内部函数

内部函数是 MATLAB 自带的可以直接运行的函数,在编辑 MATLAB 程序的时候,不允许使用已有的内部函数名作为变量名或 m 文件名。MATLAB 自带的内部函数超过 1 万个,大部分内部函数都采用英文单词或英文单词的前 3~5 个字母作为函数名,常见函数见表 1-2。

表 1-2　常见函数

函　数　名	作　　　用
size	返回每一维的长度,[rows,cols]=size(A)
length	返回矩阵最长维的长度
rank	求矩阵的秩

函 数 名	作 用
roots	求多项式的根（返回所有根组成的向量）
sin	正弦（变量为弧度）
cot	余切（变量为弧度）
sind	正弦（变量为度数）
cotd	余切（变量为度数）
asin	反正弦（返回弧度）
acot	反余切（返回弧度）
asind	反正弦（返回度数）
acotd	反余切（返回度数）
cos	余弦（变量为弧度）
exp	指数函数
log	对数函数
log10	以 10 为底的对数函数
abs	取绝对值或复数的模
angle	取复数矩阵相位角的弧度值，其取值为 $-\pi \sim \pi$
mean	求向量的元素的平均值
norm	范数
sqrt	开平方根
max	取最大值
min	取最小值
ones	创建一个所有元素都为 1 的矩阵，可以指定维数
zeros	创建一个所有元素都为 0 的矩阵
eye	创建对角元素为 1，其他元素为 0 的矩阵
diag	根据向量创建对角矩阵，即以向量的元素为对角元素
inv	求矩阵的逆
det	求矩阵的行列式值
mod	取模（取余）
real	返回复数的实部
imag	返回复数的虚部

1.4.4 复数的表达

i 和 j 在 MATLAB 中用于表示虚数单位，然而，按 C 语言的习惯，这两个字符常被用于循环语句。在下面的例子中，尽管 i 和 j 都被占用了，但 a 仍能够正确地表示复数，而对 b 赋值时则将 j 视为已经赋值为 6。因此，MATLAB 后期的版本都推荐使用 1i 或 1j 的方式作为虚数赋值写法。

```
>>i=5
i=
    5
>>j=6
j=
    6
>>a=3+4j
a=
   3.0000+ 4.0000i
>>b=3+4* j
b=
    27
```

1.4.5　复数矩阵的转置处理

前面第 1.2.6 节中，我们已经见过矩阵的转置操作，它由单引号(′)表示。对复数矩阵进行操作的示例如下。

```
>>A=[5+2j; 3+4j];
>>A'
ans=
   5.0000-2.0000i   3.0000-4.0000i>>a=3+4j
>>A.'
ans=
    5.0000+2.0000i   3.0000+4.0000i
```

这里执行 A′ 实际上是得到了 **A** 的共轭转置矩阵。如果仅仅想求得 **A** 的转置而不进行共轭运算，则应执行 A.′。

1.4.6　绘制箭头

quiver 是 MATLAB 中用于绘制二维矢量场的函数，使用该函数可以将矢量用二维箭头绘制出来。我们借用 quiver(x,y,u,v,scale⋯)函数来绘制本章需要的箭头。它绘制的是从点(x,y)开始的相量(u,v)。

下面命令的绘制结果如图 1-15(a)所示。

```
close all
quiver(1,1,1,0,'r'); %
hold on
quiver(1,2,1,0,1,'r'); %
grid on   % 打上格子
```

从起点(1,1)出发、到终点(2,1)的相量(1,0)，默认只绘制 0.9 的长度。在绘制从起点(1,2)出发、到终点(2,2)的相量(1,0)时，将 scale 参数设置为 1，可得到完整的相

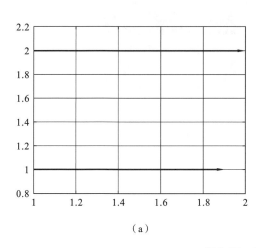

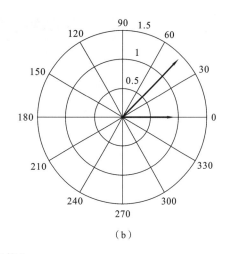

（a）　　　　　　　　　　　　　　　　　（b）

图 1-15　绘制箭头

量箭头。

　　若希望在极坐标内绘制相量图,则需要先调用 polar 函数,先绘制一个极坐标背景图后,再进行相关绘制,下面命令的绘制结果如图 1-15(b)所示。

```
close all
polar(pi/4,1.5)
hold on
quiver(0,0,1,0,'r'); %
quiver(0,0,1,1,1,'r'); %
grid on % 打上格子
```

　　在网络上搜索用 MATLAB 绘制箭头的方法,通常给出的是另一个绘制箭头的函数 annotation('arrow',x,y),它能建立从点(x(1),y(1))到点(x(2),y(2))的剪头注释对象。但这个函数以窗体长宽的百分比作为参数,由于坐标轴显示的原因,其经常使得窗体变化时,位置不易控制。

1.4.7　hold 命令

　　正常情况下,plot 指令(命令)会擦除前面绘制过的图形。使用 hold on 指令后,此后添加的一系列 plot 曲线将叠加在前一个图上。当使用 hold off 指令后,会恢复为默认状况,使用 plot 指令后将全部重绘。

1.4.8　工作路径

　　由于只有在工作路径(当前目录)和搜索路径下的文件、函数才可以被运行和调用,因此,如果没有特殊指明,数据文件也将存放在当前目录下,如图 1-16 所示。

　　可以直接修改地址栏地址来改变当前的运行工作路径。另外,如果对 DOS 命令熟悉的话,在命令行窗口中输入 cd 并敲击回车也可以查到当前的工作路径,其和地址栏中的路径是一致的。修改工作路径的格式命令为 cd('工作路径的地址'),敲击回车就会生效。

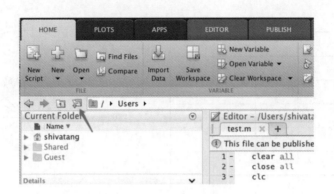

图 1-16　数据文件存放在当前目录下

1.5　小结

MATLAB 实际提供了 solve 函数用于解方程,我们可以采用下面的命令。

```
syms x y z
[x,y,z]=solve(x+y+z==10,2*x+3*y+z==17,3*x+2*y-z==8,x,y,z)
运行结果:
x=
    3
y=
    2
h=
    5
```

与前面编程得到的结果是一样的。关于上面代码涉及的符号变量,我们在后面会继续看到并进行学习。

本章主要讲解 MATLAB 中矩阵的表达和运算规则,并回顾了线性代数中的相关知识。即使有现成函数可以用,学习者也需要掌握相关理论基础知识。后面章节也一直会以巩固基础理论为核心,通过编程来展现相关计算逻辑,从而帮助学习者渐入知其然而知其所以然的境界。

2

特征根与特征向量的应用

2.1　数学定义

先回顾一下线性代数中关于特征根与特征向量的定义。

定义 1　设 A 是数域 P 上向量空间 V 的一个线性变换，如果对于数域 P 中一数 λ_0，存在一个非零向量 x，使得 $Ax = \lambda_0 x$，那么 λ_0 称为 A 的一个特征值，而 x 称为 A 的属于特征值 λ_0 的一个特征向量。

以上纯数学的定义，初学者往往不容易掌握其意义。我们换一个角度来解释。

（1）首先可以确定矩阵乘法运算 Ax 对应了一个变换，它把一个向量变成同维数的另一个向量，即 $x' = Ax$。

（2）然后随意挑一个向量 x，大概率情况下（除非 A 是单位阵），x' 与 x 是不相等的，它们的空间角度也不会重合。

（3）但是，不排除有这样的向量 x 存在（事实上是存在的），经过 A 变换后的 x' 与 x 完全一样（$\lambda_0 = 1$），或者 x' 与 x 的空间角度（方向）重合，只是长度不一样（$\lambda_0 \neq 1$）。

例题 2-1　产生一个 2×2 的随机矩阵 A 以及一个 2×1 的随机向量 x_1，计算 $x_2 = A \times x_1$，并计算 x_1 与 x_2 的夹角，以及矩阵 A 的特征值和特征向量。

解题过程：

MATLAB 求解代码如下（GetVD.m）：

```
A=rand(2);                      % 随机矩阵
x1=rand(2,1);
x2=A*x1;
% x1=[1;1]                      % 用于手工验证 subspace 的作用
% x2=[0;1]                      % ctrl+t 可取消选中行的注释

theta=subspace(x1,x2);          % 两个向量的夹角
Ang=rad2deg(theta)              % 转换为角度

[V,D]=eig(A)                    % 求特征向量 V 与特征根 D
```

运行结果：

```
>>GetVD
Ang =
      28.1603
V=
   0.9506   -0.6995
   0.3105    0.7146
D=
   1.0052         0
        0   -0.2759
```

由于使用了随机数，程序每次的运行结果都不相同，而且能够得到 Ang＝0（变换前后向量方向不变）是小概率事件。

2.2 图形变换

2.2.1 比例变换

矩阵的特征值和特征向量有很明确的几何意义。从几何上来看，一个矩阵的特征向量经过某种特定的变换后方向保持不变，只进行长度上的伸缩。经过线性变换后，特征向量的方向保持不变($\lambda_0>0$)或反向($\lambda_0<0$)。

例题 2-2 用比例变换的方式实现圆到椭圆的变化，取 $\boldsymbol{P}=\begin{bmatrix} 1 & 0 \\ 0 & 1/2 \end{bmatrix}$。

解题过程：

矩阵 $\boldsymbol{P}$ 实际已经描述得很清楚，即令 $\boldsymbol{y}=\boldsymbol{P}\times\boldsymbol{x}$，则实际 $\boldsymbol{x}$ 的第一行的各值不发生改变，而第二行的各值变成原来的一半。因此，当 $\boldsymbol{x}$ 是圆周上的点时，它经变换会在纵轴上压缩 1/2，从而实现圆到椭圆的变换，编程如下（CToE. m）。

```
% 由坐标比例变换得到椭圆的方法
clear all
% 半径，直接对变量赋值
r=1;
theta=0:1:360;
% 圆方程 x1^2+x2^2=r^2
X=[r*cos(theta*pi/180);
r*sin(theta*pi/180)];
% 比例变换矩阵,x1 保持不变,x2 被压缩到原来的一半
P=[1,0;
0 1/2]
% 对所有的点进行比例变换
Y=P*X;                  % 由圆做变换
plot(X(1,:),X(2,:));    % 绘制圆
hold on;                % 保持图形
```

```
plot(Y(1,:), Y(2,:),'r');
axis equal
axis([-1.5 1.5 -1.5 1.5])
grid on
% 求取变换矩阵的特征根和特征向量
[V,D]=eig(P);
```

程序运行结果如图 2-1 所示。图中额外标注了两个向量 $p(x_1,x_2)$ 和 $p'(y_1,y_2)$。上述过程中,变换 P 就是将圆上的任意点 $p(x_1,x_2)$,经过 $y=P\times x$ 变为 $p'(y_1,y_2)$。

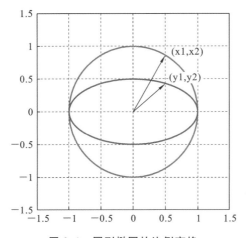

图 2-1 圆到椭圆的比例变换

用 eig(P)求取变换矩阵 P 的特征根矩阵 D 和特征向量矩阵 V,所有的特征根按从小到大的次序排列为对角阵 D,特征向量矩阵 V 的每个列向量作为特征向量与之相对应。

```
>>[V,D]=eig(P)
V=
   0    1
   1    0
D=
   0.5000        0
        0   1.0000
```

由上可以求出矩阵 P 的特征向量有两个,即[1,0]和[0,1],也就是 x_1 轴和 x_2 轴的单位向量,对应的特征根为 1 和 0.5。它们的几何意义是:如果把圆上的所有点都看成向量,只有 x_1 轴上的向量(1,0)和 x_2 轴上的向量(0,1)的方向没有改变,而其他点所代表的向量的方向都发生了变化,同时 x_1 轴的向量(0,1)长度也保持不变。

由上可知,若想将一个圆沿 30°角压缩成椭圆,其中,30°+90°方向压缩一半,可以使用以下代码。

```
clear all
% 半径,直接对变量赋值
r=1;
theta=0:1:360;
```

```
% 圆方程 x1^2+x2^2= r^2
X=[r*cos(theta*pi/180);
    r*sin(theta*pi/180)];
a=pi/6;                          % 角度
V=[cos(a) cos(a+pi/2)
    sin(a)   sin(a+pi/2)];       % 设置两个特征向量
D=[1 0;
   0  1/2];                      % 设置对应的特征根
P=V*D*V^-1;                      % 反过来求变换矩阵
Y=P*X;                           % 由圆做变换
plot(X(1,:),X(2,:));             % 绘制圆
hold on;                         % 保持图形
plot(Y(1,:),Y(2,:),'r');
axis equal
axis([-1.5 1.5 -1.5 1.5])
grid on
```

程序实现的是已知特征根 λ_1 和 λ_1，以及对应的特征向量 $\boldsymbol{x}_1$ 和 $\boldsymbol{x}_2$，求解变换矩阵。其理论依据为

$$\boldsymbol{P}\begin{bmatrix} \boldsymbol{x}_1 & \boldsymbol{x}_2 \end{bmatrix}=\begin{bmatrix} \boldsymbol{x}_1 & \boldsymbol{x}_2 \end{bmatrix}\begin{bmatrix} \lambda_1 & 0 \\ 0 & \lambda_2 \end{bmatrix} \Rightarrow \boldsymbol{P}=\begin{bmatrix} \boldsymbol{x}_1 & \boldsymbol{x}_2 \end{bmatrix}\begin{bmatrix} \lambda_1 & 0 \\ 0 & \lambda_2 \end{bmatrix}\begin{bmatrix} \boldsymbol{x}_1 & \boldsymbol{x}_2 \end{bmatrix}^{-1} \quad (2.1)$$

故程序中使用 P＝V＊D＊V^-1 来求解变换矩阵。程序运行结果如图 2-2 所示。

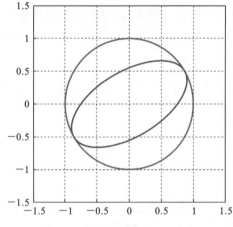

图 2-2　圆到椭圆的侧向压缩

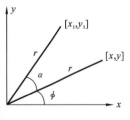

图 2-3　旋转变换示意图

2.2.2　旋转变换

旋转变换就是将平面上任意一点绕原点旋转 α 角，一般规定逆时针方向为正，顺时针方向为负。由图 2-3 可推出变换公式。

$$x_1 = r \cdot \cos(\alpha+\phi)=r \cdot (\cos\alpha \cdot \cos\phi - \sin\alpha \cdot \sin\phi)$$
$$= x \cdot \cos\alpha - y \cdot \sin\alpha$$

$$y_1 = r \cdot \sin(\alpha + \phi) = r \cdot (\sin\alpha \cdot \cos\phi + \cos\alpha \cdot \sin\phi)$$
$$= x \cdot \sin\alpha + y \cdot \cos\alpha$$

上述公式可以用矩阵运算表示为

$$\boldsymbol{X}_1 = \boldsymbol{P}\boldsymbol{X} = \begin{bmatrix} \cos\alpha & -\sin\alpha \\ \sin\alpha & \cos\alpha \end{bmatrix} \begin{bmatrix} x \\ y \end{bmatrix} \tag{2.2}$$

例题 2-3 将 $x_1^2 + (2x_2)^2 = 1$ 表示的图形逆时针旋转 $30°$。

解题过程:

问题相对简单,首先给出椭圆的数据点,然后将数据点进行旋转。具体程序如下 (RotateEllipse.m)。结果如图 2-4 所示。

```
% 图形逆时针旋转 30 度(坐标顺时针旋转 30 度);
a=1;
b=1/2;
theta=[0:1:360];
% 半径,直接对变量赋值
r=1;
x1=r*cos(theta*pi/180)*a;
x2=r*sin(theta*pi/180)*b;
X2=[x1;x2];
% 设定旋转角度
alpha=30/180*pi;
% 进行变换
P=[cos(alpha),-sin(alpha);sin(alpha),cos(alpha)];
X=P*X2;
plot(x1,x2);              % 平躺的椭圆
hold on
plot(X(1,:),X(2,:));      % 旋转后的椭圆
axis equal
axis([-1.5 1.5 -1.5 1.5])
grid on
```

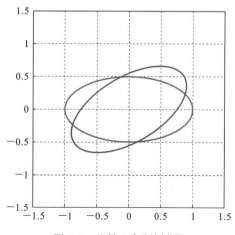

图 2-4 旋转 $30°$ 后的椭圆

在此例中,变换矩阵 **P** 没有实数特征根,只有一对共轭的复数特征根。从图形上也可以看出,在旋转变换中,椭圆上的点都发生了方向上的改变,故没有实数特征根和特征向量。

```
>>[V,D]=eig(P)
V=
   0.7071              0.7071
       0+0.7071i          0-0.7071i
D=
   0.8660+0.5000i         0
       0              0.8660-0.5000i
```

这对共轭的特征根实际反映的是椭圆的旋转角度 $e^{\pm j\frac{\pi}{6}}=\cos\left(\frac{\pi}{6}\right)\pm j\sin\left(\frac{\pi}{6}\right)=\frac{\sqrt{3}}{2}\pm j\frac{1}{2}$。

2.3 编程知识点(1)

2.3.1 随机数生成

计算机中的随机数都是根据算法产生的,前后两个数之间是有计算过程联系的,因此称之为伪随机数。MATLAB 也不例外,可使用 rand、randn 和 randi 等函数创建伪随机数序列。

(1) rand(m,n)——生成一个 $m\times n$ 的随机矩阵,范围为 0~1。

(2) rand(n)——生成一个 n 阶随机数方阵,等同于 rand(n,n)。

(3) randn(m,n)——生成一个 $m\times n$ 类型的正态分布随机数矩阵,均值为 0,方差为 1。

(4) randn(n)——生成一个 n 阶正态分布随机数矩阵,等同于 randn(n,n)。

(5) randi(max)——产生值域范围在(0,max]区间内的一个随机整数。

(6) randi(max,m,n)——产生值域范围在(0,max]区间内的一个 $m\times n$ 随机整数矩阵。

(7) randi([min,max],m,n)——产生值域范围在[min,max]区间内的一个 $m\times n$ 随机整数矩阵。

2.3.2 向量夹角计算与角度换算

程序中,我们使用 subspace 这个函数来计算两个向量的夹角,该函数的实际作用是求解两个子空间的夹角(angle between two subspace),例如:

```
x1=[1;1] ;
x2=[0;1] ;
theta= subspace(x1,x2)
Ang= rad2deg(theta)
```

运行结果：
```
theta=
     0.7854
Ang=
    45.0000
```

对于二维平面中的一个向量，实际可以视为指定了一个一维空间的直线，计算向量 x_1 和 x_2 的夹角，实际也就是计算两个一维空间的夹角。

计算结果是以弧度为单位的，我们可使用 rad2deg 函数将弧度转换为角度，反之则使用函数 deg2rad。

2.3.3 特征值与特征根求取

在 MATLAB 中，计算矩阵 A 的特征值和特征向量的函数是 eig(A)，常用的调用格式如下。

（1）E＝eig(A)：求矩阵 A 的全部特征值，构成向量 E。

（2）[V,D]＝eig(A)：求矩阵 A 的全部特征值，构成对角阵 D，并求 A 的特征向量构成 V 的列向量。

V 的第一列为对角阵 D 的第 1 个对角元素（第一个特征根）所对应的特征向量。此外，eig 也可以用于求解广义特征根，读者有需要可自行查阅相关资料。

2.3.4 使用"："快速对变量赋值

使用冒号（:）可快速生成等步长的向量，语法规则如下：

```
vector=startValue: increment: endValue
```

顾名思义，也就是[开始数值:增量:结束数值]。程序中，使用下面语句将圆周分割成 360 个等份：

```
theta=0:1:360
```

如果想生成列向量，则可以采用转置运算符（′）：

```
theta=[0:1:360]′
```

要在 C 语言中实现此类计算，就需要使用循环语句了。

MATLAB 的函数的参数比较灵活，可以是标量，可以是向量，也可以是矩阵。我们使用语句

```
X=[r*cos(theta*pi/180);
   r*sin(theta*pi/180)];
```

就可以在圆周上生成 360 个点的坐标（实际上是 361 个点的坐标，第一个点的和最后一个点的坐标是重叠的）。

2.3.5 plot 函数

plot 函数常常被用于绘制各种二维图像，其用法多种多样，前文只用到了 plot 函

数的基本功能——使用 plot 函数绘制二维点图和线图。plot 函数的一般调用格式如下：

```
plot(X, Y, LineSpec)
```

X 由所有输入点坐标的 x 值组成，Y 由 X 中包含的 x 对应的 y 组成（意味着一个 x 值实际可以对应多个 y 值，这些 y 值构成 Y 向量，从而一次绘出多条曲线）。LineSpec 是用户指定的绘图样式（可选项），绘图选项如表 2-1 所示。

表 2-1 绘图选项

Specifier	含　义	Specifier	含　义
-	实线（默认样式）	+	加号
--	虚线（短画线）	*	星号
:	点线	.	点
-.	点画线	x	十字
y	黄色	s	正方形
m	品红	d	菱形
c	蓝绿色	^	上指向三角形
r	红色	v	下指向三角形
g	绿色	>	右指向三角形
b	蓝色	<<o:p>	左指向三角形
w	白色	p	五角星
k	黑色	h	六角形
o	圆		

例如：$'$--or$'$ 表示坐标点为圆圈标志，且线型为红色短画线的绘图样式。

其他与绘图相关的命令，例如案例中用到的 grid on/off 等，以及其他未用到的 hold on/off，axis 等，请读者自行上网查阅学习。

2.4 RLC 二阶电路

以图 1-10 所示二阶电路为例，选取电容电压 u_C 和流经电感的电流 i_L 为电路的状态变量。根据电路原理相关定律，对图中的节点电流、电压回路分别列出电路微分方程：

$$\begin{cases} Ri_L + L\dfrac{di_L}{dt} + u_C = e(t) \\ C\dfrac{du_C}{dt} = i_L \end{cases} \tag{2.3}$$

也可以改写成如下形式：

$$\begin{cases} \dfrac{di_L}{dt} = \dfrac{e(t) - Ri_L - u_C}{L} \\ \dfrac{du_C}{dt} = \dfrac{i_L}{C} \end{cases} \tag{2.4}$$

进一步,我们可以将其按现代控制理论的相关知识,写成状态方程形式:

$$\begin{bmatrix} \dot{i}_L \\ \dot{u}_C \end{bmatrix} = \begin{bmatrix} -R/L & -1/L \\ 1/C & 0 \end{bmatrix} \begin{bmatrix} i_L \\ u_C \end{bmatrix} + \begin{bmatrix} 1/L \\ 0 \end{bmatrix} e(t) \tag{2.5}$$

一般简记为 $\dot{\boldsymbol{X}} = \boldsymbol{A}\boldsymbol{X} + \boldsymbol{B}\boldsymbol{U}$,详细说明参见第 5.1.1 节。有些教材中,为书写方便,也写成 $p\boldsymbol{X} = \boldsymbol{A}\boldsymbol{X} + \boldsymbol{B}\boldsymbol{U}$ 的形式,其中,p 代表微分算子。

求矩阵 $\boldsymbol{A}$ 的特征根,即求解方程:

$$\left(-\frac{R}{L} - \lambda \right)(0 - \lambda) + \frac{1}{LC} = 0 \tag{2.6}$$

解之得

$$\lambda_{1,2} = -\frac{R}{2L} \pm \frac{1}{\sqrt{LC}} \sqrt{\frac{R^2 C}{4L} - 1} \tag{2.7}$$

代入实际数值,得

$$\lambda_1 = (-2.5 + j4.3301) \times 10^2 ; \quad \lambda_2 = (-2.5 - j4.3301) \times 10^2$$

例题 2-4 求所示状态方程的特征根。

解题过程:

MATLAB 求解代码如下(CircutRLC.m):

```
clear all
syms R L C ;                  % 定义符号变量
A=[-R/L,  -1/L;1/C , 0];      % 系统的状态方程(符号)
lamda=eig(A)                  % 求取特征根符号表达式
s=expand(lamda)
% 代入实际数值计算
R=1;                         % 电阻
L=2e-3;                      % 电感
C=2e-3;                      % 电容
A=eval(A)
eig(A)


str=['$' latex(s(1)) '$']
```

运行结果:

```
lamda=
- (R+ (- (- C* R^2+4* L)/C)^(1/2))/(2* L)
- (R - (- (- C* R^2+4* L)/C)^(1/2))/(2* L)
s=
- R/(2* L) - (R^2 - (4* L)/C)^(1/2)/(2* L)
  (R^2 - (4* L)/C)^(1/2)/(2* L) - R/(2* L)
A=
 -500  -500
  500     0
ans=
  1.0e+02*
```

```
        -2.5000+ 4.3301i
        -2.5000 -4.3301i
    str=
        '$ -\frac{R}{2\,L}-\frac{\sqrt{R^2-\frac{4\,L}{C}}}{2\,L}$ '
```

latex 函数的使用参考第 2.5.4 节。由电路原理和控制理论相关知识可知,状态方程特征根的实部表达的是系统的衰减系数,为−250,虚部表达的是系统的阻尼振荡频率,发生在 433.01/2/pi＝68.9157 Hz 处。

我们经常将虚部写成两部分的乘积:

$$\begin{cases} \omega_n = \dfrac{1}{\sqrt{LC}} \\ \sqrt{\zeta^2 - 1} \end{cases} \tag{2.8}$$

其中,$\zeta = \dfrac{R}{2}\sqrt{\dfrac{C}{L}}$。上式中,$\omega_n$ 为电路的自然振荡频率,而 ζ 为电路的阻尼比,相关概念和说明我们在后续章节中还会提到,有兴趣可以提前阅读第 4.2.2 节。

2.5　编程知识点(2)

2.5.1　符号变量

符号对象(symbolic objects)是 MATLAB 中的一种特殊数据类型,它可以用来表示符号变量、表达式及矩阵,利用符号对象能够在不考虑符号所对应的具体数值的情况下进行代数分析和符号计算(symbolic math operations),例如解代数方程、微分方程、进行矩阵运算等。符号对象需要通过 sym 或 syms 函数来指定。

例如,前面案例中我们用

```
    syms R L C;
```

定义符号变量,分别代表 R、L、C。有了符号变量后,就可以将它们像一般的变量一样用,例如将它们作为各种函数的参数代入。

例如,我们生成了符号矩阵 A:

```
    A=[-R/L,  -1/L;1/C , 0];      % 系统的状态方程(符号)
    lamda=simplify(eig(A))        % 求取特征根符号表达式
```

由于 R、L、C 此时都是是符号变量,因此得到的 A 是符号表达式。若使用一般变量,完成计算后会得到一个实际数值。

eig 等函数都可以对符号表达式进行相关计算。

2.5.2　sym 与 syms

简单地讲,syms 用于定义符号变量。比如,syms x y 用于定义符号变量 x 和 y,之后 x 和 y 就可以直接使用了,用它们进行运算,得出的结果也是符号变量。

而 sym 用于将字符或者数字转换为符号变量,给出以下代码进行对比:

```
>>syms x
>>x
  x=
   x
>>t=sym('x')
  t=
x
>>y=x^2
  y=
x^2
  >>f=t^2
f=
x^2
```

上面的程序可解释如下。

（1）syms x 直接创建了符号变量，其内容是 x。

（2）t＝sym('x')将字符 x 转成了符号变量，并赋值给 t。

（3）y＝x^2 生成了符号变量 y，其内容是 x^2。

（4）f＝t^2 生成了符号变量 f，其内容也是 x^2。

完成以上步骤后，若对 x 赋值 2，工作空间内的 x 就不再是符号变量，而是实际数值，但 f 和 y 符号变量的内容中，依旧有 x 符号存在，因此调用 eval 计算它们时，可以看到两者数值相同。

```
>>x=2
x=
    2
>>eval(f)
ans=
    4
>>eval(y)
ans=
    4
```

2.5.3　expand 函数

expand 函数用于对符号表达式进行多项式展开，例如：

```
syms s;
f=(s+1)*(s+2);
expand(f)
```

运行结果：

```
ans=
  s^2+3*s+2
```

因此，二阶系统样例程序中，我们可以把 A 的特征根的符号表达式进行清理和简

化,得到下面这样更为清晰的结果:

```
s=
 - R/(2*L) - (R^2 - (4*L)/C)^(1/2)/(2*L)
 (R^2-(4*L)/C)^(1/2)/(2*L)-R/(2*L)
```

MATLAB 符号表达式的化简常用命令函数如下。

(1) pretty(f):将符号表达式输出为更接近数学格式。

(2) collect(f):合并符号表达式的同类项。

(3) horner(f):将一般的符号表达式转换成嵌套形式的符号表达式。

(4) factor(f):对符号表达式进行因式分解。

(5) expand(f):对符号表达式进行展开。

(6) simplify(f):对符号表达式进行化简,它利用求和、积分、三角函数、指数函数及 Bessel 函数等来化简符号表达式。

2.5.4　latex 函数

前面我们得到了特征根的符号表达式,尽管经过了简化,但它仍不便于阅读。读者有兴趣可以试一下 pretty 函数,其结果看上去要好一点。

程序中,latex 函数将表达式转换为 LaTex 格式,然后在前后各加一个"＄"符号后赋值给 str。将 str 的内容拷贝并粘贴到 Word 中,全部选中后按下"Alt＋\"键,公式将转换为 MathType 公式编辑器的格式:

$$-\frac{R}{2L}-\frac{\sqrt{R^2-\frac{4L}{C}}}{2L} \tag{2.9}$$

2.5.5　eval 函数

样例程序中,我们用符号变量 R、L、C 生成符号表达式 A 后,又开始对 R、L、C 进行数据赋值,赋值结束后,实际 R、L、C 就不再是符号变量了,而只是一个普通变量。可理解为原来的符号变量 R、L、C 已经不存在了。

eval(A)函数的最简单解释是:运行 eval(A)函数,相当于在命令行窗口输入 A 的表达式,然后回车。简单来说就是可以把字符串当作命令来执行,也就是在 m 文件中写:eval('y＝sin(1)')与在命令行窗口输入命令 y＝sin(1)等价。因此有人说,这不是多此一举吗? 但实际上,很多时候我们事先并不知道要算的表达式是什么,例如我们知道可以列出符号矩阵,但却不太可能一眼看得出它的特征根的符号表达式,例如前文中,我们先求出了特征根的符号表达式,然后再代入实际数字,调用 eval 计算符号表达式的实际值。例如我们现在要算特征根的具体数值,我们可以这么操作:

```
clear all
syms R L C ;              % 定义符号变量
A=[-R/L,  -1/L;1/C , 0];  % 系统的状态方程(符号)
lamda=eig(A)              % 求取特征根符号表达式
s=expand(lamda)
% 代入数值
```

```
R=1;
L=2e-3;
C=2e-3;
eval(s)
```

运行结果：

```
ans=
     1.0e+02*
    -2.5000-4.3301i
    -2.5000+4.3301i
```

2.6 小结

特征根和特征向量是线性代数计算中的最基本概念，本章从使用 eig 函数求解矩阵的特征根和特征向量出发，引入了它在计算机图形学中常用的比例变换，以及电路原理中的 RLC 二阶电路的应用，并展示了特征根和特征向量的物理意义。

3

非线性方程求解与应用

非线性方程是因变量与自变量不成线性关系的方程,这类方程很多,例如平方关系、对数关系、指数关系、三角函数关系等。$f(x)=2x^2-1=0$,这样的方程不满足线性叠加原理,也属于非线性方程,但它仍属于容易求解的类型,不是本章讨论的重点。本章主要讨论很难得到精确解却经常需要求近似解的非线性方程。

3.1 超越方程求解

3.1.1 概念

考察以下方程的求解问题:

$$f(x)=\sin(x)+x-1=0 \tag{3.1}$$

这样的方程不存在求根公式,因此求精确根非常困难,甚至不可能,寻找方程的近似根特别重要,一般考虑采用数值解法来进行计算。牛顿迭代法又称为牛顿-拉弗森方法,它是牛顿在17世纪提出的一种在实数域和复数域上近似求解方程的方法。此外,根据实际应用情况,也衍生出各种不同算法,电力系统的潮流算法就是典型的应用。

作为本科生的入门学习,本章只介绍最为基础的牛顿迭代法,在对算法进行详细描述的基础上,通过编写程序来演示计算过程,同时加强学习者数学逻辑和编程能力的培养。

3.1.2 超越方程的数值解法

牛顿迭代法使用函数 $f(x)$ 的泰勒级数的前面几项来寻找方程 $f(x)=0$ 的根,是求方程的根的重要方法之一。我们首先要了解一下泰勒公式,泰勒公式可以用若干项连加式来表示一个函数,这些相加的项由函数在某一点的导数求得:

$$f(x)=\frac{f(x_0)}{0!}+\frac{f'(x_0)}{1!}(x-x_0)+\frac{f''(x_0)}{2!}(x-x_0)^2+\cdots$$
$$+\frac{f^{(n)}(x_0)}{n!}(x-x_0)^n+R_n(x) \tag{3.2}$$

泰勒级数说明一个复杂的函数可以用多项式来逼近。只考虑一阶导数时,有

$$f(x)=f(x_0)+f'(x_0)(x-x_0)+R_n(x) \tag{3.3}$$

为了找出 $f(x)=0$ 的解,先猜想一个能令 $f(x)=0$ 的 x_0,按泰勒级数将方程 $f(x)$ 写成级数形式,然后求方程的解 x,只不过这个时候,$R_n(x)$ 是无限项,不好进行计算。因此,在忽略高阶导数的情况下,有

$$f(x)=f(x_0)+f'(x_0)(x-x_0)=0 \tag{3.4}$$

计算得到

$$x=x_0-\frac{f(x_0)}{f'(x_0)} \tag{3.5}$$

是方程的解,即 x 是原始方程的一个近似解(有多近似,取决于你是否接受它)。由于 $f(x)$ 已知,$f'(x)$ 的表达式也容易知道,那么在猜想一个解 x_0 后,式(3.5)的右边是可以计算的。

但由于这个推导过程忽略了式中的高阶导数,因此计算结果 x 不是 $f(x)=0$ 的准确解,只是说 x 应该比猜想的 x_0 更为接近真实解。因此通常写出以下迭代式:

$$x_{n+1}=x_n-\frac{f(x_n)}{f'(x_n)} \tag{3.6}$$

由式(3.1),显然容易得到:

$$f'(x)=\cos(x)+1 \tag{3.7}$$

将式(3.1)和式(3.7)代入式(3.6),我们可以得到:

$$x_{n+1}=x_n-\frac{\sin(x_n)+x_n-1}{\cos(x_n)+1} \tag{3.8}$$

因此,为了计算式(3.1)的解,我们可以采用以下方法。

(1) 猜想一个解 x_0,并理解为式(3.8)中的 x_n;

(2) 将 x_n 代入式(3.8)计算得到下一个 x_{n+1};

(3) 若 $|x_{n+1}-x_n|<\varepsilon$,则认为 x_{n+1} 已经是方程的解,否则令 $x_n=x_{n+1}$,转入(2)继续进行计算。

上面过程中,ε 是一个预设的非常小的数,我们在编辑器中依次输入以下命令,并保存为 Talyor.m:

```
x0=1;                        % 猜想一个解
epsilon=10e-6;               % epsilon 作为判别标准
count=0;                     % 记录迭代次数
xn=x0;
while 1                      % 表面上的一个死循环
    count=count+1;           % 计数器+1
    f=sin(xn)+xn-1;          % 函数 f(x)
    df=cos(xn)+1;            % 函数 df(x)/dt
    xn1=xn-f/df;             % 迭代公式
    if abs(xn1-xn)<epsilon
        break;               % 满足条件,跳出循环
    else
        xn=xn1;              % 准备迭代
    end
end
count
```

```
xn1
f=sin(xn1)+xn1-1

x=-3:0.01:3;
y1=sin(x);
y2=1-x;
plot(x,y1,'r',x,y2,'b');
```

运行后,可以得到:

```
>>Example1
count=
        4
xn1=
     0.5110
f=
   -1.1102e-16
```

从结果看,仅经过 4 次迭代,已经得出方程的近似解 $x=0.5110$,代入方程 $f(x)$ 得到 f 值已经在 10^{-16} 数量级。

3.2　编程知识点(1)

3.2.1　while 循环

程序中使用了一个 while 循环来进行迭代操作,在满足条件的情况下,使用 break 语句跳出循环。

while 循环的通用格式为

```
while expression
    statements
END
```

只要表达式{expression}里的所有元素为真,就执行 while 和 end 语句之间的{statements}。通常,表达式的求值给出一个标量值,但数组值也同样有效。在数组情况下,所得到数组的所有元素必须都为真。

与 C 语言类似,break 可以用于跳出循环,MATLAB 中也同样有 continue 语句,作用与 C 语言中的是完全相同的,相关案例读者可自行上网查阅。

3.2.2　ε 的设置与预设变量 eps

在程序段中,我们用 epsilon 这个变量(设置为 10^{-6})来对两次计算结果的差异进行判断,当两次计算结果小于 epsilon 时,就用 break 退出程序。

实际上 MATLAB 中有一个 eps 预设变量(它本质是一个函数),当计算值小于这个数时,即可认为 f 基本上等于 0 了。eps 表示的是一个数可以分辨的最小精度。默认表示 1 到它下一个浮点数之间的距离的一半,而正好等于最大的小于 1 的浮点数到最小的大于 1 的浮点数之间的距离。在命令行中输入 eps,可以得到如下结果。

```
>>eps
ans=
    2.2204e-16
```

因此,将程序中的 if 语句修改为 if abs(xn1-xn)<eps,会得到以下结果:

```
>>C2_Ex2
count=
        5
xn1=
    0.5110
f=
    0
```

可以看出,多一次迭代,f 即被系统认为是 0 了。

除此之外,eps 在其他情况下也有应用,例如我们知道 $\sin(\pi)=0$,π 在 MATLAB 中用预设变量 pi 表示,如果在命令行窗口输入以下命令:

```
>>sin(pi)==0
ans=
  logical
   0
>>sin(pi)<eps
ans=
  logical
   1
```

可以看出,sin(pi)的计算结果是不等于 0 的,因为 π 是无限不循环小数,其准确值是无法在计算机中存储的,pi 只是非常接近 π,但仍不会使 $\sin(\text{pi})==0$ 成立。在编写大型程序时,遇到类似情况,要非常谨慎使用这一类的条件判断,一个解决的办法就是采用 <eps 来替代 == 判断。

3.2.3　关系运算符

关系运算符用来比较两个数之间的大小关系,MATLAB 中的关系运算符包括以下几个。

(1) <,小于。

(2) <=,小于或等于。

(3) >,大于。

(4) >=,大于或等于。

(5) ==,等于。

(6) ~=,不等于。

以上运算符的运用与 C 语言中的是类似的。但 MATLAB 的这些关系运算符还能用来比较两个同维矩阵,实际上是比较两个矩阵对应的元素,比较结果仍然是一个矩

阵。如果两个矩阵的对应元素符合某个关系,则结果矩阵对应的元素为 1,否则为 0,例如:

```
>>A=[1,3;4 6]
A=
  1   3
  4   6
>>B=[2,0;5,7]
B=
  2   0
  5   7
>>C=A<B
C=
  2×2 logical 数组
  1   0
  1   1
```

3.2.4 数据类型

在此前的例子中,我们一直没有像 C 语言那样用 int、float 这样的数据类型来说明变量的种类,在 MATLAB 中,默认变量是 double 型的。

在第 3.2.3 节中最后的例子中,我们看到,运算结果中明确指出,C 是一个 2×2 的 logical 数组,说明 MATLAB 内部其实是存在各种不同的数据类型的(见图 3-1),在某些特殊情况下,我们还是会用到它们。

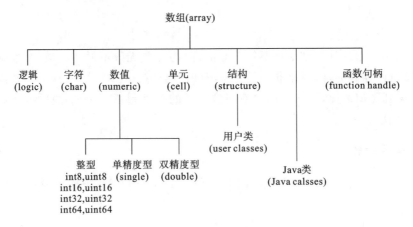

图 3-1　MATLAB 主要数据类型

关于各种数据类型的用途,可以在遇到的时候进行深入学习。

3.2.5　if 分支

if 分支判断语句的通用格式如下:

```
IF expression
    statements
```

```
ELSEIF expression
  statements
ELSE
  statements
END
```

if 语句可以跟随一个(或多个)可选的 elseif…else 语句,用来测试各种条件。使用时要注意以下几点。

(1) 一个 if 可以有零个或一个 else,如果有 elseif,else 必须跟在 elseif 后面。

(2) 一个 if 可以有零个或多个 elseif。

(3) elseif 一旦成功匹配,剩余的 elseif 将不会被测试。

if 分支判断语句的用法实际跟 C 语言中的是完全类似的,实际上 MATLAB 在某些情况下,使用了比 if 语句更为高效的操作手段。例如对于第 3.2.3 节中所示程序中的矩阵 A 和 B,如果要找出矩阵 A、B 中对应位置的元素,取大的那个赋值给 D,采用 for 循环加 if 语句,在一般情况下可这么写:

```
clear all
A=[1,3;4 6];
B=[2,0;5,7];
for i=1:2
    for j=1:2
        if A(i,j)>B(i,j)
            D(i,j)=A(i,j);
        else
            D(i,j)=B(i,j);
        end
    end
end
D
```

在 MATLAB 中,实际更为简单的写法是:

```
clear all
A=[1,3;4 6];
B=[2,0;5,7];
C=A<B;              % 找到那些 A 中元素小于 B 中对应元素的位置
D=A;                % 把 A 拷贝给 D
D(C)=B(C);          % 把 C 中对应位置的值,修改为 B 中对应位置的值
```

从这个例子(IfCompare.m)中可以体会到第 3.2.4 节提到的逻辑数组的作用。

3.3 磁滞回线的仿真模拟

3.3.1 基本励磁曲线

基于基本励磁曲线的变压器模型只考虑饱和引起的非线性。在进行数学建模仿真

时,可以直接使用磁链 Ψ 与激磁电流之间 i_{mag} 的关系(即暂态磁化特性曲线 $\Psi = f(i_{mag})$)来描述模型。

一般常用反正切函数模拟饱和情况:

$$\Psi(i_{mag}) = \alpha \arctan(h i_{mag}) + \beta i_{mag} \qquad (3.9)$$

式中,α、h 和 β 为常数。

例题 3-1 撰写程序(m 文件),使用反正切函数模拟基本励磁曲线。

解题过程:

根据式(3.9)可编写程序如下(Hysteresis.m):

```
% 确定系数
alpha=0.5147;
belta=27.3147;
h=1889.9553;
% 正负对称
Increment=0.015/64;            % 等分 64 份
i0=-0.015: Increment:0.015;
% 中心线
phi0=alpha* atan(h* i0)+belta* i0;
% 绘制结果
plot(i0,phi0)
grid on
xlabel('激磁电流 \it{i_{mag}}')
ylabel('磁链 \it\Psi')
```

程序输出如图 3-2 所示,α、h 和 β 的数值在第 3.3.2 节进行计算。

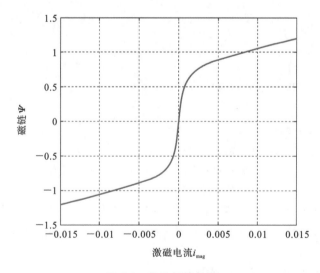

图 3-2　饱和特性仿真

3.3.2　饱和与磁滞现象

在 MATLAB 的电力系统仿真工具箱(SimPowerSystems)中提供了极限磁滞回线

的仿真曲线,如图 3-3 所示。操作方法如下。

（1）在命令行窗口输入 powerlib 命令,打开工具箱。

（2）新建一个空白的 model 文件,将工具箱中的 powergui 模块拖入 model 文件。

（3）双击该模块,在 Tools 属性页中选择 Hysteresis Design。

在图 3-3 中,横坐标为激磁电流,纵坐标为磁链,当前图中采用的是标幺值系统（pu）。激磁电流在[−0.015,0.015]之间时,使用非线性函数进行拟合,在达到饱和电流值 0.015 后,则以饱和激磁电流（Saturation region currents）与饱和磁链（Saturation region fluxes）数组的关系数组为基础,采用线性插值方式完成饱和计算。

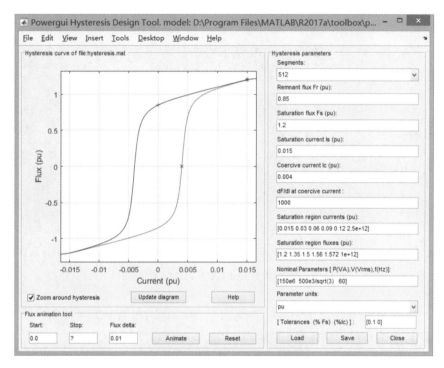

图 3-3　Hysteresis Design **磁滞仿真**

图 3-3 中有 3 处关键点。

（1）饱和电流（Saturation current）设置为 0.015,对应的饱和磁链（Saturation flux）为 1.2。

（2）剩磁（Remnant flux）为 0.85,此时激磁电流为 0。

（3）矫顽电流（Coercive current）为 0.004,此时磁链为 0,同时在该点的磁链与激磁电流的导数为 1000。

通常物理现象的研究首先来自于测量观察,假定我们通过测量已经可以知道磁滞回线的情况大致如图 3-3 所示,我们也打算采用式(3.9)的函数形式来模拟磁滞饱和现象,那么这时 α、h 和 β 三个参数该怎么确定呢?

当采用反正切函数拟合主磁滞回线,考虑左右两条极限磁滞回线时,有

$$\Psi(i_{\mathrm{mag}})=\alpha\arctan(h(i_{\mathrm{mag}}-C))+\beta(i_{\mathrm{mag}}-C) \tag{3.10}$$

从以上描述中我们可以知道,C 取正数(0.004)为右极限磁滞回线,C 取负数(−0.004)为左极限磁滞回线。同时有以下等式成立:

$$\begin{cases} 1.2 = \alpha \arctan(0.015h) + 0.015\beta \\ 0.85 = \alpha \arctan(h(0+0.004)) + \beta(0+0.004) \\ 1000 = \alpha h + \beta \end{cases} \tag{3.11}$$

式中,第 1 式取基本磁滞回线,第 2 式取左极限磁滞回线,第 3 式取右极限磁滞回线（$i_{mag}=0.004$ 处的导数）。实际方程存在冗余（3 个方程都可以只取左（或右）极限磁滞回线上的点）,SimPowerSystems 内部究竟是怎么处理的,我们不做探究,我们只是考虑怎么由式(3.11)解出 α、h 和 β 三个参数。

这本质上与第 3.1 节的超越方程求解是一个性质,只不过变量变多,但算法的理论基础依然来源于函数的泰勒展开。

设非线性方程组的表达式为

$$\begin{cases} f_1(x_1, x_2, \cdots, x_n) = 0 \\ f_2(x_1, x_2, \cdots, x_n) = 0 \\ \cdots \\ f_n(x_1, x_2, \cdots, x_n) = 0 \end{cases} \tag{3.12}$$

简记为

$$f_i(X) = 0 \quad i = 1, 2, \cdots, n$$

其中,

$$X = (x_1, x_2, \cdots, x_n)^T \tag{3.13}$$

设

$$X^{(k)} = (x_1^{(k)}, x_2^{(k)}, \cdots, x_n^{(k)})^T \tag{3.14}$$

为非线性方程组的第 k 次迭代近似值,则计算第 $k+1$ 次迭代值的牛顿迭代公式为

$$X^{(k+1)} = X^{(k)} - F(X^{(k)})^{-1} f(X^{(k)})$$

其中,

$$f(X^{(k)}) = (f_1^{(k)}, f_2^{(k)}, \cdots, f_n^{(k)})^T, \quad f_i^{(k)} = f_i(x_1^{(k)}, x_2^{(k)}, \cdots, x_n^{(k)}) \tag{3.15}$$

而 $F(X^{(k)})$ 为雅可比矩阵,定义为

$$F(X^{(k)}) = \begin{bmatrix} \dfrac{\partial f_1(X)}{\partial x_1} & \dfrac{\partial f_1(X)}{\partial x_2} & \cdots & \dfrac{\partial f_1(X)}{\partial x_n} \\ \dfrac{\partial f_2(X)}{\partial x_1} & \dfrac{\partial f_2(X)}{\partial x_2} & \cdots & \dfrac{\partial f_2(X)}{\partial x_n} \\ \cdots & \cdots & \ddots & \cdots \\ \dfrac{\partial f_n(X)}{\partial x_1} & \dfrac{\partial f_n(X)}{\partial x_2} & \cdots & \dfrac{\partial f_n(X)}{\partial x_n} \end{bmatrix} \tag{3.16}$$

3.3.3　计算过程

例题 3-2　根据式(3.11)、式(3.15)撰写程序(m 文件),根据图 3-3 所示的相关参数求解 α、h、β。

解题过程:

根据前面所述,显然有

$$\begin{cases} f_1(X) = \alpha \arctan(h(0.015-0)) + 0.015\beta - 1.2 \\ f_2(X) = \alpha \arctan(h(0+0.004)) + 0.004\beta - 0.85 \\ f_3(X) = \alpha h + \beta - 1000 \end{cases} \tag{3.17}$$

其中，$\boldsymbol{X}=(\alpha,\beta,h)^{\mathrm{T}}$。

实现式(3.15)的迭代过程，核心是要获得雅可比矩阵 $\boldsymbol{F}(\boldsymbol{X}^{(k)})$，我们可以采用下列程序来完成(Hysteresis_Parameter.m)：

```
clear all
syms a b h   % 定义符号变量,分别代表 alpha, beta,h
% 建立方程
f1=a*atan(h*(0.015-0))+0.015*b-1.2;
f2=a*atan(h*(0+0.004))+0.004*b-0.85;
f3=a*h+b-1000;
% 获取雅可比矩阵
F=[diff(f1,a),diff(f1,b),diff(f1,h);
    diff(f2,a),diff(f2,b),diff(f2,h);
    diff(f3,a),diff(f3,b),diff(f3,h);
    ]
```

运行结果：
```
F=
[ atan((3*h)/200), 3/200, (3*a)/(200*((9*h^2)/40000+1))]
[    atan(h/250), 1/250,          a/(250*(h^2/62500+1))]
[              h,     1,                               a]
```

对运行结果稍加整理，可以知道(从写程序的角度来说，这个整理过程不是必要的)：

$$\boldsymbol{F}(\boldsymbol{X}^{(k)})=\begin{bmatrix}\arctan(0.015h) & 0.015 & \dfrac{0.015a}{(0.015h)^2+1}\\ \arctan(0.004h) & 0.004 & \dfrac{0.004a}{(0.004h)^2+1}\\ h & 1 & a\end{bmatrix} \tag{3.18}$$

继续编写程序如下(Hysteresis_Parameter.m 续)：

```
% 猜想 alpha, beta, h 的值
a=1;
b=1;
h=1;
% 迭代计数
count=0;
while 1
    count=count+1;                % 迭代次数+1
    Xk=[a,b,h]';                  % X 是列向量
    f=[eval(f1),eval(f2),eval(f3)]';  % f 是列向量
    FX=eval(F);                   % F 是 3*3 矩阵
    Xk1=Xk-FX^-1*f;               % Xk1 是列向量
    if sum(abs(f))<eps            % 已经几乎等于 0 了
        break
```

```
        else
            a=Xk1(1);
            b=Xk1(2);
            h=Xk1(3);
        end
    end
    count
    format long
    Xk1
    format short
```

运行结果：

```
count=
    9
Xk1=
    1.0e+03*
        0.000514660482610
        0.027314661204971
        1.889955362148825
```

程序运行结果显示，即使 α、β、h 的初始值都设置成 1，仅仅经过 9 次迭代，三个方程的计算值（也就是与 0 值相减的误差）的绝对值之和也已经小于 eps 了。

3.4　编程知识点（2）

3.4.1　":"的用法

冒号（:）是 MATLAB 中最有用的操作符之一。

1. 创建向量

快速生成等步长的向量，语法规则是 vector= startValue：increment：endValue，顾名思义，也就是"开始数值：增量：结束数值"。程序中使用下面语句将激磁电流在区间 $[-0.015, 0.015]$ 内分割成 128 个等份。

```
Increment=0.015/64;           % 等分 64 份
i0=-0.015: Increment:0.015;
```

然后运用公式，计算对应的磁链：

```
phi0=alpha*atan(h*i0)+belta*i0;
```

在 C 语言中，要实现此类计算，需要使用循环，但 MATLAB 中的函数的参数就比较灵活，参数可以是标量，可以是向量，也可以是矩阵（可对应算出来相同维数的结果）。经过上述计算后，i0 和 phi0 就构成了样本对，它们都是含 129 个元素的行向量。

2. 下标访问

可以使用冒号运算符创建索引向量,以选择数组的行、列或元素。下标访问格式见表 3-1。

表 3-1　下标访问格式

格　　式	意　　义
A(:,j)	A 的第 j 列
A(i,:)	A 的第 i 行
A(:,:)	等效的二维数组。对于矩阵,与 A 相同
A(j:k)	$A(j)$, $A(j+1)$, $\cdots$, $A(k)$
A(:,j:k)	$A(:,j)$, $A(:,j+1)$, $\cdots$, $A(:,k)$
A(:,:,k)	三维数组 A 的第 k 页(将三维矩阵想象成一本书)
A(i,j,k,:)	四维数组 A 中的向量,包括 $A(i,j,k,1)$, $A(i,j,k,2)$, $A(i,j,k,3)$ 等
A(:)	A 的所有要素,被视为单列。在赋值语句的左侧,A(:)填充 A,从之前保留其形状。在这种情况下,右侧必须包含与 A 相同数量的元素

3. 迭代指定

在 for 循环中,通常写成 for i = startValue：increment：endValue 的形式,使下标从 startValue 开始,以步长 increment 增长,直到大于 endValue,如:

```
Increment=0.015/64;          % 等分 64 份
for i0=-0.015: Increment:0.015
...
end
```

与前面的区别是,i0 在迭代过程中始终是一个数。

3.4.2　符号函数求导

前面案例中,我们用

```
syms a b h
```

定义符号变量,分别代表 α、β、h。接下来生成三个函数:

```
% 建立方程
f1=a*atan(h* (0.015-0))+0.015*b-1.2;
f2=a*atan(h* (0+0.004))+0.004*b-0.85;
f3=a*h+b-1000;
```

由于 a、b、h 此时都是是符号变量,得到的 f1、f2、f3 也是符号表达式。

其中,$f_3(x) = \alpha h + \beta$ 表达的是式(3.10)在 i_{mag} 在 0.004 这个位置的斜率(也就是导数),为了快速入门,我们前面没有对这一表达式的来源给出说明。

这里我们将用到 diff 函数,先给出代码(DiffEx. m):

```
syms a b h imag
```

```
imag_coercive=0.004;
% 按公式写好函数
f=a*atan(h*(imag-imag_coercive))+(imag-imag_coercive)*b;
df=diff(f,imag)% 求导
% 将 0.004 赋值给 image,此时符号变量 image 不复存在
imag=imag_coercive;
df_ic=eval(df)
```

运行结果:
```
df=
  b+(a*h)/(h^2*(imag-1/250)^2+1)
df_ic=
  b+a*h
```

可以看到,按公式将符号变量组合赋值给 f 后,f 就是一个符号表达式。然后使用 diff 函数,对符号表达式中的 imag 符号进行求导(其他符号不动),得到导数的符号表达式 df。

此时看到 df 中依然含有 imag 符号,此时我们用 imag_coercive(它是数字 0.004,不是符号)对 image 赋值,实际就冲掉了原有的符号变量,imag 变成数值 0.004,不再是符号变量。

最后我们用 eval(df)函数计算了 imag=0.004 时,df 的值,并将其赋值给 df_ic。

3.4.3   diff 函数

diff 函数用于求导,以及向量和矩阵的比较,调用格式及说明如下。

(1) 若 X 为符号表达式:

$Y=\text{diff}(X)$——求函数 X 的一阶导数。

$Y=\text{diff}(X,n)$——求函数 X 的 n 阶导数。

$Y=\text{diff}(X,\text{dim})$——求函数 X 关于变量 dim 的偏导数。

$Y=\text{diff}(X,n,\text{dim})$——求函数 X 关于 dim 的 n 阶偏导数。

(2) 若 X 为向量:

$Y=\text{diff}(X)=[X(2)-X(1),X(3)-X(2),\cdots,X(n)-X(n-1)]$——求前后两项之差。

(3) 若 X 为矩阵:

$Y=\text{diff}(X)=[X(2:n,:)-X(1:n-1,:)]$——求每列前后两项之差。

3.4.4   雅可比(Jacobian)矩阵

在向量微积分中,雅可比矩阵是一阶偏导数以一定方式排列成的矩阵,其行列式称为雅可比行列式。雅可比矩阵的重要性在于它体现了一个可微方程与给出点的最优线性逼近。因此,雅可比矩阵类似于多元函数的导数。

实际上,MATLAB 给出了这个函数,使用语句

```
J=jacobian([f1;f2;f3],[a,b,h])
```

可得到与前面相同的结果。

雅可比矩阵在"电力系统稳态分析"课程中也会提及,它会被用在潮流计算中。

3.4.5　solve 函数

只需要求取非线性方程的解时,我们可以采用下面的命令:

```
[a,b,h]=vpasolve(f1==0, f2==0, f3==0,a,b,h)
```

运行结果:
```
a=
-0.51466048261008326208120799917201
b=
27.314661204971194481492641597555
h=
-1889.9553621488246944728147319611
```

这里的结果实际与前面我们编程得到的结果是一样的。

在 MATLAB 中,solve 函数主要是用来求解代数方程(多项式方程)的符号解析解。其也可用于求解一些其他的简单方程,但其能力很弱,此时求出的解往往是不精确的或不完整的。注意可能得到的只是部分解,而不是全部解。

用法规则有:

```
g=solve(eq)
g=solve(eq, var)
g=solve(eq1, eq2, …, eqn)
g=solve(eq1, eq2, …, eqn, var1, var2, …, varn)
```

其中,eq 代表一个符号表达式或字符串,var 代表一个变量名称。

参考 MATLAB 帮助文件,详细解释如下。

(1) g=solve(eq)。

求代数方程的符号解析解。参量 eq 表示符号表达式或字符串。若 eq 是一符号表达式或一没有等号的字符串,则函数对方程的默认变量求解方程 eq=0,默认变量由命令 findsym(eq)确定。若输出参量 g 为单一变量,则对于有多重解的非线性方程,g 为一行向量。

(2) g=solve(eq,var)。

用法同上,var 为指定变量。即对符号表达式或没有等号的字符串 eq 中指定的变量 var 求解方程 eq(var)=0。

(3) g=solve(eq1,eq2,…,eqn)。

求代数方程的符号解析解。参量 eq1,eq2,…,eqn 表示符号表达式或字符串。函数对方程组 eq1,eq2,…,eqn 中由命令 findsym 确定的 n 个变量如 x1,x2,…,xn 求解。若 g 为一单个变量,则 g 为一包含 n 个解的结构;若 g 为有 n 个变量的向量,则分别返回结果给相应的变量。

(4) g=solve(eq1,eq2,…,eqn,var1,var2,…,varn)。

用法同上,var1,var2,…,varn 为指定变量,即对方程组 eq1,eq2,…,eqn 中指定的 n 个变量 var1,var2,…,varn 求解。

3.5 小结

与线性方程对应的是非线性方程,客观世界本质是非线性的,对于无法线性化近似处理的系统,就需要进行非线性方程求解方法的研究。通过学习本章,学习者应熟悉相关算法,尤其是熟悉如何用牛顿迭代法解算非线性方程。

4

微分方程的解析解

中学课程中,加速度 $a = F/m$,从而速度 $v = at$。大学课程中,物体所受的力转变为时变形式,即用 $F(t)$ 表达,而速度则用微分方程进行表示。与线性方程相比,微分方程是用于描述系统的动态变化过程的,其也是很多科学与工程领域数学建模的基础。

4.1 线性微分方程

4.1.1 线性微分方程的数学定义

微分方程可分为线性微分方程与非线性微分方程。常系数线性微分方程的一般形式为

$$(D^n + p_{n-1}D^{n-1} + \cdots + p_1 D + p_0)y(t) = f(t) \tag{4.1}$$

其中,p_i 是常数,D 为微分算子:

$$D = \frac{\mathrm{d}}{\mathrm{d}t} \tag{4.2}$$

注意,此处 D^n 与 $y(t)$ 相乘的结果为 $y(t)$ 的 n 阶导数 $y^{(n)}(t)$。微分运算本身为线性变换,故式(4.1)为线性方程。

简单来讲,如果式中未知函数 $y(t)$ 及其各阶导数 $y^{(n)}(t)$ 的多项式均为一次幂,则称其为线性微分方程,否则称其为非线性微分方程。

(1)"齐次"是指方程中每一项关于未知函数 y 及其导数 y',y'',$\cdots$ 的次数都是相等的(都是一次),方程中没有自由项(不包含 y 及其导数项)。例如,形如 $y'' + py' + qy = 0$ 的方程称为"齐次线性方程",而方程 $y'' + py' + qy = t$ 就不是"齐次"的,因为方程右边的项 t 不含 y 及 y 的导数,其是关于 y,y',y'',$\cdots$ 的 0 次项,也就是自由项,因而就要称对应的方程为"非齐次线性方程"。

(2)"线性"则表示导数之间是线性运算(简单地说就是各阶导数之间只能加减)。例如微分方程 $y'(t) + y'(t)y^{(3)}(t) = f(t)$ 中,出现了 $y'y^{(3)}$,即 $y(t)$ 的一阶导和三阶导构成的多项式为二次幂的,所以该方程是非线性微分方程。

线性微分方程的解的形式较为固定。

(1)若微分方程为齐次的,则其存在通解,而在初始时刻 $y(0)$,$y'(0)$,$y''(0)$,$\cdots$ 边

界条件确定时,可得到齐次线性方程的一个特解。

(2) 若微分方程为非齐次的,则解的结构为对应的齐次方程的通解＋满足该非齐次微分方程的解(实际为稳态解),在边界条件确定后,再计算得到对应特解。

4.1.2 齐次线性微分方程的解的形式(无激励源)

我们将齐次线性微分方程记作

$$(D^n + p_{n-1}D^{n-1} + \cdots + p_1 D + p_0) y(t) = 0 \tag{4.3}$$

其中,p_i 是常数。

对于指数函数 $y = e^{rt}$,当 r 是常数时,它和它的各阶导数都只差一个常数因子。利用指数函数的这个特点,我们用 $y(t) = e^{rt}$ 来尝试能否选取适当的常数 r,使得 $y(t)$ 满足式(4.3),即

$$(D^n + p_{n-1}D^{n-1} + \cdots + p_1 D + p_0) e^{rt} = (r^n + p_{n-1}r^{n-1} + \cdots + p_1 r + p_0) e^{rt} = 0 \tag{4.4}$$

由于 e^{rt} 不恒为 0,故有

$$r^n + p_{n-1}r^{n-1} + \cdots + p_1 r + p_0 = 0 \tag{4.5}$$

称式(4.5)为式(4.3)的特征方程,其解为实数或者复数 $\alpha + j\beta$。由此可见,只要 r 满足代数方程式(4.5),函数 $y = e^{rt}$ 就是微分方程式(4.3)的解。显然 $y = Ce^{rt}$ 也是方程的解,其中,C 为常数,为待定值,可通过边界条件确定。

式(4.5)表达的 n 次代数方程有 n 个根,而特征方程的每一个根都对应着通解中的一项,且每一项都含有一个待定常数。根据线性方程的叠加原理,可得到 n 阶常系数齐次线性微分方程的通解形式,如表 4-1 所示。

表 4-1 通解与特征方程根的对应形式

根 的 形 式	通解的对应项
单实根 r	Ce^{rt}
k 重实根	$(C_1 + C_2 t + \cdots + C_k t^{k-1}) e^{rt}$
一对单复根	$[C_1 \cos\beta t + C_2 \sin\beta t] e^{\alpha t}$
一对 k 重复根	$[(C_1 + C_2 t + \cdots + C_k t^{k-1})\cos\beta t + (D_1 + D_2 t + \cdots + D_k t^{k-1})\sin\beta t] e^{\alpha t}$

注:C_i, D_i 为待定系数。

进一步,根据初始边界条件确定相关系数 C_i, D_i。即对通解 $y(t)$ 分别求 n 阶导数,形成 n 元一次方程,C_i, D_i 为待求变量。

4.1.3 非齐次线性微分方程的解的形式(有激励源)

对于非齐次线性微分方程,首先寻找一个满足该非齐次线性微分方程的一个特解 y^*。这个特解 y^* 需用待定系数法得出,我们只介绍式 $f(t)$ 为两种常见形式时 y^* 的求法。

1. $f(t) = e^{\lambda t} P_m(t)$ 型

当激励源 $f(t) = e^{\lambda t} P_m(t)$ 时,其中,λ 是常数,$P_m(t)$ 是 t 的一个 m 次多项式,有

$$P_m(t) = a_m t^m + a_{m-1} t^{m-1} + \cdots + a_1 t + a_0 \tag{4.6}$$

最简单的情况就是激励源为直流电压源,此时 $\lambda = 0, m = 0, f(t) = a_0 = u_{dc}$。

我们知道,式(4.1)的一个特解 y^* 是使式(4.1)称为恒等式的函数,什么样的函数能使得式(4.1)为恒等式呢?因为 $f(t)$ 是多项式 $P_m(t)$ 与指数函数 $e^{\lambda t}$ 的乘积,而多项式与指数函数乘积的导数仍然是多项式与指数函数的乘积,因此,我们推测 $y^* = Q(t)e^{\lambda t}$ 是式(4.1)的一个特解,$Q(t)$ 也是一个多项式。

我们先将 $y^* = Q(t)e^{\lambda t}$ 代入式(4.1),再考虑能否选取适当的多项式 $Q(t)$ 使 $Q(t)e^{\lambda t}$ 满足式(4.1)。为此,以二阶常系数线性微分方程为例:

$$y'' + py' + qy = f(t) \tag{4.7}$$

特解和其一阶、二阶导数乘以对应系数为

$$\begin{cases} qy^* = e^{\lambda t}[qQ(t)] \\ py^{*'} = e^{\lambda t}[\lambda pQ(t) + pQ'(t)] \\ y^{*''} = e^{\lambda t}[\lambda^2 Q(t) + 2\lambda Q'(t) + Q''(t)] \end{cases} \tag{4.8}$$

三式右半部分相加,作为式(4.7)的左半部分,而右半部分为 $e^{\lambda t}P_m(t)$,消去 $e^{\lambda t}$ 后,有

$$Q''(t) + (2\lambda + p)Q'(t) + (\lambda^2 + p\lambda + q)Q(t) = P_m(t) \tag{4.9}$$

然后按以下三种情况进行分析讨论。

(1) λ 不是特征方程 $r^2 + pr + q = 0$ 的根,即 $\lambda^2 + p\lambda + q \neq 0$。

由于式(4.9)右边的 $P_m(t)$ 是 t 的一个 m 次多项式,要使式(4.9)的两端恒等,那么可令 $Q(t)$ 为另一个 m 次多项式 $Q_m(t)$,即

$$Q_m(t) = b_m t^m + b_{m-1} t^{m-1} + \cdots + b_1 t + b_0 \tag{4.10}$$

代入式(4.9),比较等式两端 t 同次幂的系数,就得到由 $b_0, b_1, \cdots, b_m$ 作为未知数的 $m+1$ 个方程组成的联立方程组,从而可以确定 $b_i (i = 0, 1, \cdots, m)$,最终得到特解 $y^* = Q_m(t)e^{\lambda t}$。

(2) λ 是特征方程的单根,此时有 $\lambda^2 + p\lambda + q = 0$, $2\lambda + p \neq 0$。

$2\lambda + p \neq 0$ 的由来是:特征方程存在单根的条件是判别式 $\Delta \neq 0$(非重根),同时 λ 是其中一个单根,则 $q = -\lambda^2 - p\lambda$, $\Delta = p^2 - 4q = p^2 - 4(-\lambda^2 - p\lambda) = (2\lambda + p)^2 \neq 0$。此时要使式(4.9)的两端恒等,则 $Q'(t)$ 必须是 m 次多项式,从而 $Q(t)$ 为 $m+1$ 次多项式,此时,可令

$$Q(t) = tQ_m(t) \tag{4.11}$$

可以用同样的方法来确定 $Q_m(t)$ 的系数 $b_i (i = 0, 1, \cdots, m)$。

(3) λ 是特征方程的重根,判别式 $\Delta = 0$,则有 $\lambda^2 + p\lambda + q = 0$, $2\lambda + p = 0$。

要使式(4.9)的两端恒等,则 $Q''(t)$ 必须是 m 次多项式,从而 $Q(t)$ 为 $m+2$ 次多项式,此时,可令

$$Q(t) = t^2 Q_m(t) \tag{4.12}$$

可以用同样的方法来确定 $Q_m(t)$ 的系数 $b_i (i = 0, 1, \cdots, m)$。

综上所述,我们有如下结论:如果 $f(t) = e^{\lambda t} P_m(t)$,则二阶常系数非齐次线性微分方程具有形如

$$y^* = t^k Q_m(t) e^{\lambda x} \tag{4.13}$$

的特解,其中,$P_m(t)$ 与 $Q_m(t)$ 是 m 次的多项式,k 取值如下:

$$k = \begin{cases} 0, & \lambda \text{ 不是特征根} \\ 1, & \lambda \text{ 是单重特征根} \\ 2, & \lambda \text{ 是两重特征根} \end{cases} \tag{4.14}$$

上述结论可以推广到 n 阶常系数非齐次线性微分方程,但要注意式(4.13)中的 k 是特征方程的根 λ 的重复次数(若不是特征方程的根,则 k 取 0;若是特征方程的 s 重根,则 k 取 s)。

2. $f(t) = \mathrm{e}^{\lambda t}[P_l(t)\cos\omega t + P_n(t)\sin\omega t]$ 型

激励源为 $f(t) = \mathrm{e}^{\lambda t}[P_l(t)\cos\omega t + P_n(t)\sin\omega t]$,其中,$\lambda$、$\omega$ 是常数,$P_l(t)$、$P_n(t)$ 分别是 t 的 l 次多项式、t 的 n 次多项式(且有一个可为 0)。

最简单的情况就是激励源为交流电压源,此时 $\lambda = 0$,$P_l(t) = 0$,$P_n(t) = u_m$,则 $f(t) = u_m \sin\omega t$。

根据欧拉公式,有

$$\cos\theta = \frac{1}{2}(\mathrm{e}^{\mathrm{j}\theta} + \mathrm{e}^{-\mathrm{j}\theta}), \quad \sin\theta = \frac{1}{\mathrm{j}2}(\mathrm{e}^{\mathrm{j}\theta} - \mathrm{e}^{-\mathrm{j}\theta}) \tag{4.15}$$

将 $f(t)$ 表示为复变指数函数的形式,有

$$f(t) = P(t)\mathrm{e}^{(\lambda+\mathrm{j}\omega)t} + \bar{P}(t)\mathrm{e}^{(\lambda-\mathrm{j}\omega)t} \tag{4.16}$$

其中,

$$\begin{cases} P(t) = \dfrac{P_l(t)}{2} - \mathrm{j}\dfrac{P_n(t)}{2} \\[2mm] \bar{P}(t) = \dfrac{P_l(t)}{2} + \mathrm{j}\dfrac{P_n(t)}{2} \end{cases} \tag{4.17}$$

是共轭的 m 次多项式,即它们对应项的系数是共轭复数,其中,$m = \max(l, n)$。

对于 $f(t)$ 中的第一项 $P(t)\mathrm{e}^{(\lambda+\mathrm{j}\omega)t}$,有

$$y'' + py' + qy = P(t)\mathrm{e}^{(\lambda+\mathrm{j}\omega)t} \tag{4.18}$$

应用之前的结果,可以求出一个 m 次多项式 $Q_m(t)$ 使得 $y_1^* = t^k Q_m \mathrm{e}^{(\lambda+\mathrm{j}\omega)t}$ 为方程的特解,其中,

$$k = \begin{cases} 0, & \lambda + \mathrm{j}\omega \text{ 不是特征根} \\ 1, & \lambda + \mathrm{j}\omega \text{ 是特征根} \end{cases} \tag{4.19}$$

由于 $f(t)$ 中第二项 $\bar{P}(t)\mathrm{e}^{(\lambda-\mathrm{j}\omega)t}$ 与 $P(t)\mathrm{e}^{(\lambda+\mathrm{j}\omega)t}$ 共轭,所以与 y_1^* 共轭的函数 $y_2^* = t^k \bar{Q}_m \mathrm{e}^{(\lambda-\mathrm{j}\omega)t}$ 必然是方程

$$y'' + py' + qy = \bar{P}(t)\mathrm{e}^{(\lambda-\mathrm{j}\omega)t} \tag{4.20}$$

的特解,k 的取值规则同上。

根据叠加定理,y_1^* 是等号右边为 $P(t)\mathrm{e}^{(\lambda+\mathrm{j}\omega)t}$ 时的特解,y_2^* 是等号右边为 $\bar{P}(t)\mathrm{e}^{(\lambda-\mathrm{j}\omega)t}$ 时的特解,所以 $y^* = y_1^* + y_2^*$ 是等号右边为 $P(t)\mathrm{e}^{(\lambda+\mathrm{j}\omega)t} + \bar{P}(t)\mathrm{e}^{(\lambda-\mathrm{j}\omega)t}$ 时的特解。

如果有必要,进一步,特解 y^* 也可写成

$$\begin{aligned} y^* &= t^k Q_m \mathrm{e}^{(\lambda+\mathrm{j}\omega)t} + t^k \bar{Q}_m \mathrm{e}^{(\lambda-\mathrm{j}\omega)t} = t^k \mathrm{e}^{\lambda t}[Q_m \mathrm{e}^{\mathrm{j}\omega t} + \bar{Q}_m \mathrm{e}^{-\mathrm{j}\omega t}] \\ &= t^k \mathrm{e}^{\lambda t}[Q_m(\cos\omega t + \mathrm{j}\sin\omega t) + \bar{Q}_m(\cos\omega t - \mathrm{j}\sin\omega t)] \end{aligned} \tag{4.21}$$

括号内的两项是共轭的,相加后没有虚部,设 $Q_m = R_m^{(1)} - \mathrm{j}R_m^{(2)}$,$y^*$ 可以写成实函数形式:

$$y^* = x^k \mathrm{e}^{\lambda t}[R_m^{(1)}(t)\cos\omega t + R_m^{(2)}(t)\sin\omega t] \tag{4.22}$$

上述结论可以推广到 n 阶常系数非齐次线性微分方程,但要注意式中的 k 是特征方程的根 $\lambda + \mathrm{j}\omega$、$\lambda - \mathrm{j}\omega$ 的重复次数。

4.2 计算案例

4.2.1 RLC 电路

微分方程通常刻画了物理对象的动态特性,本节以图 4-1 所示的 RLC 电路为例进行讲解。

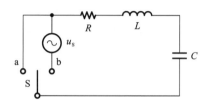

图 4-1 RLC 串联电路

根据电路原理相关知识易知

$$LC \frac{\mathrm{d}^2 u_\mathrm{c}}{\mathrm{d}t^2} + RC \frac{\mathrm{d}u_\mathrm{c}}{\mathrm{d}t} + u_\mathrm{c} = u_\mathrm{s} \tag{4.23}$$

该微分方程的特征方程为

$$r^2 + \frac{R}{L}r + \frac{1}{LC} = 0 \tag{4.24}$$

其解为

$$r_{1,2} = -\frac{R}{2L} \pm \sqrt{\left(\frac{R}{2L}\right)^2 - \frac{1}{LC}} \tag{4.25}$$

根据其判别式可以确定根的性质(单根、重根或共轭复数根)。

根据线性微分方程的解析解的分析过程,我们可以将求解过程分为以下几种情况(见图 4-2)。

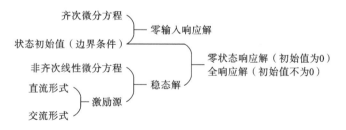

图 4-2 微分方程的解

(1) 开关 S 拨到 a 位置,若动态储能元件初始值(即电容上的电压和流过电感的电流)不为 0,储能元件上的能量将逐渐消耗在阻尼元件 R 上,两个状态量最终都回到 0,即为零输入响应过程。

(2) 此时我们将开关 S 拨到 b 位置,则电源将对电容开始充电。当电源分别为直流电源和交流电源时,可对照微分方程的输入 $f(t)$ 的形式,对电路的零状态响应分别进行分析讨论。

（3）综合以上情况，可以进一步得到状态初始值不为 0 时的全响应解。

（4）在过程（2）中，当 $t < 0$ 时，有 $u_S(t) = 0$。若考虑 $f(t)$ 在 $t < 0$ 的情况下不为 0，则对应电路的激励源 $u_S(t) = 1$ 的定义域 t 为 $(-\infty, +\infty)$，则可将非齐次微分方程的解视为稳态解。利用稳态解求零状态响应和全响应的具体过程，参考第 4.2.4 节。

显然，情况（1）对应齐次线性方程，而情况（4）对应典型的非齐次线性方程。

4.2.2 零输入响应（齐次线性微分方程的解）

当开关 S 从 b 位置切换到 a 位置，电容上蓄积的能量将通过电阻和电感在回路中被消耗，最终电容电压为 0，电感电流也为 0，这个过程我们称之为零输入响应。$u_C(0_-)$，$i_L(0_-)$ 也可以设置成其他值。

例题 4-1 假设图 4-1 中的电源为直流源，开关 S 拨到 b 位置，则电源 u_S 对电容充电，并且最终 $u_C = u_S$，$i_L = 0$。在 $t = 0$ 时刻，开关 S 从 b 位置切换到 a 位置，撰写程序（m 文件），绘制出电容电压和电感电流的波形。

解题过程：

在零输入情况下，即式（4.23）中 $u_S = 0$ 时，方程为齐次方程，通解形式如表 4-2 所示。

表 4-2 二阶电路通解与特征方程根的对应形式

根 的 形 式	所 设 解
两不等实根	$C_1 e^{r_1 t} + C_2 e^{r_2 t}$
两相等实根	$(C_1 + C_2 t) e^{r t}$
复根	$(C_1 \cos\beta t + C_2 \sin\beta t) e^{\alpha t}$

其中，C_1，C_2 可由初始状态求出。在二阶电路中，当电容已经充满电时，初始条件为 $u_C(0_-) = u_S$，$i_L(0_-) = 0$，根据前面的描述，重写式（4.25）如下：

$$r_{1,2} = -\frac{R}{2L} \pm \sqrt{\left(\frac{R}{2L}\right)^2 - \frac{1}{LC}} = \frac{-R \pm \sqrt{R^2 - 4L/C}}{2L} = \frac{-RC \pm \sqrt{(RC)^2 - 4L}}{2LC}$$

$$(4.26)$$

1. 若根为两个互异实根（过阻尼）

从物理上讲，由于 L 和 C 只能是正数，故两个互异的实根都只能是负的，通解为

$$u_C = C_1 e^{r_1 t} + C_2 e^{r_2 t} \tag{4.27}$$

对式（4.27）求导可得

$$u'_C = r_1 C_1 e^{r_1 t} + r_2 C_2 e^{r_2 t} \tag{4.28}$$

因此，当 $t = 0$ 时，由式（4.27）及其导数式（4.28）可得

$$\begin{cases} C_1 + C_2 = u_{C0} \\ r_1 C_1 + r_2 C_2 = i_{L0}/C \end{cases} \tag{4.29}$$

可解得

$$C_1 = \frac{r_2 u_{C0} - i_{L0}/C}{r_2 - r_1}, \quad C_2 = -\frac{r_1 u_{C0} - i_{L0}/C}{r_2 - r_1} \tag{4.30}$$

故

$$u_C = \frac{r_2 u_{C0} - i_{L0}/C}{r_2 - r_1} e^{r_1 t} - \frac{r_1 u_{C0} - i_{L0}/C}{r_2 - r_1} e^{r_2 t} \tag{4.31}$$

2. 若根为相同实根(临界阻尼)

特征方程判别式 $R^2 - 4L/C = 0$，从而 $r = -R/2L$，通解为

$$u_C = (C_1 + C_2 t) e^{rt} \tag{4.32}$$

对式(4.32)求导可得

$$u_C' = (C_1 + C_2 t) r e^{rt} + C_2 e^{rt} \tag{4.33}$$

当 $t = 0$ 时，由式(4.32)和式(4.33)可得

$$\begin{cases} C_1 = u_{C0} \\ rC_1 + C_2 = i_{L0}/C \end{cases} \tag{4.34}$$

可解得

$$C_1 = u_{C0}, \quad C_2 = i_{L0}/C - r u_{C0} \tag{4.35}$$

代入式(4.32)即可得到响应的解析解。此外，根据电路原理常用表达方式，可以令

$$\omega_n = -r = \frac{R}{2L} = \sqrt{\frac{4L/C}{(2L)^2}} = \frac{1}{\sqrt{LC}} \tag{4.36}$$

ω_n 被称为电路的自然振荡角频率(无阻尼振荡角频率)，故

$$u_C = u_{C0}(1 + \omega_n t) e^{-\omega_n t} + \frac{i_{L0}}{C} t e^{-\omega_n t} \tag{4.37}$$

3. 若根为复数根(欠阻尼)

$r = \alpha + \mathrm{j}\beta$，通解为

$$u_C = (C_1 \cos\beta t + C_2 \sin\beta t) e^{\alpha t} \tag{4.38}$$

由式(4.25)可知

$$\alpha = -\frac{R}{2L}, \quad \beta = \sqrt{\frac{1}{LC} - \left(\frac{R}{2L}\right)^2} \tag{4.39}$$

对式(4.38)求导可得

$$u_C' = (C_1 \alpha \cos\beta t - C_1 \beta \sin\beta t + C_2 \alpha \sin\beta t + C_2 \beta \cos\beta t) e^{\alpha t} \tag{4.40}$$

将 $t = 0$ 代入式(4.38)和式(4.40)，且注意 $Cu_C' = i_L$，因此有

$$\begin{cases} C_1 = u_{C0} \\ \alpha C_1 + \beta C_2 = i_{L0}/C \end{cases} \tag{4.41}$$

可解得

$$C_1 = u_{C0}, \quad C_2 = \frac{i_{L0}/C - \alpha u_{C0}}{\beta} \tag{4.42}$$

故

$$u_C = \left(u_{C0} \cos\beta t + \frac{i_{L0}/C - \alpha u_{C0}}{\beta} \sin\beta t\right) e^{\alpha t} \tag{4.43}$$

此外，依据电路原理计算的表达习惯，对 α 和 β 可进行化简：

$$\begin{cases} \alpha = -\dfrac{R}{2L} = -\sqrt{\dfrac{R^2 C}{4L}} \dfrac{1}{\sqrt{LC}} = -\zeta \omega_n \\ \beta = \sqrt{\dfrac{1}{LC} - \left(\dfrac{R}{2L}\right)^2} = \dfrac{1}{\sqrt{LC}} \sqrt{1 - \dfrac{R^2 C}{4L}} = \omega_n \sqrt{1 - \zeta^2} \end{cases} \tag{4.44}$$

其中，

$$\zeta = \sqrt{\frac{R^2 C}{4L}} \tag{4.45}$$

令 $\omega_d=\beta=\omega_n\sqrt{1-\zeta^2}$，$\sigma=-\alpha=\zeta\omega_n$，$\zeta$ 称为阻尼比，并且有

$$\begin{cases} \alpha^2+\beta^2=\dfrac{1}{LC}=\omega_n^2 \\ \dfrac{\beta}{-\alpha}=\dfrac{\sqrt{1-\zeta^2}}{\zeta} \end{cases} \tag{4.46}$$

为简化说明，在 $i_{L0}=0$ 的情况下，根据式(4.43)可得：

$$\begin{aligned} u_C &= u_{C0}\left(\cos\beta t-\frac{\alpha}{\beta}\sin\beta t\right)\mathrm{e}^{\alpha t}=u_{C0}\,\mathrm{e}^{\alpha t}\left(\cos\beta t+\frac{\zeta}{\sqrt{1-\zeta^2}}\sin\beta t\right) \\ &= u_{C0}\frac{1}{\sqrt{1-\zeta^2}}\mathrm{e}^{-\sigma t}\left(\sqrt{1-\zeta^2}\cos\beta t+\zeta\sin\beta t\right) \\ &= \frac{u_{C0}}{\sqrt{1-\zeta^2}}\mathrm{e}^{-\zeta\omega_n t}\sin\left(\omega_d t+\arctan\frac{\sqrt{1-\zeta^2}}{\zeta}\right) \end{aligned} \tag{4.47}$$

上述过程中，引入了 ω_n,ζ,ω_d 这些在"电路原理"课程中用到的相关参数，不难得出它们与共轭复根之间的关系。从图 4-3 中可以看出，自然振荡频率 ω_n、阻尼振荡频率 ω_d、阻尼比 ζ 及 u_C 相位角的关系。

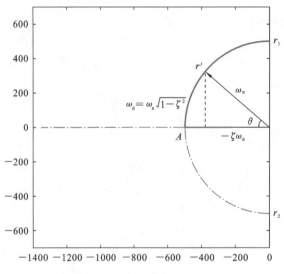

图 4-3 RLC 电路的根轨迹图

图 4-3 实际绘制的是当电阻发生变化时，RLC 电路的特征方程根的变化轨迹。先改写 RLC 电路的特征方程为以下形式：

$$LCs^2+RCs+1=0 \tag{4.48}$$

注意符号改用 s，是因为在后续的课程中，我们会过渡到用拉普拉斯变换表示电路。仍设 C 和 L 的值均为 0.002（单位略），程序如下（L_RLC_rootlocus.m）。

```
syms R L C positive real          % 符号变量,正实数
syms s;                           % 不做限定
eqn=L*C*s^2+R*C*s+1==0;
rs=solve(eqn,s);                  % 解符号方程
R=0:0.01:3;                       % 变化的电阻
```

```
L=2e-3;                                    % 电感
C=2e-3;                                    % 电容
rsv=eval(rs);                              % 代入实际数字计算
x=real(rsv);                               % 取实部
y=imag(rsv);                               % 取虚部
plot(x(1,:),y(1,:),'r-.',x(2,:),y(2,:),'b');  % 绘制根轨迹
axis([-1400 0,-700 700])
axis square
```

进一步,为得到零输入响应的仿真波形,编写函数如下(RLCResponse.m)。

```
function [uc,iL]=RLCResponse(R,L,C,uC0,iL0,t)
delta=(R^2*C-4*L)/(L^2*C);          % 判别式
r1=(-R/L+sqrt(delta))/2;            % 根
r2=(-R/L-sqrt(delta))/2;
if abs(delta)<eps                   % 等同判断 delta==0
    % 相同实根
    C1=uC0;
    C2=iL0/C-uC0*r1;
    uc=(C1+C2*t).*exp(r1*t);
    iL=C*(r1*C1+C2+r1*C2*t).*exp(r1*t);
elseif delta>0
    % 不同实根
    C1=(r2*uC0-iL0/C)/(r2-r1);
    C2=(iL0/C-r1*uC0)/(r2-r1);
    uc=C1*exp(r1*t)+C2*exp(r2*t);
    iL=C*(r1*C1.*exp(r1*t)+r2*C2.*exp(r2*t));
else
    % 复数根
    a=real(r1);
    b=abs(imag(r1));
    C1=uC0;
    C2=(iL0/C-a*uC0)/b;
    uc=(C1*cos(b*t)+C2*sin(b*t)).*exp(a*t);
    iL=C*(a*C1*cos(b*t)-b*C1*sin(b*t)+…
        a*C2*sin(b*t)+b*C2*cos(b*t)).*exp(a*t);
end
```

函数参考表 4-2 和根据边界条件(输入参数 u_{C0}、i_{L0})计算 C_1、C_2 的过程编写,写该函数的目的是为在后续程序中使用提供便利。程序中,对 u_C 的表达式求导并乘以电容 C 则为电感上的电流 i_L 的表达式。

假设电感 $L=2\times10^{-3}$ H,电容 $C=2\times10^{-3}$ F,电源电压 $u_S=1$ V。接下来写如下程序(ZeroInput.m)。

```
R=2;                % 电阻
L=2e-3;             % 电感
```

```
C=2e-3;                      % 电容
uC0=1;                       % 电源电压
iL0=0;
t=0:0.0001:0.05;
[uc,iL]=RLCResponse(R,L,C,uC0,iL0,t);
plot(t,uc,'r',t,iL,'b-.');
s=sprintf('R=% d',R);
text(0.025,0.5,s)
```

由于我们设置电感 L 和电容 C 的数值相等，因此根据式(4.26)的判别式条件可知，当电阻 R 分别设置为 3 Ω、2 Ω、1 Ω 三种情况时，我们可以得到具有两不等实根、两相等实根和两共轭复根三种情况下，电容电压 u_C（实线）和对应的电感电流 i_L（点画线）的变化曲线，如图 4-4 所示。

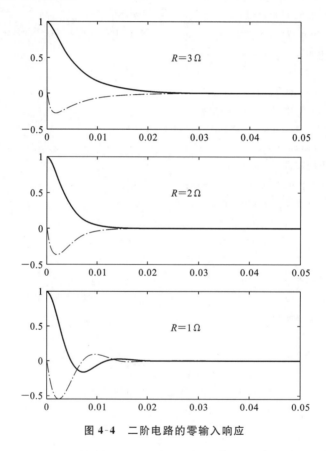

图 4-4　二阶电路的零输入响应

从式(4.38)和式(4.44)可以知道，在欠阻尼状态下，系统的响应为一个幅值在不断衰减的正弦交流量。如果不断地调小电阻 R 的值，阻尼振荡频率将不断增大，极限情况为自然振荡频率($R=0$)，衰减时间常数 $T=-\alpha=2L/R$ 也逐渐变大。修改 ZeroInput.m 中的 R 值为 0.001 Ω，仿真结果如图 4-5 所示。

这种较小阻尼下的谐振也是电力系统间谐波（基波的非整数倍谐波）的主要来源。减小振荡的对策显然是加大系统阻尼，也即增加 R 值。

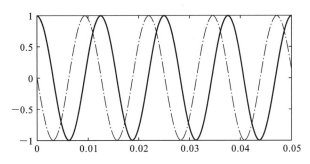

图 4-5 较小阻尼下的振荡波形

4.2.3 稳态响应(非齐次线性微分方程的稳态解)

1. 直流激励下的稳态解

$f(t)=e^{\lambda t}P_m(t)$,此时 $\lambda=0, m=0, f(t)=a_0=u_{dc}$。为便于阐述,重写微分方程式 (4.23),将其改写为如下形式。

$$\frac{d^2 u_C}{dt^2}+\frac{R}{L}\frac{du_C}{dt}+\frac{1}{LC}u_C=\frac{1}{LC}u_S \qquad (4.49)$$

式(4.24)已经说明微分方程的特征方程为

$$r^2+\frac{R}{L}r+\frac{1}{LC}=0 \qquad (4.50)$$

对比式(4.7),可知对应系数为

$$p=\frac{R}{L}, \quad q=\frac{1}{LC} \qquad (4.51)$$

当 $u_S(t)=1$ V,对比 $u_S(t)=f(t)=e^{\lambda t}P_m(t)$,显然 $\lambda=0$,而 $m=0$,$P_m(t)=a_0=1$。令 $Q_m(t)=b_0$,则 $y^*=Q_m(t)e^{0t}=Q_m(t)$ 应为所求特解,代入微分方程可得

$$LCQ''_m(t)+RCQ'_m(t)+Q_m(t)=u_S=1 \qquad (4.52)$$

上式微分项均为0,故易得

$$Q_m(t)=b_0=1 \qquad (4.53)$$

即 $u_C(t)=1, i_L(t)=0$ 为非齐次方程的特解。高等数学中所谓方程的特解实际是电路的稳态响应,对于交流输入也是如此。应特别注意,$u_C(t)=1$ V 和 $i_L(t)=0$ 中时间 t 的定义域是从 $-\infty$ 到 $+\infty$。

2. 交流激励下的稳态解

当输入信号为余弦信号,即 $u_S=u_m\cos\omega t$ 时,对比 $f(t)=e^{\lambda t}[P_l(t)\cos\omega t+P_n(t)\sin\omega t]m(t)$,可知,$P_l(t)=u_m$,$P_n(t)=0$,$\lambda=0$,且 $\lambda+j\omega$ 显然不会是特征方程的根,故 k 取 0。

$$u_S(t)=f(t)=\frac{u_m}{2}e^{j\omega t}+\frac{u_m}{2}e^{-j\omega t}=P(t)e^{j\omega t}+\bar{P}(t)e^{-j\omega t} \qquad (4.54)$$

故 $P(t)=u_m/2, \bar{P}(t)=u_m/2$,此时它们恰好为实数。

对于 $P(t)$,推测 $u_{C1}(t)=y_1^*=b_0 e^{j\omega t}$ 为特解,对其求导,并代入下式:

$$LC\frac{d^2 u_C}{dt^2}+RC\frac{du_C}{dt}+u_C=u_S \qquad (4.55)$$

则有

$$(-\omega^2 LCb_0 + \mathrm{j}\omega RCb_0 + b_0)\mathrm{e}^{\mathrm{j}\omega t} = \frac{u_m}{2}\mathrm{e}^{\mathrm{j}\omega t} \Rightarrow b_0 = \frac{1}{(-\omega^2 LC + \mathrm{j}\omega CR + 1)}\frac{u_m}{2}$$

$$= \frac{1/(\mathrm{j}\omega C)}{R + \mathrm{j}\omega L + \dfrac{1}{\mathrm{j}\omega C}}\frac{u_m}{2} \tag{4.56}$$

即

$$u_{C1}(t) = \frac{1/(\mathrm{j}\omega C)}{R + \mathrm{j}\omega L + \dfrac{1}{\mathrm{j}\omega C}}\frac{u_m}{2}\mathrm{e}^{\mathrm{j}\omega t} \tag{4.57}$$

对于 $\bar{P}(t)$，推测 $u_{C2}(t) = y_2^* = b_0'\mathrm{e}^{-\mathrm{j}\omega t}$ 为特解，则

$$(-\omega^2 LCb_0' - \mathrm{j}\omega RCb_0' + b_0')\mathrm{e}^{-\mathrm{j}\omega t} = \frac{u_m}{2}\mathrm{e}^{-\mathrm{j}\omega t} \Rightarrow b_0' = \frac{1}{(-\omega^2 LC - \mathrm{j}\omega CR + 1)}\frac{u_m}{2}$$

$$= \frac{1/(-\mathrm{j}\omega C)}{R - \mathrm{j}\omega L - \dfrac{1}{\mathrm{j}\omega C}}\frac{u_m}{2} \tag{4.58}$$

即

$$u_{C2}(t) = \frac{1/(-\mathrm{j}\omega C)}{R - \mathrm{j}\omega L - \dfrac{1}{\mathrm{j}\omega C}}\frac{u_m}{2}\mathrm{e}^{-\mathrm{j}\omega t} \tag{4.59}$$

显然 y_1^* 与 y_2^* 共轭，特解 $y^* = y_1^* + y_2^*$，即

$$y^* = \frac{1/(\mathrm{j}\omega C)}{R + \mathrm{j}\omega L + \dfrac{1}{\mathrm{j}\omega C}}\frac{u_m}{2}\mathrm{e}^{\mathrm{j}\omega t} + \frac{1/(-\mathrm{j}\omega C)}{R - \mathrm{j}\omega L - \dfrac{1}{\mathrm{j}\omega C}}\frac{u_m}{2}\mathrm{e}^{-\mathrm{j}\omega t}$$

$$= \frac{1/(\mathrm{j}\omega C)}{R^2 + \left(\omega L - \dfrac{1}{\omega C}\right)^2}\left(R - \mathrm{j}\left(\omega L - \frac{1}{\omega C}\right)\right)\frac{u_m}{2}\mathrm{e}^{\mathrm{j}\omega t}$$

$$+ \frac{1/(-\mathrm{j}\omega C)}{R^2 + \left(\omega L - \dfrac{1}{\omega C}\right)^2}\left(R + \mathrm{j}\left(\omega L - \frac{1}{\omega C}\right)\right)\frac{u_m}{2}\mathrm{e}^{-\mathrm{j}\omega t} \tag{4.60}$$

此时，我们回顾电路的总阻抗 Z：

$$Z = \left(R + \mathrm{j}\omega L + \frac{1}{\mathrm{j}\omega C}\right) = \left(R + \mathrm{j}\left(\omega L - \frac{1}{\omega C}\right)\right)$$

$$|Z| = \sqrt{R^2 + \left(\omega L - \frac{1}{\omega C}\right)^2} \tag{4.61}$$

$$\angle\theta = \arctan\left(\left(\omega L - \frac{1}{\omega C}\right)\Big/R\right)$$

同时注意到 $\mathrm{e}^{-\mathrm{j}\pi/2} = -\mathrm{j}$ 和 $\mathrm{e}^{\mathrm{j}\pi/2} = \mathrm{j}$，故有

$$y^* = \frac{1/(\omega C)}{\sqrt{R^2 + \left(\omega L - \dfrac{1}{\omega C}\right)^2}}\frac{u_m}{2}(\mathrm{e}^{-\mathrm{j}\pi/2}\mathrm{e}^{-\mathrm{j}\theta}\mathrm{e}^{\mathrm{j}\omega t} + \mathrm{e}^{\mathrm{j}\pi/2}\mathrm{e}^{\mathrm{j}\theta}\mathrm{e}^{-\mathrm{j}\omega t})$$

$$= \frac{1/(\omega C)}{\sqrt{R^2 + \left(\omega L - \dfrac{1}{\omega C}\right)^2}}\frac{u_m}{2}(\mathrm{e}^{\mathrm{j}(\omega t - \theta - \pi/2)} + \mathrm{e}^{-\mathrm{j}(\omega t - \theta - \pi/2)})$$

$$= \frac{1/(\omega C)}{\sqrt{R^2 + \left(\omega L - \dfrac{1}{\omega C}\right)^2}}u_m\cos(\omega t - \theta - \pi/2) \tag{4.62}$$

式(4.62)为电容电压 u_C 的特解,对其求导,有

$$i_L = C\frac{du_C}{dt} = \frac{u_m}{\sqrt{R^2 + \left(\omega L - \frac{1}{\omega C}\right)^2}}(-\sin(\omega t - \theta - \pi/2))$$

$$= \frac{u_m}{\sqrt{R^2 + \left(\omega L - \frac{1}{\omega C}\right)^2}}\cos(\omega t - \theta) \qquad (4.63)$$

不难看出,当电源激励为 $u_S = u_m\cos\omega t$ 时,根据电路原理知识,电流 i_L 的表达式显然为式(4.63),这一方面可以验证解析解的求解过程的正确性,另外一方面也显示了电路原理中相量法计算与微分方程之间的关联性。

进一步,也可以在三维空间里,按式(4.57)和式(4.59)计算激励为 $\cos\omega t$ 时,输出 $u_{C1}(t)$ 和 $u_{C2}(t)$ 的演变过程(RLC_CosT.m)。

```
clear all;
R=2;                          % 电阻
L=2e-3;                       % 电感
C=2e-3;                       % 电容
tao=0.5;
% ------输入部分
% 按 50hz
um=1;
w=2*pi*50;
t=0:0.02/100:0.1;
Us1=um*exp(j*w*t)/2;
Us2=um*exp(-j*w*t)/2;
% ------系统
Gw1=1/(j*w*C)/(R+j*w*L+1/(j*w*C));
Gw2=-1/(j*w*C)/(R-j*w*L+1/(-j*w*C));
% ------输出部分
Uc1=Gw1.*Us1;
Uc2=Gw2.*Us2;
Uc=Uc1+Uc2;
% 取实部作为 z,虚部作为 y
Uc1z=real(Uc1);
Uc1y=imag(Uc1);
Uc2z=real(Uc2);
Uc2y=imag(Uc2);
Ucz=real(Uc);
Ucy=imag(Uc);
figure(1);                    % 创建画布
quiver3(0,0,0,0.1,0,0,1,'k'); % 时间轴
hold on
view([0.1 -0.1 0.1]);         % 视角
axis([0 0.1,-1 1,-1 1]);      % 设定坐标轴范围
```

```
for n=1:length(t)
    % 每次绘制增加一个点,演示动画效果
    plot3(t(1:n),Uc1y(1:n),Uc1z(1:n),'b-.');
    plot3(t(1:n),Uc2y(1:n),Uc2z(1:n),'g-.');
    plot3(t(1:n),Ucy(1:n),Ucz(1:n),'r');
    grid on
    pause(0.01);                        % 暂停
    str=sprintf('t=% 0.4f',t(n))
    title(str)
end
hold off
```

程序运行结果如图 4-6 所示。电容电压 u_C 由两个螺旋前进(时间切面上均为圆)的电压 u_{C1} 和 u_{C2} 组合而成,其中,纵向叠加(实部),横向对消(虚部)。

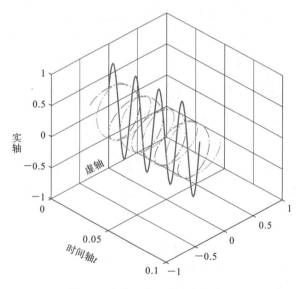

图 4-6 电容上电压的双相量合成

此外,在 MATLAB 的 SimPowerSystems 中,交互界面 powergui 仿真方法设置中有 Continues,Discrete 和 Phasor,其中,Phasor 即采用相量法计算,而且只有在有交流激励源的情况下可以进行计算。

4.2.4 全响应(非齐次线性微分方程的特解)

在任意初始条件下,求在特定激励下的电容电压和电感电流全响应时(零状态响应可视为全响应的一个特例),系统方程为非齐次方程,其解的形式为通解+稳态解(注意在高等数学中,这个稳态解通常也被称为特解)。

对"通解+稳态解"进行求导,再根据边界条件,可以得到一个特解。而稳态解与激励的形式有关,因此通常需要根据 $u_S(t)$ 和特征根的情况进行求导,再计算待定系数。

前面编写的 RLCResponse.m 程序是在零输入条件下得出的,待定系数的计算没有考虑稳态解的求导过程,在编写绘制全响应的代码时,需要对此程序进行改写。但考虑到代码的复用性,我们考虑采用线性方程的叠加原理来简化程序编写。

1. 直流激励下的零状态响应

例题 4-2 撰写程序(m 文件),绘制出图 4-1 中的电容电压和电感电流均为 0,且直流激励 $u_S=1$ V,在 $t=0$ 时,开关 S 从 a 位置切换到 b 位置时的电容电压和电感电流的波形。

解题过程:

实际上,在 $t<0$ 时刻,可以将系统视为 $u_{S1}(t)=1$ V 和 $u_{S2}(t)=-1$ V 两个直流激励,它们在动态元件上分别产生 $u_{C1}(t)=1$ V,$i_{L1}(t)=0$ 的,以及 $u_{C2}(t)=-1$ V,$i_{L2}(t)=0$ 的稳态解。根据叠加原理,总作用为 0。在 $t>0$ 时刻,激励源 $u_{S2}(t)$ 变为 0,但它在 $t=0$ 时刻引起的 $u_{C2}(0)=-1$,$i_{L2}(0)=0$ 将产生对应的零输入响应。

因此,原始问题的边界条件为 $u_C(0)=0$,$i_L(0)=0$,等价于 $u_{S1}(t)=1$ 条件下的稳态解加 $u_{C2}(0)=-1$,$i_{L2}(0)=0$ 条件下的零输入解(通解在初始条件下的特解),从而可得到原始问题的解。

因此,当 $t \geqslant 0$ 时,电容电压 $u_C(t)$ 和电感电流 $i_L(t)$ 的波形响应可以按下面方法编程实现(ZeroState.m)。

```
R=2;                                        % 电阻
L=2e-3;                                      % 电感
C=2e-3;                                      % 电容
% 叠加的激励源 2
uC20=-1;                                     % 零输入初始值
iL20=0;
t=0:0.0001:0.05;                             % 仿真时间
[uc2,iL2]=RLCResponse(R,L,C,uC20,iL20,t);    % 激励源 2 进入零输入响应
% 激励源 1 的稳态响应
uc1=1;
iL1=0;
% 两者叠加
uc=uc1+uc2;
iL=iL1+iL2;
plot(t,uc,'r',t,iL,'b-.');
s=sprintf('R=% d',R);
text(0.025,0.5,s)
```

R 分别为 3 Ω、2 Ω、1 Ω 时,程序输出如图 4-7 所示。

2. 交流激励下的零状态响应

例题 4-3 撰写程序(m 文件),绘制出图 4-1 中的电容电压和电感电流均为 0,且直流激励 $u_S=u_m\sin\omega t$,$t=0$ 时,开关 S 从 a 位置切换到 b 位置时的电容电压和电感电流波形。

解题过程:

同样,对于交流激励,我们也可以假设在 $t<0$ 时刻,系统中 $u_{S1}(t)=u_m\sin\omega t$ 和 $u_{S2}(t)=-u_m\sin\omega t$ 两个交流激励共同作用,在 $t=0$ 时刻,由 $u_{S2}(t)$ 引起的 $u_{C2}(0)$、$i_{L2}(0)$ 也可以通过式(4.62)和式(4.63)计算得到,然后令 $u_{S2}(t)=0$,进入零输入响应。

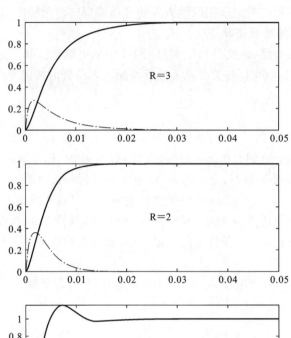

图 4-7 直流激励下二阶电路的零状态响应

根据上述过程,编程如下(ZeroState2.m)。

```
R= 1;                                   % 电阻
L=2e-3;                                 % 电感
C=2e-3;                                 % 电容
f=50;                                   % 50 Hz 电路
w=2*pi*f;                               % 角频率
um=1;                                   % 幅值
us1m=um;                                % 激励 1
us2m=-um;                               % 激励 2
Z=sqrt(R^2+(w*L-1/w/C)^2);              % 阻抗
theta=atan((w*L-1/w/C)/R);              % 阻抗角
% 激励 1 引起的电容电压和电感电流
uc1=us1m*(-1/w/C/Z)*cos(w*t-theta);     % 正弦激励下输出
iL1=us1m/Z*sin(w*t-theta);              % 前文式(4.63)为余弦激励得到的形式
% t=0 时刻,激励 2 引起的电容电压和电感电流
uC20=us2m*(-1/w/C/Z)*cos(-theta);
iL20=us2m/Z*sin(-theta);
t=0:0.0001:0.05;                        % 仿真时间
[uc2,iL2]=RLCResponse(R,L,C,uC20,iL20,t);    % 激励 2 进入零输入响应
```

```
% 合成
uc=uc1+uc2;
iL=iL1+iL2;
% 绘图
plot(t,uc,'r',t,iL,'b-.');
s=sprintf('R=% d',R);
text(0.025,0.5,s)
```

R 分别为 3 Ω、2 Ω、1 Ω 时,程序输出如图 4-8 所示。

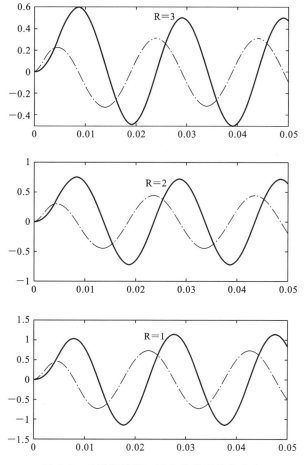

图 4-8 交流激励下二阶电路的零状态响应

进一步,修改 $R = 0.01$ Ω,交流响应出现明显畸变,如图 4-9 所示。

3. 任意状态下的全响应计算

无论是直流激励还是交流激励,计算任意初始状态 $u_C(0)$ 和 $i_L(0)$ 下的全响应时,只需要将特定激励源的稳态解在 0 时刻的值给出,记为 $u_{C1}(0)$ 和 $i_{L1}(0)$,则对应的零输入响应的初始值为

$$\begin{cases} u_{C2}(0) = u_C(0) - u_{C1}(0) \\ i_{L2}(0) = i_L(0) - i_{L1}(0) \end{cases} \tag{4.64}$$

例如,对于交流激励,程序大致按以下方式修改:

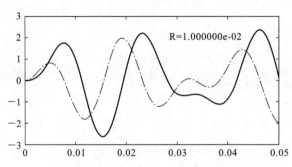

图 4-9　较小阻尼下的间谐波表现

```
...
uC0=1;                              % 任意设置
iL0=0;                              % 任意设置
uC10=us1m*(-1/w/C/Z)*cos(-theta);   % 稳态解在 0 时刻
iL10=us1m/Z*sin(-theta);           % 产生状态初始值
uC20=uC0-uC10;                      % 计算零输入相量的实际初始值
iL20=iL0-iL10;
...
```

得到的响应曲线如图 4-10 所示。

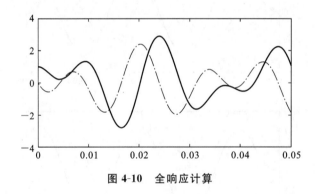

图 4-10　全响应计算

通过与用 SimPowerSystems 搭建的对应模型的仿真结果进行对比,以上代码的正确性也很容易得到验证。模型参考如图 4-11 所示。双击 RLC 串联模块可以设置对应的初始值。

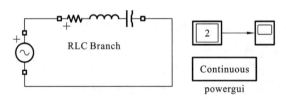

图 4-11　SimPowerSystems 的仿真模型示意

其中,电感和电容的初始值 $u_C(0)$ 和 $i_L(0)$ 都可以通过双击 RLC 串联模块进行设置。运行模型后双击 Scope 示波器模块,可以看到类似图 4-10 的结果。

4.3 编程知识点

4.3.1 funciton 自定义函数

　　MATLAB 提供了强大的函数库供用户调用，其也支持用户自己定义函数。许多时候用户希望将特定的代码(算法)书写成函数的形式，提高代码的可封装性与重复性，简化代码设计，提高执行效率。

　　前面我们用到的 m 文件都是脚本文件。脚本文件只用于存储 MATLAB 的语句。执行一个脚本与直接在 MATLAB 命令行窗口中输入命令是一样的。一个脚本文件没有输入参数，也不返回结果。不同的脚本文件可以通过共享工作区的变量来实现数据共享。

　　相对而言，MATLAB 的函数是一种特殊形式的 m 文件，它运行在独立的工作区，通过输入参数列表接收输入参数，通过输出参数列表返回结果。其基本形式为

```
function [outarg1,outarg2,…]=fname(inarg1,inarg2,…)
% H1 comment line;
% Other comment lines …
(Executable code) …
(return) end
```

　　function 是函数的关键词，表明该文件定义的是一个函数。fname 是函数名称，该 m 文件也必须存储为 fname.m 的形式，如果文件名被修改为其他名字，例如 fname1，由于 MATLAB 是解释性的语言，它将找不到 fname 的函数，反而可以调用到 fname1 的函数。也就是说，实际代码中的 fname 无关紧要，重要的是这个文件的文件名是 fname 还是 fname1。

　　%后的内容为注释，用于说明函数的用途，没有计算的功能。其中，H1 行用于使用 MATLAB 的内部函数 lookfor 的功能，例如在命令行窗口中输入命令>>lookfor sin 时，如果定义的函数的 H1 行中含有字符 sin，则它能够被 lookfor 命令找到，并显示 H1 行的内容。

　　紧接着 H1 行的其他注释行，在使用 help 命令查看函数功能时会显示出来，但这些注释中间不能有空行。函数最末尾的 end 不是必须的，只有在一个 m 文件中有多个函数时才需要添加 end。

　　如一个实现加法功能的函数(myadd.m)如下。

```
function c=myadd(a,b)
% This is myadd function…
% 在工作区中,help myadd 将显示此处的说明
% 开始运行代码
c=a+b;
% end % 非必需的
```

保存该文件为 myadd.m。在命令行窗口可以这样调用该函数：

```
>>c=myadd(2,3)
c=5
```

保存函数的时候需要注意,函数的命名规则与变量的相同,参见第 1.2.2 节。注意不要随意使用纯数字作为程序名称,在 MATLAB 这样的解释性语言中,使用纯数字作为文件名,文件名会被直接解释为数字,某些情况下程序会从头运行到尾,根本不会报告错误,程序复杂时可能一眼看不出任何异常。

4.3.2 sprintf **格式化输出**

sprintf 函数将数据格式化为字符串或字符向量。语法为

```
str=sprintf(formatSpec,A1,…,An)
```

使用 formatSpec 指定的格式化操作符格式化数组中的数据,并在 str 中返回结果文本。

与 C 语言类似,formatSpec 中常使用使用 %e、%f 和 %g 设定符设置浮点数的格式,然后按列顺序格式化数组中的值。如果 formatSpec 是字符串,则输出 str 也是字符串。否则,str 是字符向量。例如:

```
>>A=exp(1)*1000;
>>str=sprintf('% 0.5e',A)
str=
    '2.71828e+03'
>>str=sprintf('% 0.5f',A)
str=
    '2718.28183'
>>str=sprintf('% 0.5g',A)
str=
    '2718.3'
```

4.3.3 dsolve **函数**

前面借助高等数学的基本原理梳理了微分方程数值解的由来,本节使用 MAT-LAB 内部函数进行相同问题的求解。

dsolve 函数用于求常微分方程组的精确解(也称为常微分方程的符号解)。如果没有初始条件或边界条件,则求出通解;如果有,则求出特解。

函数格式为

```
X=dsolve('eq1,eq2,…', 'cond1,cond2,…' , 'Name')
```

其中,'eq1,eq2,…'表示微分方程或微分方程组;'cond1,cond2,…'表示初始条件或边界条件;'Name'表示变量。没有指定变量时,MATLAB 默认的变量为 t。

例如针对前面问题,我们可以编程如下:

```
syms t uc(t);
    R=2;                    % 电阻
```

```
L=2e-3;                      % 电感
C=2e-3;                      % 电容
f=50;
w=2*pi*50;
uc1=diff(uc);
uc2=diff(uc,2);
uc=dsolve(L*C*uc2+R*C*uc1+uc==100*sin(w*t),uc(0)==0,uc1(0)==0);
uc=simplify(uc);
uc1=diff(uc);
t=0:0.0001:0.05;
uc=eval(uc);
iL=eval(uc1*C);
plot(t,uc,'r',t,iL,'b-.');
s=sprintf('R=% d',R);  %
text(0.025,0.5,s)
```

这里我们指定了 t 作为自变量,uc1、uc2 分别为 uc 的一阶和二阶导数,函数 dsolve 指定了初始条件。程序运行结果与图 4-8 所示的是完全相同的。

此外,部分非线性微分方程也是可以用 dsolve 函数求解析解的。例如求一阶非线性微分方程 $x'(t)=x(t)(1-x^2(t))$ 的解析解时,可用以下程序:

```
syms t x(t);
x=dsolve(diff(x)==x*(1-x^2))  % 非线性方程的直接求解
```

运行结果:

```
x=

                    1
                    0
                   -1
(-1/(exp(C5-2*t)-1))^(1/2)
```

即该微分方程的解析解为 $x(t)=\sqrt{-\dfrac{1}{e^{c-2t}-1}}$,此外,常数 ±1 和 0 都是方程的解。

如果是求一阶非线性微分方程 $x'(t)=x(t)(1-x^2(t))+1$ 的解析解,则有

```
syms t x(t);
x=dsolve(diff(x)==x*(1-x^2)+1)  % 无解
```

运行结果:

警告: Unable to find explicit solution. Returning implicit solution instead.
> In dsolve (line 208)
  x=
  root(z^3-z-1, z, 1)
  root(z^3-z-1, z, 2)
  root(z^3-z-1, z, 3)

语句执行不成功,说明该方程的解析解是不存在的。可见,dsolve 函数并不能直接应用于一般的非线性方程解析解的求解,只有极特殊的非线性微分方程可用其求解。

4.3.4 simplify 及其他字符表达式处理函数

simplify(S)命令将符号表达式 S 中的每一个元素都进行了简化,例如:

```
>>syms x; f=(x+ 1)^2+3* x-5
f=
3* x+ (x+1)^2-5
>>simplify(f)
ans=
x^2+5* x-4
```

该函数的缺点是即使多次运用 simplify 也不一定能得到最简形式。

4.4 小结

本章主要讲解了微分方程的解析解的求解过程,并阐述了相量法求解电路与相量法求解微分方程之间的关系,以及电力系统间谐波的产生机理。多数情况下我们可以用 dsolve 函数解决相关问题。

实际上只有少数简单的微分方程可以求得解析解,不过即使没有找到其解析解,仍然可以确定其解的部分性质,或可利用数值分析的方式,利用计算机找到其数值解,这一部分在下一章进行进一步学习。

在"电力系统暂态分析"课程中,分析三相短路故障时也会用到微分方程解析解的相关知识,这也是在工程上计算其他类型的故障(例如不对称故障、断线等)的暂态过程的基础,只不过这些问题需要综合应用到正负零序分解、等效内阻计算、潮流计算等各类电力系统基础方法,本书为入门书籍,在此不做进一步讨论。

5

微分方程的数值分析算法

数值分析指设计、分析一些计算方式，针对一些问题得到近似但够精确的结果，其基础是数学分析、微分方程等数学理论。

5.1 微分方程的状态方程表达与解法

5.1.1 状态方程定义

状态方程是指刻画系统输入和状态关系的表达式。状态向量所满足的向量常微分方程称为控制系统的状态方程。如对于连续线性时变控制系统，有

$$\begin{cases} \dot{\boldsymbol{x}} = \boldsymbol{A}(t)\boldsymbol{x} + \boldsymbol{B}(t)\boldsymbol{u} & \text{(a)} \\ \boldsymbol{y} = \boldsymbol{C}(t)\boldsymbol{x} + \boldsymbol{D}(t)\boldsymbol{u} & \text{(b)} \end{cases} \tag{5.1}$$

其中，式(a)称为状态方程。如果状态向量的初始条件 $\boldsymbol{x}(t_0) = \boldsymbol{x}_0$ 和 $t \geqslant t_0$ 时的输入都已知，则可由式(a)完全决定 $t \geqslant t_0$ 时刻的所有状态 $\boldsymbol{x}(t)$，因而控制系统的动态行为就完全确定了。

刻画控制系统的输出与状态的联系的代数关系称为输出(或量测)方程，式(b)便是输出方程。状态方程和输出方程是控制系统数学模型的重要组成部分。

如果矩阵 $\boldsymbol{A}$、$\boldsymbol{B}$、$\boldsymbol{C}$、$\boldsymbol{D}$ 不随时间变化，则称对应系统为线性时不变系统，有

$$\begin{cases} \dot{\boldsymbol{x}} = \boldsymbol{A}\boldsymbol{x} + \boldsymbol{B}\boldsymbol{u} & \text{(a)} \\ \boldsymbol{y} = \boldsymbol{C}\boldsymbol{x} + \boldsymbol{D}\boldsymbol{u} & \text{(b)} \end{cases} \tag{5.2}$$

状态方程是控制系统数学模型的重要组成部分。

5.1.2 龙格库塔算法

在已知方程导数和初值信息，并利用计算机进行仿真时，利用龙格库塔算法可省去求解微分方程的复杂过程。

令初值问题表述如下：

$$\dot{\boldsymbol{x}} = f(t, \boldsymbol{x}), \quad \boldsymbol{x}(t_0) = \boldsymbol{x}_0 \tag{5.3}$$

则该问题的龙格库塔算法(RK4法)由如下方程给出：

$$\boldsymbol{x}_{n+1} = \boldsymbol{x}_n + \frac{h}{6}(k_1 + 2k_2 + 2k_3 + k_4) \tag{5.4}$$

其中,

$$
\begin{cases}
k_1 = f(t_n, \boldsymbol{x}_n) \\
k_2 = f\left(t_n + \dfrac{h}{2}, \boldsymbol{x}_n + \dfrac{h}{2}k_1\right) \\
k_3 = f\left(t_n + \dfrac{h}{2}, \boldsymbol{x}_n + \dfrac{h}{2}k_2\right) \\
k_4 = f(t_n + h, \boldsymbol{x}_n + hk_3)
\end{cases}
\tag{5.5}
$$

这样,下一个值($\boldsymbol{x}_{n+1}$)由现在的值($\boldsymbol{x}_n$)加上时间间隔(h)和一个估算的斜率的乘积决定。该斜率是以下斜率的加权平均。

(1) k_1 是时间段开始点的斜率。

(2) k_2 是时间段中点的斜率,$\boldsymbol{x}$ 在点 $t_n + h/2$ 的值由 k_1 决定。

(3) k_3 也是中点的斜率,其 $\boldsymbol{x}$ 值由 k_2 决定。

(4) k_4 是时间段终点的斜率,其 $\boldsymbol{x}$ 值由 k_3 决定。

当四个斜率取平均时,中点的斜率有更大的权值。RK4 法是四阶方法,也就是说每步的误差是 h 阶的,总累积误差为 h 阶的。

注意上述公式对于标量函数或者向量函数都适用。

5.2 RL 电路案例

5.2.1 电路原型

一个简单的 RL 电路如图 5-1 所示。

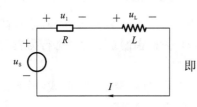

图 5-1 RL 电路

根据电路原理知识,容易知道

$$
L\frac{\mathrm{d}i}{\mathrm{d}t} = -Ri + u_\mathrm{S}
\tag{5.6}
$$

即

$$
\dot{i} = -\frac{R}{L}i + \frac{1}{L}u_\mathrm{S}
\tag{5.7}
$$

为简单化说明,假设电源为直流电源,在初始状态 $i_0 = 0$ 条件下,根据高等数学相关知识可以得到

$$
i = \frac{u_\mathrm{S}}{R}(1 - \mathrm{e}^{-tR/L}) = \frac{u_\mathrm{S}}{R}(1 - \mathrm{e}^{-t/\tau})
\tag{5.8}
$$

其中,$\tau = L/R$ 称为 RL 电路的时间常数。

由式(5.8)可知,当 $t \to \infty$ 时,$i = u_\mathrm{S}/R$,为稳态值,对于直流电源,电感最终相当于导通。当 $t = \tau$ 时,i 上升到稳态值的 63.2%($1 - \mathrm{e}^{-1} = 0.632$)。

以上过程可以用下面程序实现(NA_Ex1.m)。

```
% 理论曲线
f1='DiL=-R/L* iL+1/L* Us';     % 电感的方程
iL=dsolve(f1,'iL(0)=0')
```

运行结果:

```
iL=
    (Us-Us* exp(-(R* t)/L)))/R
```

f1 是一个纯文本变量,DiL 是函数 dsolve 的一种格式表达,其表示变量 iL 的微分。iL 为求解对象,'iL(0)＝0'是初始条件,默认的变量为时间 t,因此运行结果自动加上了变量 t。

5.2.2 龙格库塔计算过程描述

我们可以先写一个自定义函数(dx_RL.m)。

```
function dx=dx_RL(t,x)
global R L U;
dx=-R/L* x+1/L* U;
```

自定义函数以 function 为关键词,输入参数为 t 和 x,输出为状态的导数,用 dx 表示。参数 t 在该微分方程中没有用到,考虑到后面需要用内部 ode 函数等调用 t,这里将其写成标准形式。其中还用到了全局变量的关键词 global,声明了 R 和 L 两个参数及输入 U,以便在外部随时修改其数值。

然后根据龙格库塔算法的描述,编写以下计算步骤(NA_Ex2.m)。

1. 理论计算演示

```
% 原始曲线
clear all;
close all;
f1='DiL=-R/L* iL+1/L* Us';     % 电感的方程
iL=dsolve(f1,'iL(0)=0')
global R L U;
R=1;
L=2;
t=0:0.1:10;
Us=1* ones(1,length(t));
iLt=eval(iL)
plot(t,Us,t,iLt,'--r')
axis([0,10,0,1.1])             % 限制坐标范围
grid on
hold on;
```

以上程序运行结果如图 5-2 所示。

2. 初始准备(NA_Ex2.m 续)

接下来准备仿真的步长,并演示龙格库塔算法的起始位置。

```
% % 数值解法_龙格库塔算法
% 初始准备
h=2;                % 步长为 2 秒
n=1;                % 从第 1 步开始演示,也可以改成其他位置
tn=t(n);            % 当前时间
```

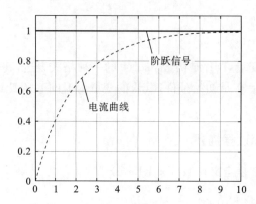

图 5-2 输入阶跃信号与理论响应曲线(电流曲线)

```
U=1;                    % 当前电源激励
xn=iLt(n);              % 当前状态
```

3. 计算 k_1(NA_Ex2.m 续)

```
% 计算 k1
k1=dx_RL(tn,xn);        % 当前点 xn 的斜率
t=tn-h:h:tn+h;          % 绘制前后各一个步长
x=k1*(t-tn)+xn          % 过(tn,xn)点的直线 x
plot(t,x,'r');          % 斜率演示
pause()                 % 暂停
```

以上程序运行结果如图 5-3 所示。计算过程也相对简单,把初始值为 $t_n = 0$, x_n 为零作为输入,调用函数 dx_RL,可见返回值是电流曲线在 t_0 时的斜率 k_1。

$$k_1 = f(t_n, x_n) \tag{5.9}$$

如果直接用 $x' = x_0 + k_1 h$ 来作为 $t = 2$ s 的估计值,就是经典的欧拉方法(Euler's method)。但采用欧拉方法误差较大。

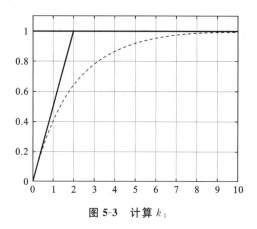

图 5-3 计算 k_1

4. 计算 k_2(NA_Ex2.m 续)

```
% 计算 k2
xn1_2=xn+h/2*k1;        % 由 k1,走半个步长
k2=dx_RL(tn+h/2,xn1_2); % xn1_2 点的斜率
```

```
plot(tn+h/2,xn1_2,'ro')              % 绘制预估点
% 斜率演示
t=tn:0.1:tn+h;
x=k2*(t-(tn+h/2))+xn1_2
plot(t,x,'-.g');
   pause()
```

以上程序首先利用了欧拉公式,半个周期后,即 $t=t_n+h/2$ 时,可以估计 $\boldsymbol{x}=\boldsymbol{x}_n+\frac{h}{2}k_1$。该点为图 5-4 中斜率为 k_1 的线上所标注的空心圆。

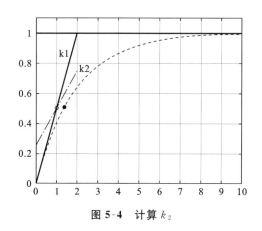

图 5-4 计算 k_2

调用函数 dx_RL,返回值 k_2 是 $\boldsymbol{x}$ 在 $t=t_n+h/2$ 时的斜率,用虚线显示。

$$k_2=f\left(t_n+\frac{h}{2},\boldsymbol{x}_n+\frac{h}{2}k_1\right) \tag{5.10}$$

在本例中,斜率 k_2 实际上是理论电流曲线上黑点位置的斜率,此时我们用的是龙格库塔算法,并不知道(实际也不需要知道)理论曲线在哪里。

5. 计算 k_3(NA_Ex2. m 续)

```
% 计算 k3
xn1_2=xn+h/2* k2;                    % 由 k2,走半个步长
k3=dx_RL(tn+h/2,xn1_2);              % xn1_2 点的斜率
plot(tn+h/2,xn1_2,'go');             % 绘制预估点
plot([tn,tn+h/2],[xn,xn1_2],'-g'); % 绘制与上一个点的连线
% 斜率演示
t=tn:0.1:tn+h;
x=k3*(t-(tn+h/2))+xn1_2
plot(t,x,'-.b');
   pause()
```

计算 k_3 的步骤与计算 k_2 的类似,首先根据式(5.11)计算出 $\boldsymbol{x}_n+\frac{h}{2}k_2$,该点为图 5-5 中斜率为 k_2 的线上所标注的空心圆。

$$k_3=f\left(t_n+\frac{h}{2},\boldsymbol{x}_n+\frac{h}{2}k_2\right) \tag{5.11}$$

再次使用 $t=t_n+h/2$，$x=x_n+\dfrac{h}{2}k_2$，调用函数 dx，返回值 k_3 是 x 在 $t=t_n+h/2$ 时的斜率，实际来源于图 5-5 中电流曲线上黑点位置的斜率。

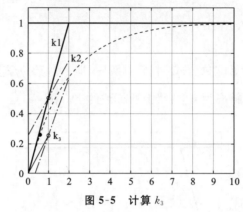

图 5-5　计算 k_3

6. 计算 k_4（NA_Ex2.m 续）

```
% 计算 k4
xn1=xn+h*k3;                    % 换 k3 来预估 1/2 步长的 x
k4=dx_RL(tn+h,xn1);            % xn1 点的斜率
plot(tn+h,xn1,'bo');          % 绘制预估点
plot([tn,tn+h],[xn,xn1],'-b'); % 绘制与上一个点的连线
% 斜率演示
t=tn:0.1:tn+2*h;
x=k4*(t-(tn+h))+xn1
plot(t,x,'-.m');
    pause()
```

计算 k_4 的步骤与前面的略有不同，但步长直接变回 h。首先根据式（5.12）计算出 x_n+hk_3，该点为图 5-5 中斜率为 k_3 的线上所标注的空心圆。

$$k_4=f(t_n+h,x_n+hk_3) \tag{5.12}$$

再次使用 $t=t_n+h$，$x=x_n+\dfrac{h}{2}k_3$，调用函数 dx，返回值 k_4 是 x 在 $t=t_n+h$ 时的斜率，实际来源于图 5-6 中电流曲线上黑点位置的斜率。

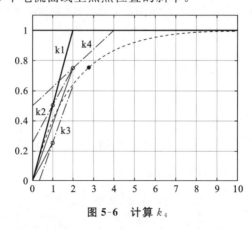

图 5-6　计算 k_4

7. 计算 k 和 x_{n+1}（NA_Ex2.m 续）

```
% 计算 k 和 xn1
k=1/6*(k1+2*k2+2*k3+k4);
xn1=xn+h*k;
plot([tn,tn+h],[xn,xn1],'-k*');
```

最后将得到的 $k_1 \sim k_4$ 按式（5.13）加权平均。

$$k = \frac{h}{6}(k_1 + 2k_2 + 2k_3 + k_4) \tag{5.13}$$

按 $x_n + hk$ 计算出 x_{n+1}，作为一个步长后的估计值。以上程序运行结果如图 5-7 所示，最终一个步长后的估计值如图中 * 所示，可见虽然步长较大，但误差已极小。

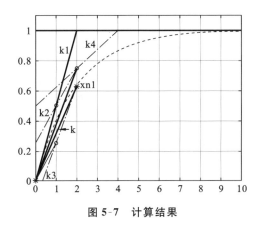

图 5-7　计算结果

5.2.3　完整的仿真过程

为了完整地对比龙格库塔算法的作用，我们编写下面程序（NA_Ex3.m），完整地运行完 10 s，并与理论曲线进行对比。

```
clear all;
%  close all;
% 理论曲线
f1='DiL=-R/L*iL+1/L*Us';               % 电感的方程
iL=dsolve(f1,'iL(0)=0')
global R L U;
R=1;
L=2;
t=0:0.1:10;
Us=1*ones(1,length(t));
iLt=eval(iL)
plot(t,Us,t,iLt,'--r')
axis([0,10,0,1.1])
grid on
hold on;
```

```
% 数值解法-龙格库塔算法
h=2;
n=1;                                    % 从 t=0 开始演示
tn=t(n);
U=1;
xn=iLt(n);
for tt=0:h:10-h
    k1=dx_RL(tt,xn);                    % xn 的斜率
    xn1_2=xn+h/2* k1;                   % 用欧拉法计算下个步长的 x1
    k2=dx_RL(tt+h/2,xn1_2);             % xn1 点的斜率
    xn1_2=xn+h/2* k2;                   % 换 k2 来预估 1/2 步长的 x
    k3=dx_RL(tt+h/2,xn1_2);             % xn1 点的斜率
    xn1=xn+h* k3;                       % 换 k3 来预估 1/2 步长的 x
    k4=dx_RL(tt+h,xn1);                 % xn1 点的斜率
    k=1/6* (k1+2* k2+2* k3+k4);         % 取均值
    xn1=xn+h* k;                        % 算下一个步长后的状态值
    plot([tn,tn+h],[xn,xn1],'-k* ');    % 绘图
    xn=xn1;                             % 更新当前点
    tn=tn+h;
end
```

以上程序中,步长 $h=2$,运行结果如图 5-8(a)所示。修改步长 $h=0.5$,运行结果如图 5-8(b)所示。

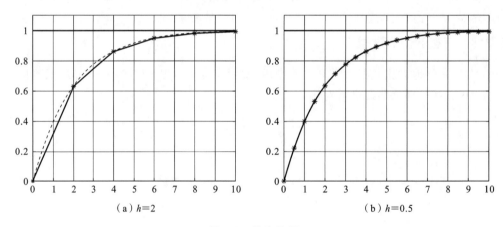

(a) $h=2$ (b) $h=0.5$

图 5-8　仿真结果

由图 5-8 可知,只要步长足够小,数值计算仿真结果几乎与理论值相差无几,但过小的仿真步长将导致仿真时间加长。尤其是对于复杂的系统来说,计算耗时会更为显著,因此,要根据所研究问题的目标合理选择步长。

到这里,可能有读者会问,既然理论解可以得出,为什么还需要使用龙格库塔算法这样的数值方法?

其一是我们可能得不到 x 的显示表达式,例如,对于 $\dot{i}=-\dfrac{R}{L}i\sin i+\dfrac{1}{L}u$,结果如下:

```
>>dsolve('Dx=-R/L* x* sin(x)+1/L* U')
警告: Unable to find explicit solution. Returning implicit solution instead.
>In dsolve (line 208)
ans=
solve(int(1/(U-R* x* sin(x)), x, 'IgnoreSpecialCases', true,
'IgnoreAnalyticConstraints',true)-t/L-C5==0,x) union solve(x* sin(x)==U/R,x)
```

　　其二是实际系统中,输入有可能一直在变动,而我们事先不知道它会怎么变,这时候采用数值解法是比较合适的。

　　例如如果电源先提供直流电,而在某一时刻突然切换为交流电,用理论方法计算时,需要知道变化的时刻,上一段的结束状态是下一段的起始状态。但这个切换时间一般是未知的。但对于数值解法,只修改输入就可以进行计算,在输入进行任意形式的切换时,使用该方法不需要事先知道什么时候进行切换及输入切换成什么形式。演示程序代码如下(NA_Ex4.m)。

```
clear all;
close all;
global R L U
R=1;
L=2;
% 数值解法-龙格库塔算法
h=0.1;                          % 步长
xn=0;
for tn=0:h:40
    if tn<10                    % 变化时间随意调整
        U=1;                    % U 不断变化
    else
        U=sin(tn);              % U 不断变化
    end
    k1=dx_RL(tn,xn);            % xn 的斜率
    xn1_2=xn+h/2* k1;           % 用欧拉法计算下个步长的 x1
    k2=dx_RL(xn1_2);            % xn1 点的斜率
    xn1_2=xn+h/2* k2;           % 换 k2 来预估 1/2 步长的 x
    k3=dx_RL(xn1_2);            % xn1 点的斜率
    xn1=xn+h* k3;               % 换 k3 来预估 1/2 步长的 x
    k4=dx_RL(xn1);              % xn1 点的斜率
    k=1/6* (k1+2* k2+2* k3+k4); % 取均值
    xn1=xn+h* k;
    plot([tn,tn+h],[xn,xn1],'-k');
    hold on;
    xn=xn1;
    tn=tn+h;
end
hold off
```

运行结果如图 5-9 所示。

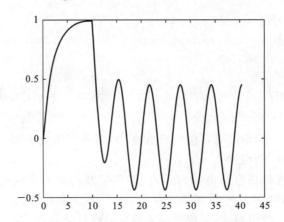

图 5-9　输入由直流电变为交流电的仿真结果($h = 0.1$)

5.3　编程知识点(1)

5.3.1　global 关键词

通常每个函数均有自己的独立工作区,在函数内存在的变量为局部变量。这些局部变量与其他函数的局部变量和基础工作区的局部变量是分开的。如果我们需要使用全局变量,则需要使用到关键词 global。

global var1 … varN 将变量 var1 至 varN 声明为作用域中的全局变量。

这个声明在函数外部和内部都需要做一次。如果多个函数都将特定的变量名称声明为 global,则它们共享该变量的一个副本。在任何函数中对该变量的值做任何更改,在将该变量声明为全局变量的所有函数中都是可见的。

5.3.2　for 语句

通用格式:

```
for variable=expression
statement,
…
statement
end
```

for 和 end 语句之间的 statement 按数组中的每一列执行一次。在每一次迭代中,x 被指定为数组的下一列,即在第 n 次循环中,x = array(:, n)。

用 for 循环绘制频率为 50 Hz 的正弦波并绘制图形的程序如下。

```
w=2*pi*50
n=1;
for t=0:0.02/50:0.1
    x(n)=t;
y(n)=sin(w*t);
    n=n+1;
```

```
    end
plot(x,y);
```

为了得到最大的速度,在 for 循环(while 循环)被执行之前,应预先分配数组。例如下面的程序运行速度更快。

```
w=2*pi*50
x=zeros(251,1);
y=zeros(251,1);
n=1;
for t=0:0.02/50:0.1
    x(n)=t;
y(n)=sin(w*t);
    n=n+1;
  end
plot(x,y);
```

当有等效的数组方法可用来解决给定的问题时,应避免用 for 循环。例如,上面的程序可被重写为

```
w=2*pi*50
t=0:0.02/50:0.1
y=sin(w*t);
plot(t,y);
```

该程序运行速度更快。

5.3.3 pause 函数

一般情况下,pause(a)表示程序暂停 a 秒后继续执行,例如我们要演示一个正弦波的变化过程,可以采用下面程序:

```
w=2*pi*50
t=0:0.02/50:0.1
y=sin(w*t);
for n=1:length(t)
    plot(t(1:n),y(1:n));
    axis([0,0.1,-1.2,1.2])
    pause(0.01);
end
```

但有时候也存在这种情况,程序中只有 pause,并没有参数 a,此时表示程序暂停,按任意键可继续执行程序。

5.4 RLC 二阶系统案例

5.4.1 二阶电路状态方程

在第 2.4 节中,我们已经得到了图 1-10 所示二阶电路的状态方程,重写如下:

$$\begin{bmatrix} \dot{i}_L \\ \dot{u}_C \end{bmatrix} = \begin{bmatrix} -R/L & -1/L \\ 1/C & 0 \end{bmatrix} \begin{bmatrix} i_L \\ u_C \end{bmatrix} + \begin{bmatrix} 1/L \\ 0 \end{bmatrix} e(t) \tag{5.14}$$

对所给出的二阶电路模型,首先编写其状态方程(dx_RLC.m):

```
function dx=dx_RLC(t,x)
    % 电路参数
    global R L C;
    % 输入
    u=100*sin(2*pi*50*t);
    % 状态方程
    A=[-R/L -1/L;
        1/C   0];
    B=[1/L 0]';
    dx=A*x+ B*u;
```

为了能够最终和 MATLAB 的 ode 算法进行比较,程序中用 u 表示 $e(t)$。

5.4.2 零状态的数值求解

二阶电路的初始储能为零,仅由外施激励引起的响应称为二阶电路的零状态响应。
先编写龙格库塔算法(runge_kutta.m)程序如下。

```
function [ts,x]=runge_kutta(ufunc,tspan,x0,h)
    % 参数表中的参数依次是:(参数形式参考了 ode45 函数)
    % ufunc——微分方程组的函数名称;
    % tspan ——仿真跨度;
    % x0——初始值向量;
    % h——步长,由于是定步长,所有要传入
    if nargin==3 % 如果只传入 3 个参数
        ts=linspace(tspan(1), tspan(2),1000);    % 默认算 1000 步
        h=ts(2)-ts(1);
    else
        ts=tspan(1):h:tspan(2);
    end
    n=length(ts);                               % 求步数
    x=zeros(length(x0),n);
    x(:,1)=x0;         % 赋初值,可以是向量,但是要注意维数
    for ii=1:n-1
        k1=ufunc(ts(ii),x(:,ii));
        k2=ufunc(ts(ii)+h/2,x(:,ii)+h*k1/2);
        k3=ufunc(ts(ii)+h/2,x(:,ii)+h*k2/2);
        k4=ufunc(ts(ii)+h,x(:,ii)+h*k3);
        x(:,ii+1)=x(:,ii)+h*(k1+2*k2+2*k3+k4)/6;
        % 按照龙格库塔算法进行数值求解
    end
```

编写仿真和绘图程序(NA_Ex6.m)如下。

```
global R L C
R=1;                          % 电阻
L=2e-3;                       % 电感
C=2e-3;                       % 电容

x0=[0;0]                      % 初始状态
% x0=[49.9649;-82.5572]
a=0;                          % 时间起点
b=0.1;                        % 时间终点
h=0.02/200;                   % 步长
[t,x]=runge_kutta(@dx_RLC,[a,b],x0,h);
subplot(2,1,1);
plot(t,x(1,:),'r')            % 电感电流
axis([0,0.1, -150, 150]);
title('电感电流')
subplot(2,1,2);
plot(t,x(2,:),'b')            % 电容电压
axis([0,0.1, -150, 150]);
title('电容电压')
```

程序运行结果如图 5-10 所示。

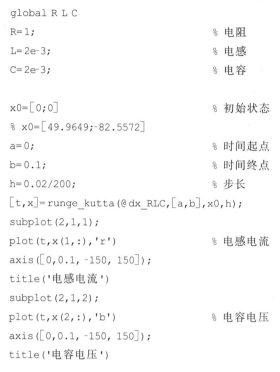
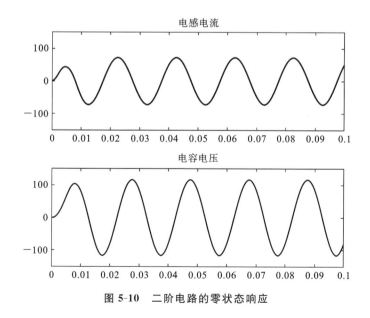

图 5-10 二阶电路的零状态响应

5.4.3 稳定状态的初始值求解

回顾第 1.3.3 节,我们曾经对电路使用相量法求解相量关系,当电源角度为 0 时,可求得 i_L 和 u_C 的虚部分别是 49.9649 和 -82.5572,故当初始状态设置为 $x_0 =$ $[49.9649, -82.5572]^T$ 时(只需将程序 NA_Ex6.m 的第二个 x0 赋值语句的注释取消

即可),系统会直接进入稳态。运行结果如图 5-11 所示。

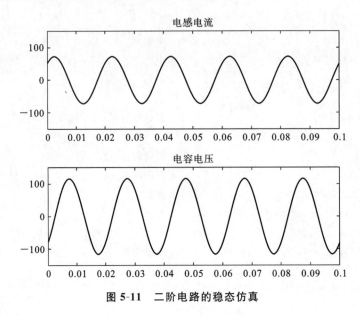

图 5-11 二阶电路的稳态仿真

5.5 编程知识点(2)

5.5.1 函数句柄

函数句柄也是 MATLAB 中的一种常见的数据类型,类似于其他计算机语言里的函数对象(JavaScript,Python)、函数指针(C++)或函数引用(Perl)。它的作用是将一个函数封装成一个变量,使其能够像其他变量一样在程序的不同部分传递。引入函数句柄可使函数调用变得更加灵活方便,极大地提高函数调用的速度和效率。MATLAB 中函数句柄的使用使得函数也可以成为输入变量,并且能很方便地调用,提高函数的可用性和独立性。

例如有以下两个简单函数:

```
function c=myadd(a,b)
c=a+b;
```

和

```
function c=mymultiply(a,b)
c=a*b;
```

在使用时,可以采用下面方式:

```
H=@ myadd;          % 构建函数句柄
Y=H(1,2)
H=@ mymultiply;     % 构建函数句柄
Y=H(1,2)
```

在上面例子中,无论是加法还是乘法,所写的命令都是 Y＝H(1,2),但两次调用的函数却是不同的。

在前面写的 runge_kutta 函数中,传入变量的 ufunc 是一个函数句柄,它可以指定为任意系统的的状态方程,而 runge_kutta 中用于计算对应结果的龙格库塔算法是一样的,这样就避免了为每一个对象都去写一遍龙格库塔计算过程。

5.5.2 ode 算法

ode 是 MATLAB 专门用于解微分方程的功能函数(见表 5-1),该求解器有变步长(variable-step)和定步长(fixed-step)两种类型的。

表 5-1 ode 函数

函数名	用　途
ode23	解非刚性微分方程,低精度,使用二三阶龙格库塔算法
ode45	解非刚性微分方程,中等精度,使用四五阶龙格库塔算法
ode113	解非刚性微分方程,变精度变阶次 Adams-Bashforth-Moulton PECE 算法
ode23t	解中等刚性微分方程,使用自由内插法的梯形法则
ode15s	解刚性微分方程,使用可变阶次的数值微分算法
ode23s	解刚性微分方程,低阶方法,使用修正的 Rosenbrock 公式
ode23tb	解刚性微分方程,低阶方法,使用 TR-BDF2 方法,即龙格库塔公式的第一级采用梯形法则,第二级采用 Gear 法

$[t, YY] = solver('F', tspan, Yo)$ 为解算 ODE 初值问题的最简调用格式。solver 指上面的指令。例如:

```
tspan=0:0.001:0.1;          % 时域 t 的范围
x0=[0;0];                    % x(1),x(2)的初始值
[tt,xx]=ode45(@dx_RLC,tspan,x0);
plot(tt,xx(:,1))
title('x(t)')
```

运行上面程序可以得到与图 5-10 几乎完全相同的结果。ode45 表示采用四五阶龙格库塔算法,它用 4 阶算法提供候选解,用 5 阶算法控制误差,是一种自适应步长(变步长)的常微分方程数值解法,其整体截断误差为 $(\Delta x)^5$,解决的是非刚性常微分方程。

需要注意的是,不同类型的问题有着不同的求解器,ode45 是解决数值解问题的首选方法,若长时间得不到结果,可换用 ode15s 试试。而对于有断路器动作的电力系统仿真模型,一般就需要使用 ode23tb。

5.5.3 subplot 函数

subplot 是 MATLAB 中的函数,其作用是将多个图画到一个平面上。

使用方法:subplot(m,n,p)。其中,m 表示是图排成 m 行,n 表示图排成 n 列,也就是整个绘图区域中有 n 个图是排成一行的,一共有 m 行。p 表示图所在的位置,第一个子图是第一行的第一列,第二个子图是第一行的第二列,依此类推。

subplot 也允许进行子图组合,实现大小不一样的子图区域。例如下面程序可创建一个包含三个子图的图窗。在图窗的上半部分创建两个子图,在图窗的下半部分创建第三个子图,并在每个子图上添加标题。

```
subplot(2,2,1);
x=linspace(-3.8,3.8);        % 默认 100 个等距离数
y_cos=cos(x);
plot(x,y_cos);
title('Subplot 1: Cosine')

subplot(2,2,2);
y_poly=1-x.^2./2+x.^4./24;
plot(x,y_poly,'g');
title('Subplot 2: Polynomial')

subplot(2,2,[3,4]);
plot(x,y_cos,'b',x,y_poly,'g');
title('Subplot 3 and 4: Both')
```

运行结果如图 5-12 所示。

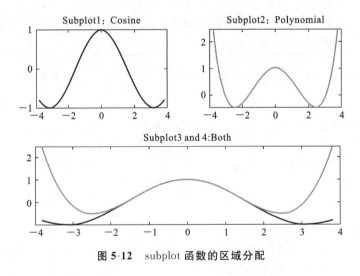

图 5-12　subplot 函数的区域分配

5.6　小结

虽然 MATLAB 中提供的 dsolve 和 ode 函数对于求解微分方程基本上是足够用的,但是龙格库塔算法仍是关于数值积分的最经典算法,在某些情况下,例如若需要在单片机或嵌入式系统上实现积分过程,就需要对龙格库塔算法有一定的了解。

6

常用信号函数与卷积运算应用

6.1 阶跃函数

6.1.1 阶跃函数的定义

图 4-1 所示的 RLC 电路中,当开关闭合时,若电源提供 1 V 的直流电,则输入电压可以用下面函数来进行表示:

$$u(t)=\begin{cases} 0 & t<0 \\ 1 & t\geqslant 0 \end{cases} \tag{6.1}$$

此即单位阶跃函数,也称赫维赛德阶跃函数(Heaviside step function),如图 6-1 所示。

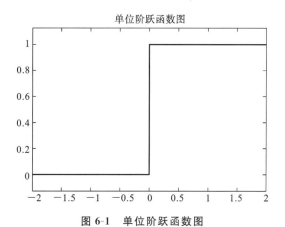

单位阶跃函数图

图 6-1 单位阶跃函数图

单位阶跃函数实际上完美地展现了开关的作用,即在开关闭合以前,输出电压为 0,而在开关闭合以后,输出电压由 0 跳到 1 V。若将任意连续函数 $f(t)$ 与单位阶跃函数相乘,则去掉了函数 $f(t)$ 左半部的波形,而保留了右半部的波形,函数表达式为

$$f(t)u(t)=\begin{cases} 0, & t<0 \\ f(t), & t\geqslant 0 \end{cases} \tag{6.2}$$

当然,如果开关的闭合不是发生在 $t=0$ 时刻,而是延迟了一段时间在 $t=t_0$ 时刻发生,则可以表达为

$$f(t)u(t-t_0) = \begin{cases} 0, & t < t_0 \\ f(t), & t \geqslant t_0 \end{cases} \qquad (6.3)$$

在 MATLAB 中,内部函数 heaviside 表示阶跃函数,见下面例子(J_Step.m):

```
syms t % 定义符号
ezplot(heaviside(t),[-2, 2])
title('单位阶跃函数图')
```

函数 ezplot(easy to use function plotter)是一个易用的一元函数绘图函数,在绘制含有符号变量的函数的图像时,ezplot 要比 plot 更方便,它无须进行数据准备,便可直接画出函数图形,基本调用格式为 ezplot(f),其中,f 是字符串或代表数学函数的符号表达式,只有一个符号变量。程序运行结果即图 6-1。

6.1.2 阶跃函数的积分

我们对单位阶跃函数进行积分,即得到如下表达式:

$$r(t) = \int_{-\infty}^{t} u(t)\mathrm{d}t = tu(t) \qquad (6.4)$$

此为单位斜坡函数(unit ramp function),很明显,单位斜坡函数的波形是一条从原点出发、向正时间轴方向延伸且斜率为 1 的直线,编写程序如下(J_Ramp.m):

```
syms t                    % 定义符号
rampt=int(heaviside(t),t)  % 积分运算
ezplot(rampt,[-2, 2])
title('单位斜坡函数图')
```

```
运行结果:
rampt=
(t*(sign(t)+1))/2
```

int 为 MATLAB 进行积分运算的内部函数。积分的结果表达式中出现了符号函数 sign(t),它用于令 t 为负的时候,计算结果为 0。波形如图 6-2 所示。

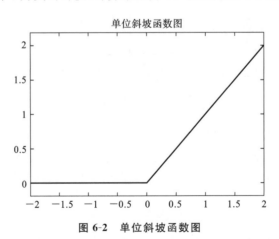

图 6-2　单位斜坡函数图

显然,对单位斜坡函数进行微分运算即为单位阶跃函数。

6.2 单位冲激函数

单位冲激函数常简称为冲激函数(pulse function)。冲激函数及其各阶导数在现实世界存在原型且广泛应用于物理学与工程技术科学中,是物理学家与工程技术专家常用的工具。冲激函数的定义方式很多,如狄拉克函数定义方式、极限形式定义方式、广义函数定义方式。

6.2.1 狄拉克函数定义

单位冲激函数 $\delta(t)$ 由英国物理学家狄拉克首先提出,故单位冲激函数又称为狄拉克函数,定义如下:

$$\begin{cases} \int_{-\infty}^{\infty} \delta(t)\,\mathrm{d}t = 1 \\ \delta(t) = 0,\ t \neq 0 \end{cases} \quad (6.5)$$

如果冲激是在任意一点 $(t=t_0)$ 产生的,则单位冲激函数的时延 $\delta(t-t_0)$ 为

$$\begin{cases} \int_{-\infty}^{\infty} \delta(t-t_0)\,\mathrm{d}t = 1 \\ \delta(t-t_0) = 0,\ t \neq t_0 \end{cases} \quad (6.6)$$

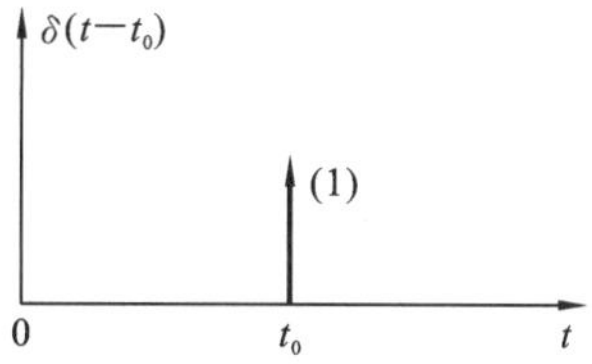

简称延时冲激函数,如图 6-3 所示。

图 6-3 延时冲激函数

例题 6-1 编写 MATLAB 程序绘制单位冲激信号、延时冲激信号。

解题过程:

MATLAB 中定义了 dirac 函数,编写程序如下(J_Dirac.m):

```
clear all;
x=-100:0.01:100;           % x轴范围
% x=0、50处有δ函数,即δ(x)和δ(x-50)
y=dirac(x-0)+dirac(x-50);
y=sign(y);                 % dirac在对应位置返回inf
plot(x,y);
axis ([-100 100-0.5 1.5])
```

dirac 函数在对应位置返回 inf,用 ezplot 绘制不出其波形,因此在绘图时只能用 sign 函数取其符号,以绘制单位冲激。程序运行结果如图 6-4 所示,需要特别注意纵坐标没有数值上的含义。

6.2.2 极限形式定义

冲激函数不是一个普通的函数,我们可以把它看成矩形脉冲的极限。图 6-5 中,矩形脉冲 $P(t)$ 的宽度为 τ,幅值为 $\frac{1}{\tau}$,其面积为 1。保持面积始终不变,当宽度越来越窄,即 τ 逐渐趋近于 0 时,幅值越来越大,趋近于无穷大。取这个极限即为冲激函数,常记作 $\delta(t)$,即

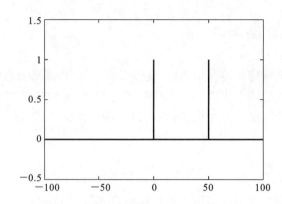

图 6-4　单位冲激信号与延时冲激信号

$$\delta(t) = \lim_{\tau \to 0} P(t) = \lim_{\tau \to 0} \frac{1}{\tau} \left[u\left(t + \frac{\tau}{2}\right) - u\left(t - \frac{\tau}{2}\right) \right] \tag{6.7}$$

式中，u 代表单位阶跃函数。

若矩形面积不是 1，而是 E，则表示一个强度为 E 倍单位值的冲激信号，即 $E\delta(t)$。在用图形表示时，将强度 E 标注在箭头旁。

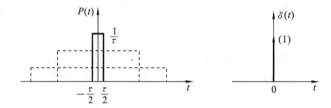

图 6-5　矩形窄脉冲信号演变为冲激信号

6.2.3　冲激函数与阶跃函数的关系

理论上来说，阶跃函数在 $t=0$ 处不可导，但似乎 $1/0 = \inf$ 是成立的，那么是否可以据此断定单位阶跃函数的导数可以认为是冲激函数，即 $\mathrm{d}u(t)/\mathrm{d}t = \delta(t)$ 呢？而若在 $t=0$ 处 $1/0 = \inf$ 成立，那 $u(t)/2$ 在 $t=0$ 处也应有 $1/2/0 = \inf$ 成立，这显然是有矛盾的。所以必须要证明

$$\int_{-\infty}^{\infty} \frac{\mathrm{d}u(t)}{\mathrm{d}t}\mathrm{d}t = 1 \tag{6.8}$$

才能说明单位阶跃函数的导数是冲激函数。我们考察以下函数：

$$f(t,\lambda) = \frac{1}{2} + \frac{1}{\pi}\tan^{-1}\lambda t \tag{6.9}$$

函数 $\tan^{-1}\lambda t$ 取主值，范围在 $[-\pi/2, \pi/2]$ 内。实际上，容易计算当 $\lambda \to \infty$，t 为正时，$f(t, \lambda) = 1$，而 t 为负时，$f(t, \lambda) = 0$，即

$$\lim_{\lambda \to \infty} f(t,\lambda) = u(t) \tag{6.10}$$

取 $f(t,\lambda)$ 对 t 的导数：

$$\frac{\mathrm{d}f(t,\lambda)}{\mathrm{d}t} = \frac{\lambda}{\pi} \frac{1}{1+(\lambda t)^2} \tag{6.11}$$

当 $t=0$ 时，导数极大值为 λ/π，当 $\lambda\to\infty$ 时，极大值也趋于 ∞，且

$$\int_{-\infty}^{\infty}\frac{\mathrm{d}f(t,\lambda)}{\mathrm{d}t}\mathrm{d}t=\frac{1}{\pi}\tan^{-1}\lambda t\Big|_{-\infty}^{\infty}=1 \tag{6.12}$$

积分结果与 λ 无关。从而

$$\delta(t)=\lim_{\lambda\to\infty}\frac{\mathrm{d}f(t,\lambda)}{\mathrm{d}t}=\frac{\mathrm{d}u(t)}{\mathrm{d}t} \tag{6.13}$$

上述过程严谨地证明了单位阶跃函数的导数即为单位冲激函数。在 λ 取 1、5 的条件下，编写程序绘制其波形（J_DiracFromStep.m）：

```
clear all;
syms t;
for lamda=[1,5]
    f=1/2+1/pi*atan(lamda*t);      % 原函数
    df=diff(f,t);                   % 导数
    % 绘制原函数
    h=ezplot(f,[-10,10]);          % 获取绘图句柄
    set(h,'LineStyle','-');        % 设置曲线线型
    hold on                         % 保持画布
    % 绘制其导数
    h=ezplot(df,[-10,10])
    set(h,'LineStyle','-.');
end
hold off
axis([-10,10,-0.1,1.8])
```

程序运行结果如图 6-6 所示，实线为原函数，虚线为原函数的导数。可见，随着 λ 增大，波形越来越接近阶跃函数。

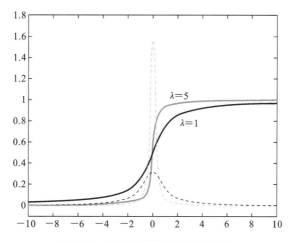

图 6-6 冲激函数与延时冲激函数

6.2.4 利用广义函数定义冲激函数

定义一个普通函数，就是在定义域上给每一个自变量 t 按照一定的规则 f 指定（或

分配)一个函数值 $f(t)$。对于特殊的函数,例如冲激函数,无法按常规函数对其定义,故有了广义函数的概念。

广义函数(也称奇异函数)理论认为,虽然某些函数不能确定每一时刻的映射关系,但是可以通过它与其他函数的相互作用规律来确定该函数。为方便理解,我们分两步来对广义函数进行简单理解。

第一步,构造一个试验函数(也称测试函数)$\varphi(t)$ 的集合 $\{\varphi(t)\}$,可以类比为普通函数定义一个自变量 x,通常 x 的取值范围是实数集合。试验函数具有任意阶导数且均为高阶无穷小,试验函数的定义可以扩展(类似普通函数的变量 x 可以扩展到复数范围)。

第二步,与上文普通函数的定义对照理解,广义函数是对试验函数集 $\{\varphi(t)\}$ 中的每一个 $\varphi(t)$ 按一定的规则 N_g 指定(或分配)一个数,这个数表示为 $N_g[\varphi(t)]$。

这样,广义函数可定义为

$$\int_{-\infty}^{+\infty} g(t)\varphi(t)dt = N_g[\varphi(t)] \tag{6.14}$$

此处 N_g 的定义类似于函数 f,它作用于测试函数集合 $\{\varphi(t)\}$ 中的任意一个 $\varphi(t)$ 都对应有一个结果 $N_g[\varphi(t)]$,而这个定义就是式(6.14)。式(6.14)中的 $g(t)$ 称为分配函数,可自行定义。

由此,可以通过广义函数来定义冲激函数:当一个函数 $g(t)$ 与任意的测试函数 $\varphi(t)$ 之间满足关系式

$$\int_{-\infty}^{+\infty} g(t)\varphi(t)dt = \varphi(0) \tag{6.15}$$

时,则函数 $g(t)$ 就是单位冲激函数。显然,根据 $\delta(t)$ 的定义,有

$$\int_{-\infty}^{+\infty} \delta(t)\varphi(t)dt = \varphi(0)\int_{-\infty}^{+\infty}\delta(t)dt = \varphi(0) \tag{6.16}$$

其中,$\varphi(t)$ 是在 $t=0$ 处的任意有界函数。$\delta(t-t_0)$ 的物理意义也很清晰,就是在 $t=t_0$ 时刻对 $\varphi(t)$ 进行采样。

由冲激函数的例子可以看出,$g(t)$ 的定义产生了规则 N_g,它作用在 $\varphi(t)$ 上的结果 $N_g[\varphi(t)]$ 是与 $\varphi(t)$ 有关的一个数值,包括但不限于 $t=t_0$ 处的一个函数值、导数值、某一区间内的 $\varphi(t)$ 覆盖面积等。

6.3　线性系统的冲激响应与阶跃响应

系统在单位阶跃函数激励下引起的零状态响应称为系统的阶跃响应,系统在单位冲激函数激励下引起的零状态响应称为系统的冲激响应。自动控制原理中常用阶跃响应的超调量、上升时间、误差等指标表现系统的性能,而冲激响应则完全由系统本身的特性决定,与系统的激励源无关,二者之间存在转换关系。

例题 6-2　对于图 5-1 所示的 RL 电路,当 u_S 为阶跃信号形式的、大小为 1 V 的直流电源输入时,利用冲激函数相关理论分析其响应过程。

解题过程:

重写系统的微分方程如下:

$$L\frac{di_u}{dt} + Ri_u = u_S(t) \tag{6.17}$$

利用边界条件求解微分方程的解析解,有三个基本步骤。

(1) 容易看出其齐次方程有一个特征根为 $r=-R/L$,对应的通解形式为 $C_1 e^{rt}$。

(2) 非齐次方程求解稳态解的过程中,1 V 的电源信号被写成了 $u_S(t)=1e^{0t}$ 的形式,从而猜想 $i_u(t)=C_2 e^{0t}$,可知 $C_2=1/R$。

(3) 通解+稳态解的形式为 $i(t)=C_1 e^{rt}+1/R$。在 $t=0$ 时刻,$i(0)=0$,因此 $C_1=-1/R$。

从而可知阶跃响应为

$$i_u=\frac{u_S(t)}{R}(1-e^{-tR/L})=\frac{1}{R}(1-e^{-tR/L}) \tag{6.18}$$

步骤(2)中,$u_S(t)=1$,其定义域是整个时间轴,而 $u_S(t)=u(t)=1e^{0t}u(t)$ 表达的是电源的切入过程,其中,$u(t)$ 是阶跃函数。$t<0$ 时,$u_S(t)$ 值为 0。对应的阶跃响应 i_u 也是如此,只不过式(6.18)的结论中,我们通常只看 $t\geq0$ 的部分。

因此,更为严谨的求法是,令 $u_S(t)=u(t)$ 为阶跃函数,对式(6.17)两边进行求导有

$$L\frac{di'_u}{dt}+Ri'_u=\delta(t) \Rightarrow L\frac{d^2 i_u}{dt^2}+R\frac{di_u}{dt}=\delta(t) \tag{6.19}$$

则对应的齐次方程的特征方程有两个特征根:$r_1=-R/L$ 和 $r_2=0$,因此,解的形式为

$$i_u=(C_1 e^{-\frac{R}{L}t}+C_2)u(t) \tag{6.20}$$

对式(6.20)求导可知:

$$\begin{cases} i'_u=-\frac{R}{L}C_1 e^{-\frac{R}{L}t}u(t)+(C_1+C_2)\delta(t) \\ i''_u=\left(\frac{R}{L}\right)^2 C_1 e^{-\frac{R}{L}t}u(t)-\frac{R}{L}C_1\delta(t)+(C_1+C_2)\delta'(t) \end{cases} \tag{6.21}$$

将上面两个结果代入式(6.19)得到

$$-RC_1\delta(t)+R(C_1+C_2)\delta(t)+(C_1+C_2)\delta'(t)=\delta(t) \tag{6.22}$$

比较两边系数易得 $C_1+C_2=0$,从而 $C_1=-1/R$、$C_2=1/R$,从而得到阶跃激励下电感电流响应为

$$i_u(t)=\frac{1}{R}(1-e^{-tR/L})u(t) \tag{6.23}$$

显然结果与式(6.18)是一致的。

进一步讨论,当激励源为单位冲激函数时,有

$$L\frac{di_\delta}{dt}+Ri_\delta=\delta(t) \tag{6.24}$$

该式只有一个特征根,因此也可以设

$$i_\delta=C_1 e^{-\frac{R}{L}t}u(t) \tag{6.25}$$

代入式(6.24)可以得到

$$L(C_1 e^{-\frac{R}{L}t}\delta(t)-\frac{R}{L}C_1 e^{-\frac{R}{L}t}u(t))+RC_1 e^{-\frac{R}{L}t}u(t)=\delta(t) \Rightarrow LC_1 e^{-\frac{R}{L}t}\delta(t)=\delta(t) \tag{6.26}$$

由于 $\delta(t)$ 只有在 $t=0$ 处不为 0,因此 $C_1=1/L$,则有

$$i_\delta=\frac{1}{L}e^{-\frac{R}{L}t}u(t) \tag{6.27}$$

与式(6.19)对比可知,阶跃响应的导数就是冲激响应,即

$$i_\delta(t)=i'_u(t)=\frac{1}{R}\delta(t)-\frac{1}{R}e^{-tR/L}\delta(t)+\frac{1}{L}e^{-tR/L}u(t)=\frac{1}{L}e^{-tR/L}u(t) \qquad (6.28)$$

根据以上过程可以编程如下(J_iuDiu.m):

```
clear all
R=1;
L=2;
deltaT=0.001;                    % 步长
t=0:deltaT:10;
diu=1/L* exp(-t* R/L);           % 冲激响应表达式
for i=1:length(t)
    iu(i)=sum(diu(1:i)* deltaT); % 代替积分计算
end
plot(t,diu,t,iu)
```

程序运行结果如图 6-7 所示。

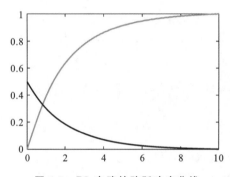

图 6-7　RL 电路的阶跃响应曲线

　　直观上看,阶跃响应可以较好地表现电感电流的初始状态和结束状态,具有与物理过程高度一致的描述。而冲激响应的曲线的物理解读则相对费事,但它的优点是在卷积算法下可以计算任意输入的响应。

6.4　卷积积分

　　对于任意激励信号,在时域中将其分解为脉冲函数或阶跃函数,然后把这些分解得到的函数分别加入系统,并求出响应,最后把这些响应选加起来,这种方法称为卷积积分(convolution integral)。

6.4.1　任意函数的冲激函数系列之和表示

　　冲激函数是一个短促的冲激,在 $t\neq0$ 时为 0,而在 $t=0$ 时为无穷,它的形状是无关紧要的,然而其面积是有确定的意义的。

　　为了讨论这个问题,我们设任意函数 $f(t)$ 的波形如图 6-8 所示。对于这个任意形态的波形,我们可以用一条梯形曲线(如图 6-8(a)所示)近似表示,并把从 0 到 t 的时间

间隔等分成宽度为 Δt 的 n 个小间隔。

定义脉冲函数 $p(t)$,其高度为 1,宽度为 Δt,对应的延迟脉冲函数为 $p(t-k\Delta t)$,则

$$f(t) = \sum_{k=0}^{n} f(k\Delta t)p(t-k\Delta t) = \sum_{k=0}^{n} f(k\Delta t)\Delta t\left[\frac{1}{\Delta t}p(t-k\Delta t)\right] \qquad (6.29)$$

由上式可见:

(1) 求和公式中的每一项为一个矩形波,它们在时间上相继出现,总和表现为一条梯形折线;

(2) Δt 越小,脉冲序列之和越接近于 $f(t)$,即图中的梯形折线越逼近于 $f(t)$;

(3) 令式(6.29)中方括号内部分为 $g(t-k\Delta t)$,则当 Δt 无限趋于零时,$g(t-k\Delta t)$ 趋于无穷大,同时 $g(t-k\Delta t)\Delta t=1$,满足冲激函数 $\delta(t-k\Delta t)$ 的定义。

所以有

$$f(t) = \sum_{k=0}^{n} f(k\Delta t)\Delta t\delta(t-k\Delta t) \qquad (6.30)$$

该式表示任意函数可以近似表示为一系列强度为 $f(k\Delta t)\Delta t$ 的冲激函数之和,如图 6-8 (b)所示。

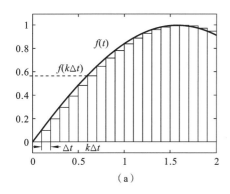 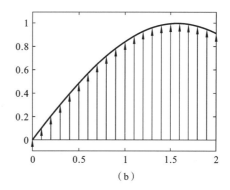

(a)   (b)

图 6-8 用冲激函数表示任意函数

图 6-8 的绘制程序如下(J_iuDiu.m):

```
clear all                    % 清除 WorkSpace 内变量
syms t;                      % 定义符号变量
ft=sin(t);
ezplot(ft,[0,2]);           % 绘制原函数
hold on                      % 保持图形
dt=0.1;                      % 时间间隔
hold on                      % 保持原图形
for t0=0:dt:2                % 时间序列
    ft0=sin(t0);            % 高度
    Signal=(heaviside(t-t0)-heaviside(t-t0-dt))*ft0;   % 替代 rectpuls
    ezplot(Signal,[0,2]);   % 绘制矩形
end
axis([0,2,-0.1,1.1])
hold off                     % 解除保持
```

```
%%
figure(2)                        % 新开一个图窗
clf
t0=0:dt:2                         % 时间序列
ft0=sin(t0);                      % 高度
plot(t0,ft0);
hold on                          % 保持原图形
% ft0-0.02略画短一点,箭头中心是原数值
stem(t0,ft0-0.02,'^','filled','MarkerSize',2);
axis([0,2,-0.1,1.1])
hold off % 解除保持
```

    MATLAB 中,rectpuls 函数可以用于绘制矩形脉冲,但该函数不支持符号运算,因此程序用两个 heaviside 函数相减达到同样的绘制效果。此外,用 stem 函数绘制三角形箭头的时候,是以三角形中心为数据点的,为了让图形有更好的视觉效果,将 $f(t)$ 的值略减去一点(0.02),并对箭头进行填充,以及修改箭头的大小(默认值为 6)。

6.4.2 卷积积分的定义

    我们假设一个系统的单位冲激响应为 $h(t)$,对于式 $f(k\Delta t)\Delta t\delta(t-k\Delta t)$,$\Delta th(t)$ 代表 $t=k\Delta t$ 时刻一个强度为 $f(k\Delta t)\Delta t$ 的冲激,其响应为 $f(k\Delta t)\Delta th(t)$,那么系统对 $f(t)$ 的响应 $r(t)$ 将是一系列冲激响应之和,表达式为

$$r(t)=\sum_{k=0}^{n}f(k\Delta t)\Delta th(t-k\Delta t) \tag{6.31}$$

    在第 6.3 节已经给出了 RL 电路对应的阶跃响应和冲激响应的表达式。1 V 的阶跃信号可以看成大小为 $1\Delta t$ 的冲激序列之和,各分量求和的过程,可用下面程序进行演示(J_FtSum.m):

```
clear all
R=1;
L=2;
deltaT=0.001;                    % 步长
t=0:deltaT:10;
iu=1/R*(1-exp(-t*R/L));          % 阶跃响应表达式
plot(t,iu);                      % 绘制阶跃响应
hold on                          % 保持图形
deltaT0=deltaT*100;              % 增大步长
t0=0:deltaT0:10;
for i=1:length(t0)
    diut0=deltaT0*1/L*exp(-(t-t0(i))*R/L);   % 冲激响应表达式
    diu(i,:)=diut0.*heaviside(t-t0(i));       % 对每个冲激响应计算卷积
    Sdiu=sum(diu,1);             % 按列求和(已产生的冲激之和)
    plot(t,Sdiu);                % 绘制各冲激响应
end
hold off                         % 解除保持图形
```

程序中,deltaT0 代表所取的间隔 Δt,同时要注意,对应的冲激强度是 $1\Delta t$,不是 1。程序运行结果如图 6-9 所示,减小 deltaT0(Δt)的值,序列之和将不断逼近阶跃响应曲线。

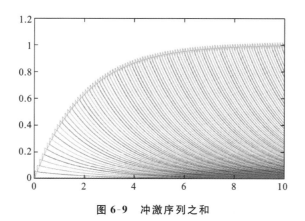

图 6-9　冲激序列之和

此外,式(6.28)给出了 RL 电路的冲激响应表达式,在 $t=0$ 时刻,其起点并不是 0,因此,图 6-9 中所示折线段的起点也不是 0。部分教科书中的冲激响应示意图为一条起点为 0,小幅上升然后再衰减到 0 的曲线。实际上,单位冲激响应的起点是否为 0 并不重要,因为实际的冲激强度为 $1\Delta t$,而 Δt 总是趋于 0 的,图 6-9 中的每一个冲激响应实际上都是无穷小的。

式(6.31)中,Δt 趋于 0 时,Δt 成为 $\mathrm{d}\tau$,$k\Delta t$ 成为 τ,求和公式可以用积分替代,则

$$r(t) = \int_0^t f(\tau)h(t-\tau)\mathrm{d}\tau \tag{6.32}$$

式(6.32)是系统对激励函数的精确表达式,称之为卷积积分。

式(6.32)中,令 $\tau=t-x$,则可以导出

$$r(t) = \int_t^0 f(t-x)h(x)(-\mathrm{d}x) = \int_0^t f(t-x)h(x)\mathrm{d}x \tag{6.33}$$

更改符号 x 为 τ,则有

$$r(t) = \int_0^t f(t-\tau)h(\tau)\mathrm{d}\tau \tag{6.34}$$

此为卷积积分公式的第二种形式。由于积分下限为 0,显然,当 $f(t)$ 为阶跃函数时,式(6.34)就是冲激响应的积分,为阶跃响应,这印证了式(6.23)和式(6.28)的关系。

事实上,对任意两个函数 $f_1(t)$ 和 $f_2(t)$,也可以定义卷积计算,即

$$g(t) = f_1(t) * f_2(t) = \int_0^t f_1(t-\tau)f_2(\tau)\mathrm{d}\tau$$

$$= \int_0^t f_1(\tau)f_2(t-\tau)\mathrm{d}\tau \tag{6.35}$$

当 $f_1(t)$ 和 $f_2(t)$ 在 t 从 $-\infty$ 到 $+\infty$ 均不为 0 时,则积分的上下限要修改为从 $-\infty$ 到 $+\infty$,这里不展开讨论。

6.4.3　卷积积分的应用

式(6.35)有着非常广泛的应用,而对于计算控制系统的响应,式(6.34)更加实用。

假定 RL 电路的激励为峰值为 1 的正弦电压，即 $u_S(t) = f(t) = \sin\omega t$，我们可以用式（6.34）来计算交流激励下的电感电流响应曲线。可用下面程序进行演示（J_RSin. m）：

```
syms t tao w;
R=1;                            % 电阻
L=2;                            % 电感
w=100* pi;                      % 50Hz 交流电
% 采用卷积计算求解
ht=1/L* exp(-tao* R/L);         % 冲激响应
ft=sin(w* (t-tao));             % 交换变量后的激励源
rt=int(ft* ht,tao,0,t);         % 卷积积分公式
t=0:0.02/100:0.1;               % 每周波计算 100 个点
rtv=eval(rt);                   % 将符号表达式变成序列
plot(t,rtv)                     % 绘图
```

程序运行结果如图 6-10 所示。

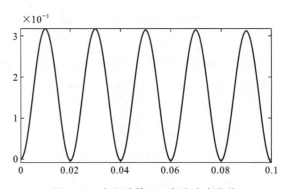

图 6-10   卷积计算 RL 电路响应曲线

在工具箱下使用相关模块搭建电路，如图 6-11（a）所示，设置好相关参数，并在 powergui 模块中将初始状态置 0，则在示波器模块中看到的波形将如图 6-11（b）所示，与图 6-10 所示的完全一致。

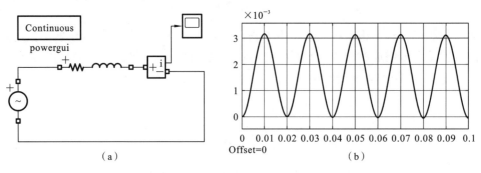

（a）   （b）

图 6-11   SimPowerSystems 仿真模型

可见，卷积积分计算的是系统的零状态响应。从这个案例中，我们也可以初步明白在自动控制原理中一直用阶跃响应和冲激响应来研究系统特性的原因。

6.5　编程知识点

6.5.1　常用信号函数

常用信号函数如表 6-1 所示。

表 6-1　常用信号函数

函　数　名	作　　用	函　数　名	作　　用
sawtooth	产生锯齿波和三角波	pulstran	产生冲激串
square	产生方波	rectpuls	产生非周期方波
sinc	产生 sinc 函数波形	tripuls	产生非周期三角波
chirp	产生调频余弦信号	diric	产生 Dirichlet 或周期 sinc
gauspuls	产生高斯正弦脉冲信号	gmonopuls	产生高斯单脉冲信号

6.5.2　int 函数

在 MATLAB 语言中,求符号函数的定积分时使用 int 函数,其调用格式如下:

```
M=int(fn,x,a,b)
```

其中,fn 为积分式中的函数部分,其可包含多个变量符号,在定义函数前需要预先定义变量符号;x 为函数中预先定义的变量符号;a 为定积分的下限;b 为定积分的上限;M 为得到的积分结果。

a 和 b 可以是两个具体的数,也可以是一个符号表达式,还可以是无穷(inf(极限))。

当函数关于变量 x 在闭区间[a,b]上可积时,函数返回一个定积分结果。当 a,b 中有一个是 inf 时,函数返回一个广义积分;当 a、b 中有一个是符号表达式时,函数返回一个符号函数。

例如,$\int_1^2 |1-x|\,\mathrm{d}x$ 可以用以下代码实现:

```
syms x y
z=int(abs(1-x),1,2)
```

6.5.3　sign 函数

在 MATLAB 科学计算过程中,经常需要检验计算公式或计算结果的符号。当 sign 函数的参数是正数时,返回的值是 1,当参数是负数时,返回的值是 −1,当传递的参数为 0 时,返回的值是 0。例如在命令行窗口中输入以下命令:

```
>>sign(pi)
ans=
    1
```

```
>>sign(-1)
ans=
    -1
>>sign(0)
ans=
    0
```

运行结果显示,我们可以利用这个函数对计算的结果进行检测。

6.5.4 figure 函数

figure 函数使用默认属性值创建一个新的图窗(窗口)。可以理解为创建一个有画板的窗口,我们在这块画板上绘制曲线等,figure 函数同时也用于切换图窗窗口。

例如使用函数 figure(n),n 为变量或具体数字,查找到 n 代表的窗口存在时,将当前窗口切换成 n,当 n 代表的窗口不存在时,创建标识为 n 的图窗。

```
figure(1);
figure(2);
plot(...);              % 绘制在窗口 2 上
figure(1);              % 将绘图窗口切换成窗口 1
plot(...);              % 绘制在 f1 上
```

6.6 小结

本章首先对阶跃函数和冲激函数进行了说明,两者在"信号处理"、"自动控制原理"等课程中都有大量的应用。然后从将激励函数分解成冲激序列,由离散进入连续,引出卷积的定义。但在实际应用中,更广泛的还是离散形式的卷积,包括二维卷积等,这里不展开讨论。卷积积分的各种性质及相关应用读者可自行学习。

7

正交空间与傅里叶级数

　　1807 年,傅里叶呈交了一篇很长的论文,内容是关于不连结的物质和特殊形状的连续体中的热扩散问题的。论文的审阅人拉普拉斯、蒙日和拉克鲁瓦都是接受这篇论文的,但是拉格朗日提出了反对意见。傅里叶在论文中运用正弦曲线来描述温度分布,并提出了一个很有争议性的结论:任何连续周期信号都可以由一组适当的正弦曲线组合而成。拉格朗日坚持认为傅里叶的方法无法表示带有棱角的信号,如他的方法无法表示在方波中出现的非连续变化的斜率。那到底谁对谁错呢? 用正弦曲线无法组合成一个带有棱角的信号,从这方面来看,拉格朗日是对的。但是,可以用正弦曲线逼近表示带有棱角的信号,逼近到两种表示方法不存在能量差别,基于此,傅里叶是对的。

　　1822 年,傅里叶出版专著《热的解析理论》,这部经典著作将欧拉、伯努利等人在一些特殊情形下应用的三角级数方法发展成内容丰富的一般理论,三角级数就以傅里叶的名字命名为傅里叶级数。傅里叶的工作不仅极大地推动了偏微分方程边值问题的研究,还迫使人们对函数的概念作了修正、推广。

7.1　傅里叶变换的形式

　　傅里叶变换的实质是把满足一定条件的某函数表示成正弦函数的倍数和,或者说用正弦函数来构成某一函数,其化一为多,可以使人清晰地了解到构成这一函数的元素。反过来,可以把某一复杂的函数分解为大量简单函数的叠加。

　　傅里叶变换在发展过程中演变出了许多不同的类型。在高等数学中,我们接触过连续型的傅里叶变换:

$$F(\omega) = \int_{-\infty}^{+\infty} f(t) e^{-j\omega t} dt \tag{7.1}$$

　　最初傅里叶分析是作为热过程的分析工具被提出的,其最终在物理学、声学、工程学和信号处理学等领域均得到了广泛的应用,尤其是在计算机技术高速发展之后。

　　计算机对处理的信号的要求是在时域和频域都应该是离散的,而且应该是有限长的。离散傅里叶变换(discrete Fourier transform,DFT)就是应这种要求诞生的:

$$X(\omega) = \sum_{n=-\infty}^{+\infty} x(n) e^{-j\omega n} \tag{7.2}$$

　　但是一般来说,DFT 的运算量是非常大的。工程上一般使用对 DFT 进行优化后

的算法,即快速傅里叶变换(fast Fourier transform,FFT)算法进行数据分析,对于包含
N 个均匀采样点的向量 $\boldsymbol{x}$,其傅里叶变换定义为

$$F(n) = \sum_{i=1}^{N} \boldsymbol{x}(i) W_N^{(n-1)(i-1)} \qquad (7.3)$$

其中,$W_N = e^{-j\frac{2\pi}{N}}$ 是 N 个复单位根之一,其中,j 是虚数单位;i 和 n 的范围为 1 到 N。

7.2 正交空间的定义

傅里叶所讨论的信号可以是一种波,也可以是某种阵列,甚至可以是一种函数。我
们想要分析一个信号,需要分解出构成它的元素,而傅里叶变换就是一种分解函数的数
学手段。所有的信号都是可以分解的,复杂的信号可以分解为不那么复杂的元素。

在深入学习傅里叶变换之前,需要掌握正交空间的基本定义。类似于将一个力基
于两个不同的方向进行分解,如果这两个方向是垂直的,则称这两个方向是正交的。在
线性代数中,N 维向量空间中的所有向量都可以用一组正交基来进行表示。寻找正交
基即找到一组可以表示某一类信号的基。

7.2.1 正交向量

设由 n 个数 $a_1, a_2, \cdots, a_n$ 所组成的有序数组为 $\boldsymbol{\alpha}$,由 $b_1, b_2, \cdots, b_n$ 所组成的有序数
组为 $\boldsymbol{\beta}$

$$\boldsymbol{\alpha} = (a_1, a_2, a_3, a_4, a_5, \cdots, a_n)^{\mathrm{T}}$$
$$\boldsymbol{\beta} = (b_1, b_2, b_3, b_4, b_5, \cdots, b_n)^{\mathrm{T}}$$

则向量 $\boldsymbol{\alpha}$ 和 $\boldsymbol{\beta}$ 的内积为

$$(\boldsymbol{\alpha}, \boldsymbol{\beta}) = \boldsymbol{\alpha}^{\mathrm{T}} \boldsymbol{\beta} = a_1 b_1 + a_2 b_2 + \cdots + a_n b_n \qquad (7.4)$$

如果内积空间中的两向量的内积为 0,则称它们是正交的。正交是"垂直"这一概
念的延伸。

例题 7-1 编写程序证明三维空间坐标系是正交的。

解题过程:

在三个坐标轴上分别取单位向量:

$$\boldsymbol{x} = (1, 0, 0)$$
$$\boldsymbol{y} = (0, 1, 0)$$
$$\boldsymbol{z} = (0, 0, 1)$$

则显然有

$$(\boldsymbol{x}, \boldsymbol{y}) = 1 \times 0 + 0 \times 1 + 0 \times 0 = 0$$
$$(\boldsymbol{x}, \boldsymbol{z}) = 1 \times 0 + 0 \times 0 + 0 \times 1 = 0$$
$$(\boldsymbol{z}, \boldsymbol{y}) = 0 \times 0 + 0 \times 1 + 1 \times 0 = 0$$

使用 MATLAB 编程如下(FS_Ex1.m):

```
clear all;
a=[1,0,0];
b=[0,1,0];
c=[0,0,1];
```

```
k1=dot(a,b);
k2=dot(b,c);
k3=dot(a,c);
```

名称 ▲	值
a	[1,0,0]
b	[0,1,0]
c	[0,0,1]
k1	0
k2	0
k3	0

运行结果如图 7-1 所示。

k1、k2、k3 的值均为零,说明三维空间坐标系是正交的。

图 7-1   向量的内积

7.2.2   正交函数

进一步可将向量正交的概念推广到函数正交,函数可以被视为无穷维的向量。

若有函数集合 $U = \{u_0(t), u_1(t), \cdots, u_\infty(t)\}$ 满足以下条件:

$$\int_{t_0}^{t_0+T} u_m(t)u_n(t)\,\mathrm{d}t = \begin{cases} C, & m = n \\ 0, & m \neq n \end{cases} \tag{7.5}$$

则 U 称为正交函数集合。当 $C=1$ 时,集合是一个归一化的正交集合,因为这时每个向量都是单位向量,它的物理意义是多维空间坐标的基轴方向互相正交。

如果把函数看作无穷维的向量,则会有一组由无穷多个互相正交的函数组成的函数组,在此函数空间中的任意函数,必然可以由此函数组中的函数乘上某个系数并求和组成。

可以确定的是,该函数空间内的任意函数 $f(x)$ 都可以表示为

$$f(x) = \sum_{n=0}^{\infty} a_n u_n(x) \tag{7.6}$$

7.2.3   三角函数族的正交性

在数学中,三角级数是任何具有下述形式的级数:

$$a_0 + \sum_{n=1}^{\infty} (a_n \cos nx + b_n \sin nx) \tag{7.7}$$

其中,a_n, b_n 都是常数。从而有三角函数族为

$$1, \sin x, \cos x, \sin 2x, \cos 2x, \cdots, \sin nx, \cos nx, \cdots \tag{7.8}$$

三角函数族在 $[-\pi, \pi]$ 上正交,是指三角函数族中任意不同的两个函数的乘积在区间 $[-\pi, \pi]$ 上的积分等于零,即

$$\begin{cases} \int_{-\pi}^{\pi} 1\cos nx\,\mathrm{d}x = 0, \int_{-\pi}^{\pi} 1\sin nx\,\mathrm{d}x = 0 \\ \int_{-\pi}^{\pi} \sin kx\cos nx\,\mathrm{d}x = 0 \ (k,n = 1,2,3,\cdots) \\ \int_{-\pi}^{\pi} \cos kx\cos nx\,\mathrm{d}x = 0 \ (k \neq n, \text{且 } k,n = 1,2,3,\cdots) \\ \int_{-\pi}^{\pi} \sin kx\sin nx\,\mathrm{d}x = 0 \ (k \neq n, \text{且 } k,n = 1,2,3,\cdots) \end{cases} \tag{7.9}$$

该结论用高等数学的知识很容易证明。本书采用 MATLAB 计算积分函数 int,以说明相关函数的运用,编程如下(FS_Ex2.m):

```
clear all;
syms x n k positive;
```

```
% 第一式
D11=int(cos(n*x),x,-pi,pi)
D12=int(sin(n*x),x,-pi,pi)
% 第二式
D2=int(sin(k*x)*cos(n*x),x,-pi,pi)
% 第三式
D3=int(cos(k*x)*cos(n*x),x,-pi,pi)
% 第四式
D4=int(sin(k*x)*sin(n*x),x,-pi,pi)
```

运行结果：

```
D11=
  (2*sin(pi*n))/n
D12=
0
D2=
0
D3=
piecewise(k==n, pi+sin(2*pi*n)/(2*n), k~=n, sin(pi*(k-n))/(k-n)+sin
(pi*(k+n))/(k+n))
D4=
piecewise(k==n, pi-sin(2*pi*n)/(2*n), k~=n, sin(pi*(k-n))/(k-n)-sin
(pi*(k+n))/(k+n))
```

分析运行结果，当 n 为整数时，显然 D11＝0，但比较遗憾的是 MATLAB 无法定义整型的符号变量。

D3 表示计算结果为分段函数，当 k＝n 时，D3＝π(n 为整数，sin(2 * pi * n)/(2 * n)＝0)，其他情况下易知 D3＝0。

D4 的情况类似，当 k＝n 时，有 D4＝π，其他情况下 D4＝0。

7.3 傅里叶级数

7.3.1 无限维正交基

在电气工程领域，对于一个电气信号，若要用一组谐波来表示它，则应该基于不同的频率把这个信号进行分解，也就是说要找到一组可以表示不同频率的谐波的正交基。

具体来说是要找到一组函数 $f_n(t)$ 和 $g_k(t)$，使得它们满足下列条件：

$$\int_a^b f_n(t) g_k(t) = 0 \tag{7.10}$$

而傅里叶级数的展开形式为

$$f(t) = a_0 + a_1\cos\omega t + b_1\sin\omega t + a_2\cos2\omega t + b_2\sin2\omega t + \cdots \tag{7.11}$$

可以看出，构成傅里叶级数的基本元素是 $\cos n\omega t$ 和 $\sin n\omega t$，由前面的推导过程可知，三角函数族彼此之间是正交的，所以 $\cos n\omega t$ 和 $\sin n\omega t$ 就是一组正交基。式(7.11)

说明可以以 $\cos n\omega t$ 和 $\sin n\omega t$ 为正交基来构成所需要的函数。

7.3.2　三角函数形式的傅里叶级数

傅里叶认为任何一个周期函数 $f(t)$ 都可以展开成傅里叶级数,这个结论在当时引起了许多争议,但持异议者却不能给出有力的不同论据。直到 1829 年,狄利克雷才对这个问题作出了令人信服的回答,狄利克雷认为,只有在满足一定条件时,周期信号才能展开成傅里叶级数。这个条件被称为狄利克雷条件,即若周期函数 $f(t)$ 满足:

(1) 极值点的个数是有限的;

(2) 间断点的个数是有限的;

(3) 在一个周期内绝对可积,即

$$\int_0^T \left| f(t) \right| \mathrm{d}t < \infty \tag{7.12}$$

那么这个函数就可以展开为一个收敛的傅里叶级数$\left(其中, \omega = \dfrac{2\pi}{T}\right)$,即有

$$f(t) = \frac{a_0}{2} + \sum_{n=1}^{\infty} (a_n \cos n\omega t + b_n \sin n\omega t) \tag{7.13}$$

在式(7.13)两边同乘 $\cos k\omega t$ 并积分,由三角函数族的正交性可得

$$\int_0^T f(t) \cos k\omega t \, \mathrm{d}t = \int_0^T \left(\frac{a_0}{2} + \sum_{n=1}^{\infty} (a_n \cos n\omega t + b_n \sin n\omega t) \right) \cos k\omega t \, \mathrm{d}t \tag{7.14}$$

$$\Rightarrow \int_0^T f(t) \cos k\omega t \, \mathrm{d}t = \int_0^T a_k \cos k\omega t \cos k\omega t \, \mathrm{d}t = \frac{T}{2} a_k$$

$$\Rightarrow a_k = \frac{2}{T} \int_0^T f(t) \cos k\omega t \, \mathrm{d}t$$

对 b_n 的求解过程类似(两边同乘 $\sin k\omega t$),积分部分的计算过程编程如下(FS_Ex3.m):

```
syms k T t
w=2*pi*1/T;
a0=1/2*int(1,t,0,T)
an=int(cos(k*w*t)*cos(k*w*t),t,-T/2,T/2)
bn=int(sin(k*w*t)*sin(k*w*t),t,-T/2,T/2)
```

程序输出:
```
a0=
  T/2
an=
T/2+(T*sin(2*pi*k))/(4*k*pi)
bn=
T/2-(T*sin(2*pi*k))/(4*k*pi)
```

容易看出,k 为整数时,程序的计算结果为 $T/2$。

因此,系数 a_n 和 b_n 的表达式为

$$\begin{cases} a_n = \dfrac{2}{T} \displaystyle\int_{-\frac{T}{2}}^{\frac{T}{2}} f(t) \cos n\omega t \, \mathrm{d}t & (n = 0, 1, 2, \cdots) \\[4mm] b_n = \dfrac{2}{T} \displaystyle\int_{-\frac{T}{2}}^{\frac{T}{2}} f(t) \sin n\omega t \, \mathrm{d}t & (n = 1, 2, \cdots) \end{cases} \tag{7.15}$$

其中，a_0 合并到 a_n 的计算公式中。可以看出，原函数 $f(t)$ 的展开式是以 a_n 和 b_n 为系数的函数 $\cos n\omega t$ 和 $\sin n\omega t$ 组合而成的。

例题 7-2 已知周期为 T 的函数 $f(t)$ 在一个周期内的表达式为

$$f(t) = \begin{cases} 1, & 0 \leqslant t \leqslant \dfrac{T}{2} \\ -1, & \dfrac{T}{2} \leqslant t \leqslant T \end{cases}$$

求 $f(t)$ 三角形式的傅里叶级数展开。

解题过程：

(1) 设 $T=0.02$ s，则 $f=50$ Hz，易知 $f(t)$ 如图 7-2 所示，绘制程序如下(FS_Ex4.m)：

```
fb=50;                          % 基波频率
T=1/fb;                         % 周期
Ts=-T;                          % 起始时间
Te=2*T;                         % 结束时间
TSpan=Ts:T/1000:Te;             % 跨 3 个周期
f=TSpan;                        % 分配空间
n=1;                            % 下标计数
for t=TSpan
    tt=mod(t,T);                % 取余数
    if tt>0 &&tt<T/2
        f(n)=1;
    else
        f(n)=-1;
    end
    n=n+1;
end
plot(TSpan,f);                  % 绘图
axis([Ts, Te, -1.5 ,1.5])
```

MATLAB 中的 square 函数可以用于产生对应的方波，具体用法可查看帮助文件或相关资料。

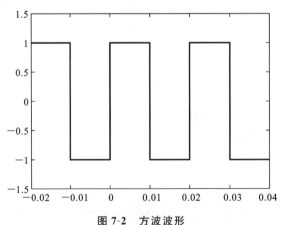

图 7-2 方波波形

（2）进行傅里叶展开。

由图像可以看出，$f(t)$ 是奇函数，易知 $a_n=0$，同时有

$$
\begin{aligned}
b_n &= \frac{2}{T}\int_{-\frac{T}{2}}^{\frac{T}{2}} f(t)\sin n\omega t\,\mathrm{d}t \\
&= \frac{2}{T}\int_{-\frac{T}{2}}^{0} -\gamma\sin n\omega t\,\mathrm{d}t + \frac{2}{T}\int_{0}^{\frac{T}{2}} \gamma\sin n\omega t\,\mathrm{d}t \\
&= \frac{2}{T}\left(\frac{1}{n\omega}\cos n\omega t\,\Big|_{t=-\frac{T}{2}}^{t=0} - \frac{1}{n\omega}\cos n\omega t\,\Big|_{t=0}^{t=\frac{T}{2}}\right) \\
&= \frac{2}{T}\left(\frac{2}{n\omega} - \frac{2}{n\omega}\cos n\pi\right)
\end{aligned}
\tag{7.16}
$$

由上述推导可知：

$$
b_n = \begin{cases} \dfrac{4}{n\pi}, & n\ \text{为奇数} \\ 0, & n\ \text{为偶数} \end{cases}
\tag{7.17}
$$

即

$$
f(t) = \frac{4}{\pi}\left[\sin\omega t + \frac{1}{3}\sin3\omega t + \frac{1}{5}\sin5\omega t + \cdots\right]
\tag{7.18}
$$

系数求取程序如下（FS_Ex4.m 续）：

```
% 计算傅里叶变换的系数,奇函数,只需要考虑 sin 基函数
clear n fb   % 清除前面对 n 的定义
syms n x fb
wb=2*pi*fb;
T=1/fb
% 一个周期内的积分
bn=2/T*(int(-1*sin(n*wb*x),x,-T/2,0)+int(sin(n*wb*x),x,0,T/2))
bn=simplify(bn)
```

运行结果：
```
bn=
(4*sin((pi*n)/2)^2)/(n*pi)
```

用 MATLAB 作图的程序为（FS_Ex4.m 续）

```
% 各次谐波之和
wb=2*pi*50;
hold on
fs=0;
for n=1:2:5
    A=eval(bn);           % 求取赋值
    f=A*sin(n*wb*TS);     % 各次谐波波形
    plot(TS,f);
    fs=fs+f;              % 求和
end
plot(TS,fs);              % 合成
```

运行结果如图 7-3 所示,可以直观地看出各波形的叠加方式。

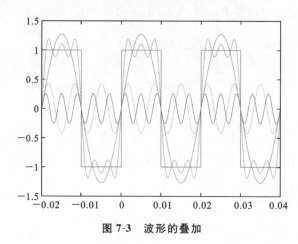

图 7-3　波形的叠加

7.3.3　谐波分析与频谱图

周期为 T,基波角频率为 $\omega=2\pi/T$ 的周期函数的傅里叶展开为

$$f(t)=\frac{a_0}{2}+\sum_{n=1}^{\infty}(a_n\cos n\omega t+b_n\sin n\omega t) \tag{7.19}$$

$f(t)$ 的第 n 次谐波应为以下两个谐波分量的叠加:

$$f_n(t)=a_n\cos n\omega t+b_n\sin n\omega t \tag{7.20}$$

经过下列变形可以获得更加直观的表达式:

$$\begin{aligned} f_n(t)&=a_n\cos n\omega t+b_n\sin n\omega t\\ &=\sqrt{a_n^2+b_n^2}\left[\frac{a_n}{\sqrt{a_n^2+b_n^2}}\cos n\omega t+\frac{b_n}{\sqrt{a_n^2+b_n^2}}\sin n\omega t\right]\\ &=A_n\sin(n\omega t+\varphi_n) \end{aligned} \tag{7.21}$$

其中,$A_n=\sqrt{a_n^2+b_n^2}$,$\varphi_n=\tan^{-1}\left(\dfrac{a_n}{b_n}\right)$。

为了直观而形象地表达一个周期函数分解为傅里叶级数后包含了哪些频率的分量及各频率分量的比重,我们引出频谱图的概念,以各谐波频率为横轴,以谐波幅值为纵轴作图。

以上面例题 7-2 的情况为例进行说明,经傅里叶变换分解后可得

$$f(t)=\frac{4}{\pi}\left[\sin\omega t+\frac{1}{3}\sin3\omega t+\frac{1}{5}\sin5\omega t+\cdots\right] \tag{7.22}$$

MATLAB 作图源程序如下(FS_Ex4.m 续):

```
figure(2)
y=[];
for n=1:2:5
    A=eval(bn);              % 求取赋值
    y=[y,A];
end
bar(y,0.01);
```

```
set(gca,'xticklabel',{'1w','3w','5w'});
```

　　运行结果如图 7-4 所示。图中绘制了各次谐波的振幅随频率变化的分布情况。用长度与各次谐波振幅大小相对应的线段按频率的高低把它们依次排列起来就可以得到 $f(t)$ 的频谱图。

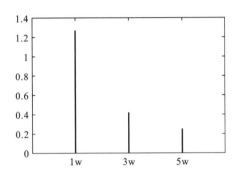

图 7-4　三角函数形式傅里叶变换的频谱图

　　这种频谱只表示各次谐波分量的振幅,为 $f(t)$ 的振幅频谱,简称频谱。由于 $n=0$, $1,2,\cdots$,所以振幅频谱的图形不是连续的,振幅频谱是离散谱。频谱图能清楚地表明一个非正弦周期函数包含哪些频率的谐波分量及各分量所占的比重。进一步又可以求出谐波畸变率,它指各次谐波有效值平方和的方根值与基波有效值的百分比。

7.3.4　指数形式的傅里叶级数

　　利用欧拉公式

$$\mathrm{e}^{\mathrm{j}n\omega t}=\cos n\omega t+\mathrm{j}\sin n\omega t \tag{7.23}$$

易推导得到

$$\cos n\omega t=\frac{\mathrm{e}^{\mathrm{j}n\omega t}+\mathrm{e}^{-\mathrm{j}n\omega t}}{2}$$

$$\sin n\omega t=\mathrm{j}\,\frac{\mathrm{e}^{-\mathrm{j}n\omega t}-\mathrm{e}^{\mathrm{j}n\omega t}}{2} \tag{7.24}$$

　　可把式(7.19)化为指数形式的傅里叶展开:

$$f(t)=\frac{a_0}{2}+\sum_{n=1}^{\infty}\left(a_n\,\frac{\mathrm{e}^{\mathrm{j}n\omega t}+\mathrm{e}^{-\mathrm{j}n\omega t}}{2}+b_n\mathrm{j}\,\frac{\mathrm{e}^{-\mathrm{j}n\omega t}-\mathrm{e}^{\mathrm{j}n\omega t}}{2}\right)$$

$$=\frac{a_0}{2}+\sum_{n=1}^{\infty}\frac{a_n-\mathrm{j}b_n}{2}\mathrm{e}^{\mathrm{j}n\omega t}+\sum_{n'=-1}^{-\infty}\frac{a_{-n'}+\mathrm{j}b_{-n'}}{2}\mathrm{e}^{\mathrm{j}n'\omega t} \tag{7.25}$$

其中,$n'=-n$。

　　令 $F_0=\dfrac{a_0}{2}$,$F_n=\dfrac{a_n-\mathrm{j}b_n}{2}$,$F_{-n}=\dfrac{a_n+\mathrm{j}b_n}{2}$,$n=1,2,3,\cdots$,合并 n 和 n' 为 n,可得

$$f(t)=\sum_{n=-\infty}^{\infty}F_n\mathrm{e}^{\mathrm{j}n\omega t} \tag{7.26}$$

　　由式(7.26)可以看出,$f(t)$ 变成了以 $\mathrm{e}^{\mathrm{j}n\omega t}$ 为变量且以 F_n 为系数的一系列复指数函数的和,因此可以说 $f(t)$ 是由 $\mathrm{e}^{\mathrm{j}n\omega t}$ 构成的,即

$$f(t)=F_{-\infty}\mathrm{e}^{\mathrm{j}-\infty\omega t}+\cdots+F_{-1}\mathrm{e}^{-\mathrm{j}\omega t}+F_0+F_1\mathrm{e}^{\mathrm{j}\omega t}+\cdots+F_{\infty}\mathrm{e}^{\mathrm{j}\infty\omega t} \tag{7.27}$$

　　为求解式(7.27)右边第 k 项的系数 F_k,令式(7.27)两边同乘 $\mathrm{e}^{-\mathrm{j}k\omega t}$,然后在一个周

期内进行积分。由三角函数的正交性可知,右边只有 $n=k$ 的项会留下来,即

$$\int_{-\frac{T}{2}}^{\frac{T}{2}} f(t) \mathrm{e}^{-\mathrm{j}k\omega t}\,\mathrm{d}t = \sum_{n=-\infty}^{\infty} F_n \int_{-\frac{T}{2}}^{\frac{T}{2}} \mathrm{e}^{\mathrm{j}n\omega t}\,\mathrm{e}^{-\mathrm{j}k\omega t}\,\mathrm{d}t = F_k \int_{-\frac{T}{2}}^{\frac{T}{2}} \mathrm{e}^{\mathrm{j}k\omega t}\,\mathrm{e}^{-\mathrm{j}k\omega t}\,\mathrm{d}t = TF_k$$

$$\Rightarrow F_k = \frac{1}{T} \int_{-\frac{T}{2}}^{\frac{T}{2}} f(t) \mathrm{e}^{-\mathrm{j}k\omega t}\,\mathrm{d}t \tag{7.28}$$

同样的,我们以例题 7-2 为基础,对它进行指数形式的傅里叶变换。

例题 7-3 已知周期为 T 的函数 $f(t)$ 在一个周期内的表达式为

$$f(t) = \begin{cases} 1, & 0 < t \leqslant T/2 \\ -1, & T/2 < t \leqslant T \end{cases}$$

求 $f(t)$ 指数形式的傅里叶级数展开。

解题过程:

由例题 7-2 的分析可知:

$$a_n = 0$$

$$b_n = \begin{cases} \dfrac{4}{n\pi}, & n \text{ 为奇数} \\ 0, & n \text{ 为偶数} \end{cases} \tag{7.29}$$

则指数形式的傅里叶展开式中,有

$$\begin{cases} F_n = \dfrac{a_n - \mathrm{j}b_n}{2} = \begin{cases} \dfrac{2}{\mathrm{j}n\pi}, & n \text{ 为奇数} \\ 0, & n \text{ 为偶数} \end{cases} & (n=1,2,3,\cdots) \\[4mm] F_{-n} = \dfrac{a_n + \mathrm{j}b_n}{2} = \begin{cases} \dfrac{2}{-\mathrm{j}n\pi}, & n \text{ 为奇数} \\ 0, & n \text{ 为偶数} \end{cases} & (n=1,2,3,\cdots) \\[4mm] F_0 = a_0 = 0 \end{cases} \tag{7.30}$$

再次合并正负号部分,有

$$f(t) = \frac{2}{\mathrm{j}n\pi}\mathrm{e}^{\mathrm{j}n\omega t} + \frac{2}{\mathrm{j}n'\pi}\mathrm{e}^{\mathrm{j}n'\omega t} = \frac{2}{\mathrm{j}n\pi}\mathrm{e}^{\mathrm{j}n\omega t} - \frac{2}{\mathrm{j}n\pi}\mathrm{e}^{-\mathrm{j}n\omega t}$$

$$= \frac{2}{\mathrm{j}\pi}(\mathrm{e}^{\mathrm{j}\omega t} - \mathrm{e}^{-\mathrm{j}\omega t}) + \frac{2}{\mathrm{j}3\pi}(\mathrm{e}^{\mathrm{j}3\omega t} - \mathrm{e}^{-\mathrm{j}3\omega t})$$

$$+ \frac{2}{\mathrm{j}5\pi}(\mathrm{e}^{\mathrm{j}5\omega t} - \mathrm{e}^{-\mathrm{j}5\omega t}) + \cdots \tag{7.31}$$

如果我们把此时的指数 $\mathrm{e}^{\mathrm{j}n\omega t} - \mathrm{e}^{-\mathrm{j}n\omega t}$ 用欧拉公式展开,可以发现 $f(t)$ 的指数形式的傅里叶级数展开和三角形式的傅里叶级数展开(即式(7.22))是一回事。

在复指数形式中,第 k 次谐波为

$$F_k \mathrm{e}^{\mathrm{j}k\omega t} + F_{-k} \mathrm{e}^{-\mathrm{j}k\omega t} \tag{7.32}$$

其中,

$$\begin{cases} F_k = \dfrac{a_k - \mathrm{j}b_k}{2} \\[3mm] F_{-k} = \dfrac{a_k + \mathrm{j}b_k}{2} \end{cases}$$

两者共轭,并且有 $|F_k| = |F_{-k}|$,它正好是三角形式的傅里叶级数展开的幅值的一半。同时再观察式(7.21)可知,复数 F_k 的辐角实际就是对应次数谐波的相角。

根据式(7.31)编程如下(FS_Ex5.m):

```
% 计算傅里叶变换的系数
clear all
syms n x fb
wb=2*pi*fb;
T=1/fb
% 一个周期积分
Fn=1/T*(int(-1*exp(-j*n*wb*x),x,-T/2,0)+int(exp(-j*n*wb*x),x,0,T/2))
Fn=simplify(Fn)
% 到此,Fn为符号函数
fb=50;                    % 基波频率
T=1/fb;                   % 周期
Ts=-T;                    % 起始时间
Te=2*T;                   % 结束时间
TS=Ts:T/1000:Te;          % 跨 3 个周期
wb=2*pi*fb;
hold on
fs=0;
y=[];
for n=-5:2:5
    A=eval(Fn);           % 将实际数字代入 n,计算 Fn,一般是复数
    y=[y,abs(A)];         % abs 求取幅值
end
bar(y,0.01);
set(gca,'xticklabel',{'-5w','-3w','-1w','1w','3w','5w'});
```

运行结果:

```
Fn=
-(exp(-pi*n*1i)*(exp(pi*n*1i)*1i-1i)^2*1i)/(2*n*pi)
```

运行结果如图 7-5 所示。

程序中,符号变量积分的结果 $F_n = \dfrac{-\mathrm{e}^{-\mathrm{j}\pi n}(\mathrm{j}\mathrm{e}^{\mathrm{j}\pi n}-\mathrm{j})^2\mathrm{j}}{2n\pi}$,显然,当 n 为偶数时,$F_n = 0$,当 n 为奇数时,$F_n = \dfrac{-\mathrm{j}b_n}{2} = \dfrac{2}{\mathrm{j}n\pi}$,与式(7.30)利用三角函数系数 a_n 和 b_n 组合计算的结果相同。

$f(t)$ 的三角形式的傅里叶展开和指数形式的傅里叶展开在本质上来说是一致的,它们的区别在于指数形式的傅里叶展开引入了"负频率"的概念,其把 $f(t)$ 的频谱图展开成了对称的两半,并且当频率的绝对值相同时,三角形式的傅里叶展开的幅值是指数形式的傅里叶展开的幅值的两倍,即

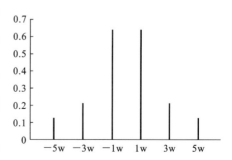

图 7-5　指数形式傅里叶变换的频谱图

$$A_n = 2 \, | F_n |　\tag{7.33}$$

以上说明指数形式的傅里叶变换和三角函数形式的傅里叶变换的本质是一样的。

7.3.5　频谱图和时域图的关系与由来

由傅里叶变换可知,信号是可以被分解的,一个周期变化的波可以由不同频率的正弦波叠加而成。时域分析和频域分析便是信号的两个不同的观察面。时域分析以时间轴为基础表示动态信号,而频率分析则以频率轴为基础。时域分析是形象而直观的,频率分析则更为简练,它们相辅相成,而傅里叶变换就是贯穿时域分析和频域分析的钥匙。

如图 7-6 所示,最左边的矩形波是由右边的正弦波叠加而成的,右边用来叠加的正弦波越多,所叠加而成的波就越来越接近于矩形。

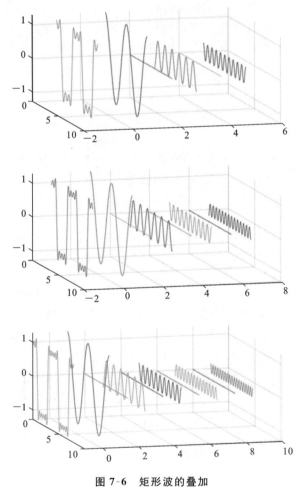

图 7-6　矩形波的叠加

把最低的频率分量记作 ω_0,就可以构造频域最基本的单元。其他数倍于 ω_0 的频率都是构成矩形波的最基本的"单元",它们也可以被称为频域的基。

当频率为 0 时,$\cos 0x$ 是一个周期无限大的正弦波,它就是一条直线,在傅里叶变换函数的叠加中,它的作用是把函数图像进行上下平移而不改变波的形状。

例题 **7-4** 设有方波如图 7-7 所示,对其进行傅里叶分析,并绘制相关波形组合。

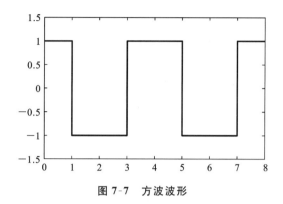

图 7-7 方波波形

解题过程:

根据图示波形,该函数为偶函数,周期为 4 s。绘制原始波形的程序如下(FS_Ex6. m):

```
clear all
% 绘制原始波形
figure(1)
t=0:0.01:8;
T=4;
ft=t;
for N=1:length(t)
    temp=rem(abs(t(N)),T);
    if temp>1 &&temp<3
        ft(N)=-1;
    else
        ft(N)=1;
    end
end
plot(t,ft)
axis([0 8-1.5 1.5])
```

由于原始信号为偶函数,因此只需要考虑在 cos 基函数上的投影,计算系数的程序
如下(FS_Ex6. m续):

```
% 计算傅里叶变换的系数
% 周期为 4 s,偶函数,只需考虑 cos 基函数
f=1/T;
syms n x          % 符号表达式
wb=2*pi*f;        % 角频率
% 直流分量,上下对称
a0=2/T*(int(1,x,-1,1)+int(-1,x,1,3));
% n 次谐波表达式
an=2/T*(int(cos(n*wb*x),x,-1,1)-1*int(cos(n*wb*x),x,1,3));
an=simplify(an) % 幅值,偶函数,只计算 cos 基函数的系数
```

可以得到

$$a_n = \frac{4}{n\pi}\left(\sin\frac{n\pi}{2}\right)^3 \tag{7.34}$$

因此,原始表达式的傅里叶级数表达为

$$f(t) = \frac{1}{2} + \sum_{n=1}^{\infty} \frac{4}{n\pi}\left(\sin\frac{n\pi}{2}\right)^3 \cos\frac{n\pi t}{2} \tag{7.35}$$

绘制 1~5 次,1~7 次,1~9 次谐波合成波形的程序如下(FS_Ex6.m 续):

```
figure(2) % 三维绘图
w=2*pi*f;
hold on
for k=1:3 % 绘制 3 次,分别为 5,7,9 次的叠加
    subplot(3,1,k);
    hold on
    fs=0;
    for n=1:(3+k*2) % 5,7,9 次
        M=eval(an);                              % 计算 n 次谐波的幅值
        fn(n,:)=M*cos(n*w*t);                    % n 次谐波的正弦波波形数据
        %        x y(每个点的 y 方向上均为 n)    z
        plot3(t,n*ones(1,length(t)),fn(n,:))     % 绘制各次波形
        fs=fs+fn(n,:);                           % 对各次进行叠加
    end
    %      x  -1绘制在最前面
    plot3(t,-1*ones(1,length(t)),fs)             % 绘制合成波形
    grid on
    view(75,20)                                  % 改变视角
end
```

程序运行结果如图 7-6 所示。频谱图的概念可以由此矩形波的分类计算过程进行说明,绘制程序如下(FS_Ex6.m 续):

```
figure(3)
fb=0;
for n=1:(3+k*2)
    M=abs(eval(an));
    fb(n)=M;
end
bar(fb,0.02);
```

绘制结果如图 7-8 所示,横坐标暂时用倍频表示,纵坐标为对应的 n 次谐波的幅值。

时域图与频谱图的关系可以用图 7-9 表示,绘制程序(FS_Ex6.m 续)如下:

```
figure(4)
hold on
fn=zeros(3+k*2,length(t));
```

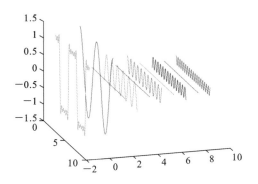
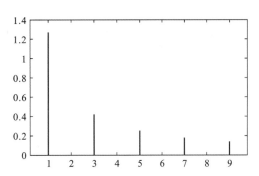

图 7-8 频谱图

```
fs=zeros(1,length(t));
for n=1:(3+k*2)
    M=eval(an);
    fn(n,:)=M*cos(n*w*t);
    plot3(t,n*ones(1,length(t)),fn(n,:))    % 绘制各次波形
    fs=fs+fn(n,:);
end
plot3(t,-1*ones(1,length(t)),fs)            % 绘制合成波形
view(60,20)                                 % 改变视角
%
L=length(fb);
barT0(0,fb);                                % 在 x=0 处,延 y 方向展开绘制高度
plot3(t,10*ones(1,length(t)),ft)
grid on
view(75,20)                                 % 改变视角
```

其中,barT0 函数的实现参看编程知识点讲解。

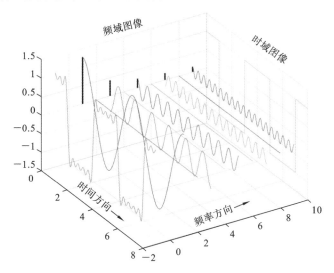

图 7-9 时域图与频谱图的关系

7.4 编程知识点

7.4.1 plot3 函数

plot(x,y)函数在二维坐标系上连接 x,y 两个坐标序列所表示的点,点与点之间用直线相连。plot3(x,y,z)函数则在三维坐标中完成类似的工作。

plot3 函数的调用格式为 plot3(X,Y,Z,LineSpec),其中,LineSpec 与 plot 相同,可以指定相关属性。绘制螺旋线的程序示例如下:

```
z=0:pi/50:4*pi;          % 纵坐标,可视为时间轴
x=sin(z);                % 对应的 x 坐标
y=cos(z);                % 对应的 y 坐标
plot3(x,y,z,'-.k','LineWidth',2)
grid on
```

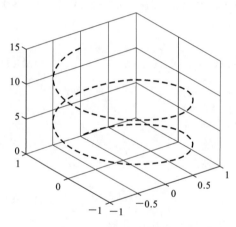

图 7-10 plot3 应用案例

7.4.2 bar 函数

条形图是常用的图形之一,绘制条形图主要用到四个函数:bar、bar3、barh、bar3h。

bar 函数用于绘制二维垂直条形图,调用格式为 bar(x,y,width),width 为设定宽度,默认为 0.8,示例如下:

```
x=1:2:10;
y=[3,5,2,9,4];
bar(x,y);     % 若直接 bar(y),则默认 y 值依次为 1,2,3,4,5
```

程序运行结果如图 7-11 所示,若设置 width＝1,则条形图将紧密连接在一起。更为复杂的效果显示可以参考帮助文件。

bar3 函数用于绘制三维垂直条形图,调用格式为 bar3(y,z,width),width 为设定宽度,默认为 0.8,示例如下:

```
y=-3:1;
z=10*rand (5,2);
bar3(y,z,0.01);
```

运行结果如图 7-12 所示。

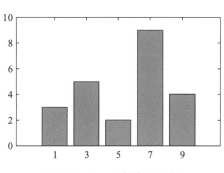

图 7-11　bar 函数应用示例

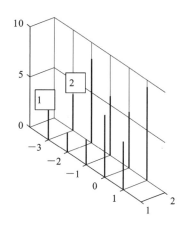

图 7-12　bar3 函数应用示例

barh、bar3h 函数用于在水平方向上绘制图形,读者可自行查阅相关案例。bar3 函数的不足之处是无法指定第三维,在水平面上看,第 1 根竖线的位置实际为(−3,1),第 2 根竖线的位置实际为(−3,2),即第三维坐标只能为正自然数。对于图 7-12,我们需要在第三维坐标为 0 的地方绘制谱线高度,使用 bar3 函数则无法完成该操作,但可编写下面的 barT0 函数进行操作:

```
function barT0(x0,z0)
for i=1:length(z0)
    % 每条线都由两个点组成,分别得到它们的 x,y,z 坐标
    x=x0*ones(1,2);         % x 方向
    y=i*ones(1,2);
    z=[0,z0(i)];
    % 用 plot3 连接两个点
    plot3(x,y,z,'k','LineWidth',2);
end
```

7.5　小结

谐波分析最重要的思想就是"分解",想要分析一个给定波形的谐波信息,就需要寻找一种能够分解函数的数学方法。提到函数的分解,会令人联想到向量的分解,函数分解的本质与向量分解的是一致的。可以用正交空间与正交基解释傅里叶级数分解的本质——找到函数在正交基上的投影。

傅里叶级数有两种形式:三角形式的傅里叶展开和指数形式的傅里叶展开,联系两者的纽带是著名的欧拉公式。这两种形式的展开各有优点,但对于编程来说还是存在

一个问题,即需要进行积分计算,这会导致在计算大量数据时大大降低计算的速度。基于此,导出了快速傅里叶变换算法,但在进行数据采集时,即使采样频率满足奈奎斯特定理(香农采样定律),但由于不可能实现严格同步采样,泄漏效应必将影响采用 FFT 算法算出的电气参数(即频率、幅值和相位等)的准确度。进一步又推出了汉宁窗算法等,以及插值公式,可以提高 FFT 算法的精度。整个过程一环套一环地推进性地解决问题,体现了科学研究的持续性。

8

离散傅里叶变换及其应用

第 7 章中采用积分方法对傅里叶级数进行了计算,积分的上下限为 0～T 或－T/2～T/2,即分析的对象都是周期信号,非周期信号的处理在第 9 章中介绍。但就实际工程项目来说,无论是在人工处理时代还是在自动控制时代,我们获取外界信息时不可能完全连续地进行,而是采用了采样(离散)的方式。因此,工程上绝大多数傅里叶变换的应用都是采用离散傅里叶变换,更确切地说,是快速傅里叶变换。

8.1 离散傅里叶变换

8.1.1 DFT 表达式

在信息时代,计算机处理技术充斥在人类生活的各个领域,信号 $f(t)$ 都是经过采样后进入计算机的。在前面描述中,我们已经知道,对于周期为 T 的连续信号 $f(t)$,有

$$F(n\omega) = \frac{1}{T}\int_{-\frac{T}{2}}^{\frac{T}{2}} f(t)\mathrm{e}^{-\mathrm{j}n\omega t}\,\mathrm{d}t \quad (n = -\infty, \cdots, -2, -1, 0, 1, 2, \cdots, \infty) \quad (8.1)$$

进一步,若 $f(t)$ 是通过计算机采样得到的,一个周期均匀采样 N 点,则可以将积分公式变成求和公式。注意到下面三个事实:

(1) $\omega = 2\pi/T$;

(2) 对第 i 个采样点,有 $t = (i-1) \times T/N$;

(3) $\mathrm{d}t = T/N$。

从而有

$$F(n\omega) = \frac{1}{N}\sum_{i=1}^{N} f(i)\mathrm{e}^{-\mathrm{j}n\frac{2\pi}{T}\frac{T}{N}(i-1)} = \frac{1}{N}\sum_{i=1}^{N} f(i)\mathrm{e}^{-\mathrm{j}\frac{2\pi}{N}n(i-1)} \quad (8.2)$$

式(8.2)就是 DFT,式(8.2)实际是以离散形式计算 $f(t)$ 在正交空间基上的投影,这里在介绍傅里叶变换前介绍离散傅里叶变换。

注意式(8.2)对 n 的取值范围没有做规定,后文中的 FFT 则将其限定在 0～N－1,同时,多数教科书中的 i 从 0 取到 $N-1$,考虑到便于与 MATLAB 中的变量对应,数组下标从 1 开始,这里对式(8.2)的下标进行些许修改。

例题 8-1 对 50 Hz 的方波信号,每周期(周波)采样 20 点,用 DFT 方法对其分

析,并绘制相关频谱图。

解题过程:

虽然式(8.2)中没有限制 N 的范围,但根据香农采样定律,每周波采样 20 点,实际最高能分辨的谐波次数也就是 10 次。根据式(8.2)编程如下(DFT_Ex1. m):

```matlab
clear all
N=20;                            % 采样长度
x=[ones(1,N/2),zeros(1,N/2)];    % 方波序列
f=50    % 50hz;
w=2*pi*f;
T=1/f;
Nn=10;                           % 谐波次数
Fn=zeros(1,2*Nn+1)';             % 计划算 10 次谐波,存放- 10~10
ns=0;
for k=-Nn:Nn                     % 第 k 次谐波,正负对称
    ns=ns+1;                     % 做下标用
    for i=1:N                    % 累加
        Fn(ns)=Fn(ns)+x(i)*exp(-j*2*pi/N*k*(i-1));
    end
    Fn(ns)=Fn(ns)/N;
end
FnM=abs(Fn)                      % 取幅值
figure(1);
fn=(-Nn:Nn)*f;                   % 对应频率换算
bar(fn,FnM,0.05);
% 采用积分计算的理论值
syms t;
ns=0;
w=2*pi*1/T;
for k=-Nn:Nn
    ns=ns+1;                     % 做下标用
    Ft(ns)=1/T*int(exp(j*k*w*t),t,0,T/2);
end
FtM=eval(abs(Ft))'
figure(2)
fn=(-Nn:Nn)*f;                   % 对应频率换算
bar(fn,FtM,0.05);
```

程序运行结果如图 8-1 所示。

理论值为 $a_0 = 0.5, a_n = \pi/n$,可以尝试修改采样点的数量 N,计算结果比较如表 8-1 所示。

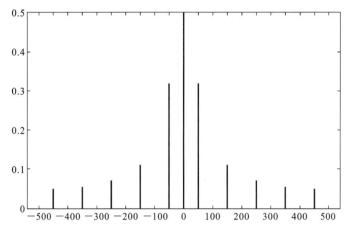

图 8-1 Nn＝10 时 50 Hz 方波的 DFT 分析结果

表 8-1 DFT 计算结果比较

n \ N	20	50	100	理 论 值
0	0.500000000000000	0.500000000000000	0.500000000000000	0.500000000000000
1	0.319622661074983	0.318519422198173	0.318362252090976	0.318309886183791
3	0.110134463229263	0.106734228245849	0.106260537962831	0.106103295394597
5	0.0707106781186548	0.064721359549996	0.063924532214997	0.063661977236758
7	0.0561163118817181	0.046972693121087	0.045841438570274	0.045472840883399
9	0.0506232562894002	0.037325494334011	0.035843436523722	0.035367765131532

香农采样定律提到：在进行模拟/数字信号转换时，当采样频率 f_s 大于信号最高频率 f_{max} 的 2 倍时，采样之后的数字信号将完整地保留原始信号中的信息，但也仅仅是可从采样信号中分辨出频率为 f_{max} 的信号的存在，并不能说明信号的类型，例如对于幅值为 1 的 50 Hz 的方波和 50 Hz 的正弦波，使用 100 Hz 的采样频率进行采样，得到的可能是相同的采样序列，无法分辨波形。

因此，当采样点数为 20($f_s＝20×50＝1000$ Hz)时，想要确定 9 次谐波($f_{max}＝450$ Hz)的存在，是可以做到的，但无法准确计算幅值。

事实上，将程序中的 Nn 修改为 20，可尝试绘制更高次的谐波分量，如图 8-2 所示。

可见，采用 DFT 时，频谱是周期离散的，伴随有频谱叠加。使用傅里叶变换公式绘制相应的分析结果，如图 8-3 所示。

将采样点增加为 100($f_s＝1000×50＝5000$ Hz)，表 8-1 中的 9 次谐波幅值计算精度相对可以接受，但 DFT 依然受到离散代替积分、频率混叠两方面的影响，误差始终是存在的。

8.1.2 快速傅里叶变换(FFT)

一般来说，DFT 的运算量是非常大的，其应用领域一直难以拓展，而 FFT 的提出使 DFT 更易应用。采用 DFT 算法能使计算机计算离散傅里叶变换所需要的乘法次数

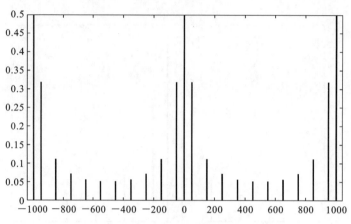

图 8-2   Nn＝20 时 50 Hz 方波的 DFT 分析结果

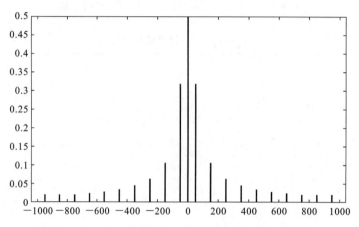

图 8-3   Nn＝20 时 50 Hz 方波的傅里叶级数分析结果

大为减少,特别是被变换的采样点数 N 越多,FFT 算法计算量的节省就越显著。FFT 主要以加、减法及延迟运算为主,伴以少量的乘法运算,与最初 DFT 相比,其省去了大量的乘法运算,计算量较 DFT 小得多。

定义 $W_N = \mathrm{e}^{-\mathrm{j}\frac{2\pi}{N}}$,则可以写出

$$F(n) = \sum_{i=1}^{N} f(i) W_N^{n(i-1)} \quad (n=0,1,2,\cdots,N-1) \tag{8.3}$$

式(8.3)中有两个地方需要特别注意。

(1) n 的下标从 0 开始(直流分量),到 $N-1$ 结束,意味着 fft 算法将 N 个时域采样点变成 N 个频域的离散数据。根据前面说明,实际只有到 $n=N/2$ 次谐波成分有分析意义。

(2) 略去了系数 $1/N$,计算后需要用户自己重新乘回来。

从公式上看,DFT 与 FFT 貌似没有区别,只是符号上的差别。但实际上 W_N 为单位圆上的一个相量,W_N^n 在 n 从 0 变化到 N 的过程中,把圆周等分成了 N 份,具有明显的周期性和对称性(一般要求 N 为 2 的若干次方,即 $N=2^k$)。FFT 利用这一点,采用蝶形算法将乘法和加法的次数大大降低(N 越大越显著)。

我们这里只举例说明 FFT 函数的用法,关于算法的原理不在本书的讨论范围内。

下面程序验证了以上说法的正确性(FS_FFTEx.m)。

```
N=20;                              % 采样长度(点数)
x=[ones(1,N/2),zeros(1,N/2)];      % 方波序列
Fn=fft(x);
FnM=abs(Fn)';                      % 取幅值
bar(0:(N-1),FnM,0.05)
```

运行结果如图 8-4 所示。对比图 8-2 可知,其幅值被放大了 N 倍。将位置重新从 0 开始进行编号,第 0 个数据为直流分量大小,第 i 个数据为第 i 次谐波的幅值。程序中 FnM 的计算结果除以 N 后,与表 8-1 中的 $N=20$ 时的结果是完全一致的。

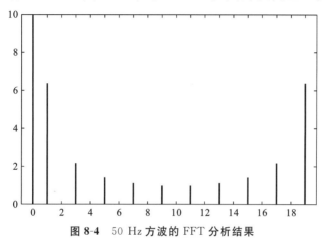

图 8-4 50 Hz 方波的 FFT 分析结果

8.2 计 算 案 例

8.2.1 谐波分析

假设有一个信号,其含有一个频率为 50 Hz、相位为 30°、幅值为 100 V 的交流信号,以及一个频率为 150 Hz,相位为 90°、幅值为 20 V 的交流信号,则数学表达式为

$$F(t)=100\sin\left(2\pi\times50\times t+\frac{\pi}{6}\right)+20\sin\left(2\pi\times150\times t+\frac{\pi}{2}\right) \tag{8.4}$$

取采样频率为 (50×128) Hz,即每周波采样 128 个点,编写基于 FFT 的谐波分析程序如下(DFT_Harmonic.m):

```
fb=50;                             % 理论频率
N=128;                             % 每周波采样点数
fs=50*N;                           % 采样频率
t=0:1/fs:0.02;                     % 采样时间点,一个周波
t=t(1:N);                          % 只取 128 个点
x=100*cos(2*pi*fb*t+pi/6)+20*cos(2*pi*3*fb*t+pi/2);   % 信号

Fn=fft(x)                          % 快速傅里叶变换
fn=(0:(N-1))*fb;                   % 实际谱线对应频率
```

```
FnM=abs(Fn)/N;                  % 求取幅值
bar(fn,FnM,0.05)                % 绘制谱线
% 50Hz 的分量求解结果
FM50=abs(Fn(2))*2/N
Ang50=angle(Fn(2))*180/pi
% 150Hz 的分量求解结果
FM150=abs(Fn(4))*2/N
Ang150=angle(Fn(4))*180/pi
```

运行结果：

```
FM50=
    100
Ang50=
   30.000000000000011
FM150=
    20
Ang150=
   89.999999999999972
```

Fn(1)为直流分量，Fn(2)为基波，Fn(1+n)为 n 次谐波分量。由结果可见，程序能够较为精确地计算出 50 Hz 基波和 150 Hz 谐波的幅值和相位，原始波形和频谱图如图 8-5 所示。

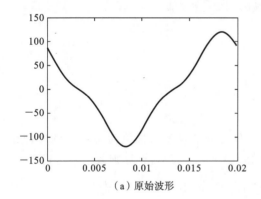
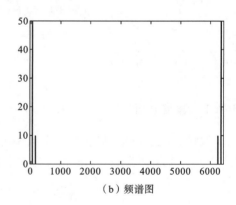

（a）原始波形　　　　　　　　　　　（b）频谱图

图 8-5　FFT 的谐波分析结果

8.2.2　频谱分析

为满足蝶形算法的需求，通常快速傅里叶变换的 fft 函数的输入和输出都是 2^k，并且这 2^k 个采样点被视为一个周期内的数据。占空比是指在一个脉冲循环内，通电时间占总时间的比例。例如脉冲宽度为 1 μs，信号周期为 4 μs 的脉冲序列的占空比为 0.25。可以编写以下程序观察占空比不同时，信号的频谱图（DFT_fft.m）。

```
clc;
clear;
```

```
n=100;                          % 起点
for k=1:3
    nw=(k-1)*20+10;             % 信号宽度
    x=zeros(256,1);             % 信号长度 256= 2^8
    for i=n:n+nw
        x(i)=1;                 % 为 1 部分
    end
    f=fft(x);                   % 快速傅里叶变换,x,f 的长度都是 256
    % fft 后的 f(1)是直流分量,f(2:128)与 f(129:256)部分对称
    figure(1);                  % 绘制图形
    subplot(3,2,2*(k-1)+1);     % 子图
    plot(x);                    % 信号
    axis([0 300 -1 2])
    title(['信号,占空比=', num2str(nw/256*100),'% ']);
    subplot(3,2,2*(k-1)+2);     % 子图
    f=fftshift(f);              % 移动频谱中心
    plot(abs(f));               % fft 后的 f(128)是直流
    title('频谱');
end
```

程序运行结果如图 8-6 所示。

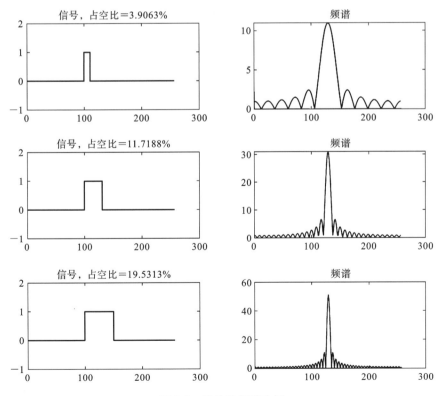

图 8-6 脉冲的频谱分析

图 8-6 中的频谱貌似为连续形式的,实际为离散形式的(bar 与 plot 的区别)。图 8-6 表明,随着占空比的提高,高次谐波成分越来越小。根据前面的理论,我们可以思考以下几个问题。

(1)绘制谱线用到了 f 变量的 1~128 个分量值,每一个分量值代表的频率是多少?这里要注意到 256 个采样点是一个周期的数据,其实并没有定义对应的实际采样时间点,那么怎么去理解不同频率的脉冲信号得到的 f 的 1~128 个分量值所代表的频率呢?

(2)占空比越来越大时,进行频谱中心移动前,f(1)代表的值(直流分量)越来越大,那么占空比为 1 的时候,频谱会变成什么样? 计算得到的 f(1)会是多少? 请从理论和公式方面来解释为什么会这样。

8.2.3 图像处理

目前数字图像处理技术的应用日益广泛,例如手机相机的美颜、瘦脸功能。数字图像处理的理论复杂、计算量大,原本是非常枯燥和难学的。MATLAB 的图像处理工具箱给有需要的专业工程人员提供了非常便利的学习和应用工具,相关人员在入门阶段就可以快速了解相关算法的作用。

在数字图像处理中,去噪是一个经常进行的操作。从图 8-6 中我们可以看出,突变的信号有较多的高频分量,图像中的其他大部分内容则主要集中在低频部分。因此,对空间图像进行傅里叶变换后,可以得到这个图像对应的频域的相位和幅值。

对于相位而言,一般情况下不对其做处理。幅值则主要代表能量的大小,也就是每一个频率上的能量大小。将高频部分的能量值置为 0,就可以去除噪声。

需要注意的是,二维图像的傅里叶变换使用函数 fft2,低频部分集中分布在四个角落,同样可以通过移位函数 fftshift 将其集中到图像的中心,便于处理高频部分。对处理结果使用反移位函数 ifftshift 恢复到原始的分布情况,之后结合相位计算出频率的对应值。最后对其进行傅里叶反变换(或称傅里叶逆变换,ifft)后,即可恢复出时域图像,演示代码如下(DFT_fft2.m):

```
clc;
clear;
A=zeros(256, 256);          % 256*256 像素
A=im2uint8(A);              % 转黑白图像
m=100;                      % 起点 x
n=100;                      % 起点 y
mw=50;                      % 宽度
nw=50;                      % 高度
for i=m:m+mw
    for j=n:n+nw
        A(i,j)=255;         % 一个方块
    end
end
```

```matlab
A=imnoise(A,'gaussian',0.01);        % 添加噪声
figure(1);
subplot(2,2,1);
imshow(A);                           % 显示图像
colorbar
title(['图像,方块宽=', num2str(nw), ',高=', num2str(mw)]);
B=fft2(A);                           % 等价于 B=fft(fft(A).').', 两次 fft
Aangle=angle(B);                     % 保留相位信息
C=abs(fftshift(B));                  % 频谱中心移动,并转换成幅值
figure(1);
subplot(2,2,2);
C1=log(1+C.^10);                     % 避免亮度集中的一种处理方式
imshow(C1,[]),                       % 参数[],对图像进行归一化处理
colorbar
title('图像频谱');
% 对频域幅值图进行操作,滤除高频成分
[m,n]=size(C);
w=20;                                % 保留了图像中心 2w*2w 的图像块
C(1:m/2-w,:)=0;
C(m/2+w:m,:)=0;
C(m/2-w:m/2+w,1:n/2-w)=0;
C(m/2-w:m/2+w,n/2+w:n)=0;
B2=log(1+C.^10);                     % 避免亮度集中的一种处理方式
subplot(2,2,3),
imshow(B2,[]);                       % 去除外围幅值后的幅值图,亮度代表着能量
title('滤除高频后的频谱图');
colorbar
F=ifftshift(C);                      % 反移位,仍是幅值
F=F.*cos(Aangle)+F.*sin(Aangle).*1i; % 幅值和相位还原,得到复数
A1=abs(ifft2(F));                    % 进行傅里叶反变换,得到时域图像
ret=im2uint8(mat2gray(A1));          % 转换为灰度图
subplot(2,2,4),
imshow(ret,[]);                      % 去除高频成分后的图像
title('还原后的图像');
colorbar
```

程序运行结果如图 8-7 所示。

滤除高频分量的操作实际很简单,就是将傅里叶变换结果对应频率位置的幅值置零(读者可以对谐波分析案例中的 150 Hz 分量做同样的处理,再尝试还原波形)。从处理效果看,单一的高频滤波并不能非常理想地将一个简单的方块图像中叠加的高斯噪声滤除,还需要辅以其他处理手段,这里不进一步展开。

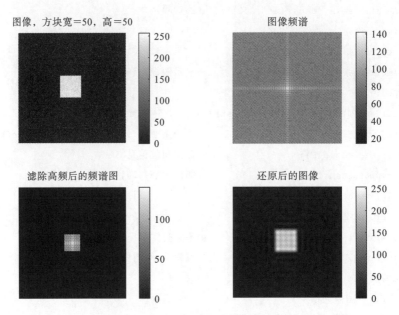

图 8-7 二维图像的傅里叶滤波处理

8.3 编程知识点

8.3.1 num2str 函数

编程时,我们往往要将计算结果以文本的形式对外输出,因此需要使用 num2str 函数将数字转换为字符串,而字符串在 MATLAB 中是以数组的形式进行存储的,因此,可使用[ ]与 num2str 组合来形成新的字符串,例如:

```
>>str=['我今年',num2str(26),'岁了! ']
str=
    '我今年 26 岁了! '
```

案例中的数字 26 只是一个示例,这个数字往往是通过其他计算得到的,其为变量形式的。

8.3.2 im * 系列图像处理函数

图像处理案例中用到了 imshow,imnoise 等函数,im 为 image 的简写,后面的单词表明了其基本功能,常用的图像处理函数有:imread——读取影像;imshow——显示图像;imhist——灰度直方图;imfilter——卷积运算,对图像进行滤波;imwrite——保存图像;imtranslate——平移图像。

图像处理函数非常多,还有其他非 im 开头的图像处理函数,可参考专门的学习资料进行学习。

8.3.3 fft 函数与 ifft 函数

根据帮助文件,常见的 fft 函数使用的语法规则如下。

1. Y＝fft(X)

用快速傅里叶变换 FFT 算法计算 X 的离散傅里叶变换。

(1) 如果 X 是向量,则 fft(X) 返回该向量的傅里叶变换。

(2) 如果 X 是矩阵,则 fft(X) 将 X 的各列视为向量,并返回每列的傅里叶变换。

(3) 如果 X 是一个多维数组,则 fft(X) 将沿大小不等于 1 的第一个数组维度的值视为向量,并返回每个向量的傅里叶变换。

2. Y＝fft(X,n)

返回 n 点 DFT。如果未指定任何值,则 Y 的大小与 X 相同。

(1) 如果 X 是向量且 X 的长度小于 n,则为 X 补上尾零以达到长度 n。

(2) 如果 X 是向量且 X 的长度大于 n,则对 X 进行截断以达到长度 n。

(3) 如果 X 是矩阵,则对每列的处理与向量情况下的相同。

(4) 如果 X 为多维数组,则大小不等于 1 的第一个数组维度的处理与向量情况下的相同。

ifft 为 fft 的反变换,用法与 fft 的类似。

8.3.4 fft2 函数与 ifft2 函数

在图像处理案例中,B＝fft2(A)等价于 B＝fft(fft(A).′).′,等价于做了两次矩阵的 fft,fft 处理矩阵的说明参考上文,可通过观察 fft(A) 变换的结果进行理解。fft(A) 变换结果为复数矩阵,采用.′进行转置时,不进行共轭处理,参见第 1.4.5 小节。ifft2 为 fft2 的反变换。

8.4 小结

FFT 算法效率高,在计算机性能较差的年代,其作用尤其突出。

在进行 FFT 处理时,我们把采样点当成一个周波内的数据。但在实际工程中进行数据采集时,即使采样频率满足香农采样定律,但由于不可能实现严格的同步采样,采集的 N 个点不一定恰好在一个周波,意味着这些数据拼接成的波形会与原始波形有所不同,即产生所谓的泄漏效应。它必将影响采用 FFT 算法算出的电气参数(即频率、幅值和相位等)的准确度。进一步又推出了汉宁窗算法等和插值公式,可以提高 FFT 算法的精度。整个过程一环套一环地推进性地解决问题,体现了科学研究的持续过程。具体数学原理可参考数字信号处理相关书籍。

傅里叶变换及其应用

从傅里叶级数到 DFT 和 FFT,处理的都是周期信号。对于非周期信号,则将其在一个较大的时间尺度上视为周期信号,在工程应用中也是采用离散采样进行计算。从数学角度研究信号的性质时,仍需要采用理论计算方法,因此就有了傅里叶变换的推导。

9.1 傅里叶变换

9.1.1 从周期到非周期

前面描述中,我们已经知道,对于周期为 T 的连续信号 $f(t)$,有

$$F(n\omega) = \frac{1}{T}\int_{-\frac{T}{2}}^{\frac{T}{2}} f(t)\mathrm{e}^{-jn\omega t}\,\mathrm{d}t \quad (n=-\infty,\cdots,-2,-1,0,1,2,\cdots,\infty) \quad (9.1)$$

其频谱为离散的。其中,$f(t)$ 为周期性函数,这一点我们需要注意。此外,当 $T\to\infty$ 时,式(9.1)在形式上也满足式(6.14)定义的广义函数形式,其中,$\mathrm{e}^{-jn\omega t}$ 为分配函数 $g(t)$。

例如,对于一个幅值为 1,并且脉冲宽度为 τ 的周期矩形脉冲,其周期不断变大时,波形如图 9-1 所示。

例题 9-1 对图 9-1(a)所示的矩形脉冲进行傅里叶变换,并绘制其频谱图。

解题过程:

图 9-1(a)所示的矩形脉冲为偶函数形式的,所以,进行傅里叶级数计算时,结果的虚部(sin 分量)都是 0,变换结果显然只有实部。根据式(9.1)可得

$$F(n\omega) = \frac{1}{T}\int_{-\frac{T}{2}}^{\frac{T}{2}} f(t)\mathrm{e}^{-jn\omega t}\,\mathrm{d}t = \frac{1}{T}\int_{-\frac{\tau}{2}}^{\frac{\tau}{2}} \mathrm{e}^{-jn\omega t}\,\mathrm{d}t = \frac{1}{T}\left[\frac{\mathrm{e}^{-jn\omega t}}{-jn\omega}\right]\Bigg|_{-\frac{\tau}{2}}^{\frac{\tau}{2}}$$

$$= \frac{1}{-jn\omega T}\left(j\sin\left(-n\omega\,\frac{\tau}{2}\right) - j\sin\left(n\omega\,\frac{\tau}{2}\right)\right)$$

$$= \frac{\tau\sin\left(n\omega\,\frac{\tau}{2}\right)}{Tn\omega\,\frac{\tau}{2}} = \frac{\tau}{T}\mathrm{Sa}\left(n\omega\,\frac{\tau}{2}\right) = \frac{\tau}{T}\mathrm{Sa}\left(n\pi\,\frac{\tau}{T}\right) \quad (9.2)$$

其中,$\mathrm{Sa}(x)=\sin(x)/x$。编写绘制频谱图的程序如下(T_Pulse.m):

```
clear all
syms t
```

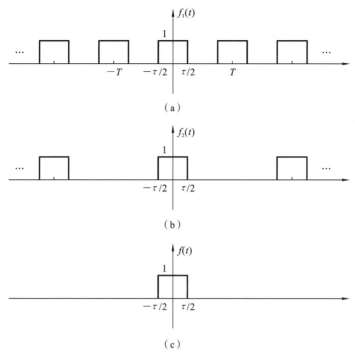

图 9-1 周期不断变大的矩形脉冲

```
tao=0.5;                        %信号长度
T=1;                            %周期
f=1/T;                          %频率
w=2*pi*f;                       %角频率
N=15/f;                         %绘制到 15 倍基波(T 增大,f 变小,N 对应增加)
n=-N:N;                         %保证横坐标谱线显示范围不变
Fn=1/T*int(1*exp(-1j*n*w*t),t,-tao/2,tao/2);    %偶函数
%开始绘制
fn=n*f;                         %n 为基波的倍数,变换回对应的频率值
stem(fn,Fn,'MarkerSize',0.01)%绘制谱线
hold on %锁定
s=sprintf('T=%d,Fmax=%f',T,tao/T);
title(s);
%绘制包络线部分
n2=-N:0.5:N; %绘制包络线,加大密度
Fn2=1/T*int(1*exp(-1j*n2*w*t),t,-tao/2,tao/2); %偶函数
fn2=n2*f;  %变换回频率
plot(fn2,Fn2) %包络线
hold off
```

为了便于理解,设置 $\tau = 0.5\ \text{s}$,$T = 1\ \text{s}$,则基波频率为 $1\ \text{Hz}$,T 逐渐增大时,基波频率 f 逐渐变小。高次谐波角频率为 $n\omega = n \times 2\pi f = n \times 2\pi / T$,$n = 1,2,3,\cdots$,为谐波的次数。要绘制频率保持同样宽度的频谱图像,则需要增加点数,故程序中 $N = 15/f$,以保持绘制的频率范围不变。

进一步,为绘制包络线,程序中通过减小时间间隔增加了绘制点数。示例程序中,$T=1$ s,$f=1$ Hz,在计算 Fn2 时,n2 不为整数,例如在 1.5 Hz 这一位置也会有对应的 Fn 计算结果,原始信号其实并无该谐波分量存在。实际上,这个计算等价于 $T'=2T$ 情况下,基波频率 $f'=0.5$ Hz 的三次谐波成分,处理的不是同一个信号,计算得到的 Fn2 仅用于绘制包络线。

使用 stem 函数绘制茎秆图,并将标记大小(MarkerSize)设置得非常小(间隔的 1%)。程序运行结果如图 9-2 所示。

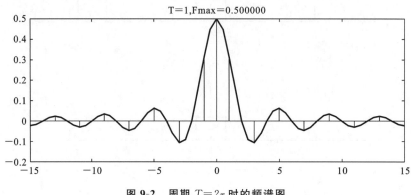

图 9-2 周期 $T=2\tau$ 时的频谱图

图中横坐标的单位为 Hz,由此可知:

(1)基波频率为 1 Hz,按整数倍频,在 2,3,4,$\cdots$,频率点上均有谱线;

(2)偶数次幅值均为 0,这一点从式(9.2)很容易看出,因为此时 $\tau/T=1/2$,故 n 为偶数时,$\mathrm{Sa}(n\pi\tau/T)=0$;

(3)由于假定该信号为偶函数形式的,因此,各次谐波的计算值均只有实部,都是 cos 形式的,为同相位(幅值为正)的或反相位(幅值为负)的;

(4)$n=0$ 时,直流频谱分量有最大值,为 $\mathrm{Fmax}=\tau/T=1/2$,这一点从图中也容易看出,矩形波的 1/2 周期为 1,另外 1/2 周期为 0,相当于平均为 1/2。

保持 τ 不变,对 T 进行加倍延长处理,结果如图 9-1(b)所示。可修改程序中的 T 为 2、4、8,程序运行结果如图 9-3 所示。

由图 9-2 和图 9-3 可以得到周期信号频谱图的特点如下。

(1)具有离散性:频谱图由以基频为间隔的若干离散谱线组成,随着 T 的增大,基波频率越来越低,谱线逐渐靠近。

(2)具有谐波性:谱线仅含有基频的整数倍分量。

(3)具有收敛性:随着 T 的增大,各次谐波的幅值不断减小,程序中的 $\mathrm{Fmax}=\tau/T$ 越来越小。

当 $T\to\infty$ 时,波形已经彻底变为非周期函数,如图 9-1(c)所示。根据上述程序,谱线已经连续(贴合在一起),而幅值降为无限小,程序无法绘制出对应的频谱。从数学角度看,$f(t)$ 是由无限多的无限小的正弦波组合而成的。

9.1.2 从傅里叶级数到傅里叶变换

对非周期连续信号 $f(t)$,我们可以假设它是一个周期函数,它的周期 T 为 ∞。由

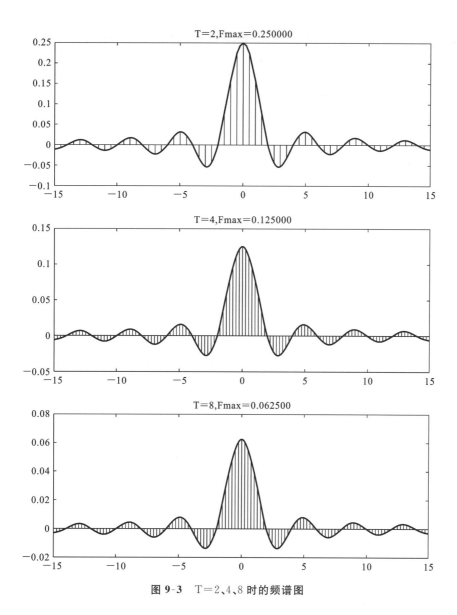

图 9-3 T=2、4、8 时的频谱图

式(9.1)推导出傅里叶变换式,其中,ω 是基波频率,$\omega=2\pi/T$。当 $T\to+\infty$ 时,$\omega\to0$,而且有 $\omega=(n+1)\omega-n\omega=\Delta\omega$,所以间隔 $\Delta\omega\to0$。因此,式(9.1)中,n 和 $n+1$ 对应的两根离散的谱线会越靠越近,最终使 $n\omega$ 从一个离散的量变成一个连续的量。

注意到 $F(n\omega)$ 是 $f(t)$ 在角频率为 $n\omega$ 的谐波分量上的投影大小,根据式(7.26),$f(t)$ 为这些分量的组合,并注意到 $1/T=\omega/2\pi=\Delta\omega/2\pi$,因此有

$$f(t)=\sum_{n=-\infty}^{\infty}F(n\omega)\mathrm{e}^{\mathrm{j}n\omega t}=\lim_{T\to\infty}\sum_{n=-\infty}^{\infty}\left(\frac{1}{T}\int_{-\frac{T}{2}}^{\frac{T}{2}}f(t)\mathrm{e}^{-\mathrm{j}n\omega t}\,\mathrm{d}t\right)\mathrm{e}^{\mathrm{j}n\omega t}$$

↑　　　↑　　　　　　↑　　　　↑
投影大小　谐波成分　　　投影大小　谐波成分

$$=\lim_{\Delta\omega\to0}\sum_{n=-\infty}^{\infty}\left(\Delta\omega\,\frac{1}{2\pi}\underline{\int_{-\frac{T}{2}}^{\frac{T}{2}}f(t)\mathrm{e}^{-\mathrm{j}n\omega t}\,\mathrm{d}t}\right)\mathrm{e}^{\mathrm{j}n\omega t} \tag{9.3}$$

从第二个等式开始,试图观察周期变长后的情况。

（1）式（9.3）中，傅里叶级数表达的系数中不包含 $\Delta\omega/2\pi$ 的部分（双下划线部分）：

$$\int_{-\frac{T}{2}}^{\frac{T}{2}} f(t)\mathrm{e}^{-\mathrm{j}n\omega t}\,\mathrm{d}t \tag{9.4}$$

令 $\omega_n = n\Delta\omega = n\omega$，式（9.4）可以写为

$$F(\omega_n) = \int_{-\frac{T}{2}}^{\frac{T}{2}} f(t)\mathrm{e}^{-\mathrm{j}\omega_n t}\,\mathrm{d}t \xlongequal{T\to\infty} \int_{-\infty}^{\infty} f(t)\mathrm{e}^{-\mathrm{j}\omega_n t}\,\mathrm{d}t \tag{9.5}$$

对比式（9.3）可知，$F(n\omega)$ 与 $F(\omega_n)$ 相差 $\Delta\omega/(2\pi)$。但 $F(\omega_n)$ 还不是我们最终在教科书上看到的傅里叶变换，虽然它们在形式上已经几乎一样，但它们还是有本质区别的（ω_n 还是离散的）。

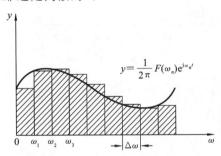

图 9-4　离散求和到连续积分示意图

（2）根据式（9.3），进一步得到

$$f(t) = \lim_{\Delta\omega\to 0}\sum_{n=-\infty}^{\infty} y\Delta\omega$$
$$= \lim_{\Delta\omega\to 0}\sum_{n=-\infty}^{\infty}\frac{1}{2\pi}F(\omega_n)\mathrm{e}^{\mathrm{j}\omega_n t}\Delta\omega \tag{9.6}$$

符号 y 及其意义可以借助图 9-4 来辅助理解。

根据式（9.6），对 $y\times\Delta\omega$ 进行求和（各阴影部分面积之和）的结果为 $f(t)$。显然当 $\Delta\omega\to 0$ 时，ω_n 逐渐演变变成 ω，对离散的长方形求和，也变成对曲线求积分。即当 $\Delta\omega\to 0$ 时，式（9.6）变为

$$f(t) = \frac{1}{2\pi}\int_{-\infty}^{\infty} F(\omega)\mathrm{e}^{\mathrm{j}\omega t}\,\mathrm{d}\omega = \frac{1}{2\pi}\int_{-\infty}^{\infty}\left(\int_{-\infty}^{\infty} f(t)\mathrm{e}^{-\mathrm{j}\omega t}\,\mathrm{d}t\right)\mathrm{e}^{\mathrm{j}\omega t}\,\mathrm{d}\omega \tag{9.7}$$

从而式（9.7）括号中的部分

$$F(\omega) = \int_{-\infty}^{\infty} f(t)\mathrm{e}^{-\mathrm{j}\omega t}\,\mathrm{d}t \tag{9.8}$$

即为连续傅里叶变换的形式，则可以看出，非周期信号的频谱显然是连续的，范围从 $-\infty$ 到 ∞。对比广义函数的定义，式（9.8）定义了一个从 $f(t)$ 到 $F(\omega)$ 的广义函数 $g(t) = \mathrm{e}^{-\mathrm{j}\omega t}$。

将式（9.8）代回式（9.7），可以得到傅里叶逆变换的形式：

$$f(t) = \frac{1}{2\pi}\int_{-\infty}^{\infty} F(\omega)\mathrm{e}^{\mathrm{j}\omega t}\,\mathrm{d}t \tag{9.9}$$

因此，$F(n\omega)$、$F(\omega)$ 是不同的，它们一个用于计算周期信号，一个用于计算非周期信号，写在下面进行对比：

$$\begin{cases} F(n\omega) = \dfrac{1}{T}\displaystyle\int_{-\frac{T}{2}}^{\frac{T}{2}} f(t)\mathrm{e}^{-\mathrm{j}n\omega t}\,\mathrm{d}t \\[3mm] F(\omega) = \displaystyle\int_{-\infty}^{\infty} f(t)\mathrm{e}^{-\mathrm{j}\omega t}\,\mathrm{d}t \end{cases} \tag{9.10}$$

由式（9.10）可以清晰地看出傅里叶级数（FS，$F(n\omega)$）与傅里叶变换（FT，$F(\omega)$）的关系。

注意，傅里叶级数处理的是连续的时域周期信号，DFT 和 FFT 处理的是离散的时域周期信号。傅里叶变换更适用于研究非周期信号，其在工程中可以说没有什么实用价值，而 DFT 和 FFT 应用于工程中时，又存在频谱混叠和泄漏等各种需要进一步解决

的问题。

例题 9-2 对函数

$$f(t)=\begin{cases} 1, & |t|\leqslant\dfrac{\tau}{2} \\ 0, & |t|>\dfrac{\tau}{2} \end{cases} \tag{9.11}$$

进行傅里叶变换,并绘制其频谱图。

解题过程:

当周期 T 趋于 ∞ 时,高度 F_n 趋于 0,基频间隔 $\omega=2\pi/T$ 趋于 0,周期信号的离散频谱过渡为非周期信号的连续频谱,因此,非周期信号也可以看成周期无限大的周期信号。虽然此时各个频率分量的幅值都趋近于无穷小,但是无穷小量之间仍然有相对大小的差别。根据式(9.10)中的第二式(实际就是傅里叶变换公式)做如下计算:

$$F(\omega)=\int_{-\infty}^{\infty}f(t)\mathrm{e}^{-\mathrm{j}\omega t}\,\mathrm{d}t=\left[\frac{\mathrm{e}^{-\mathrm{j}\omega t}}{-\mathrm{j}\omega}\right]\Bigg|_{-\frac{\tau}{2}}^{\frac{\tau}{2}}=\frac{1}{-\mathrm{j}\omega}\left(\mathrm{j}\sin\left(-\omega\,\frac{\tau}{2}\right)-\mathrm{j}\sin\left(\omega\,\frac{\tau}{2}\right)\right)$$

$$=\frac{\tau\sin\left(\omega\,\dfrac{\tau}{2}\right)}{\omega\,\dfrac{\tau}{2}}=\tau\mathrm{Sa}\left(\omega\,\frac{\tau}{2}\right) \tag{9.12}$$

按式(9.12)编程如下(Tinf_Pulse.m):

```
clear all;
syms t;
tao=0.5;
N=15;                    %沿用频率倍数,此处等价于频率 f
n=-N:0.2:N;              %绘制频率范围
w=2*pi*n;
Fw=int(1*exp(-j*w*t),t,-tao/2,tao/2); %偶函数
plot(n,Fw);
grid on
```

程序运行结果如图 9-5 所示。

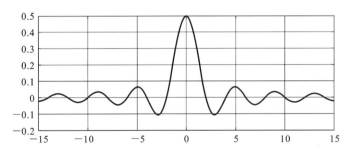

图 9-5 周期为 ∞ 时的傅里叶变换频谱图

从图 9-5 中可以看出,傅里叶变换的结果实际就是傅里叶级数在 $T=1\,\mathrm{s}$ 时的包络线。而式(9.10)中的第一式与第二式相差 $1/T$,当程序中的 $T=2$、4、8 时,将图 9-5 中显示的结果乘以 $1/T$,得到的即为图 9-3 中各子图的包络线。

因此,傅里叶级数系数是真正的"频谱",它是周期信号在各个频率分量下的幅值。$T=1$ 时(见图 9-2),$f=0$ 处对应的高度为 0.5,很容易得知直流分量为 0.5(类似交流分量的有效值计算)。

而傅里叶变换是针对周期无限大的信号而言的,因而图 9-2 中含有无限多个频率成分。图 9-5 中,$f=0$ 处对应的高度为 0.5,但不能说直流分量为 0.5。因此,在各个频率分量下得到的不是真正的频谱,而是"谱密度"。

9.1.3 傅里叶变换的存在条件

和傅里叶级数一样,对于一个给定的函数 $f(t)$,如果 $f(t)$ 满足狄利克雷收敛条件,即:

(1)在任何有限区间内,函数 $f(t)$ 只有有限个极值点,且这些极值点处的极值是有限值;

(2)在任何有限区间内,函数 $f(t)$ 只有有限个间断点,且这些间断点处的值是有限值;

(3)在一个周期内绝对可积,即

$$\int_{-\infty}^{\infty} | f(t) | \, dt < \infty \tag{9.13}$$

那么这个函数的傅里叶变换就存在。

注意,式(9.13)中积分的上下限为 $[-\infty, \infty]$,显然周期函数都不满足这个条件。例如,对余弦信号 $f(t) = \cos\omega_0 t = e^{j\omega_0 t}/2 + e^{-j\omega_0 t}/2$ 进行傅里叶变换 $F(\omega)$ 计算时,按下面的计算方法进行计算是得不到结果的:

$$F(\omega) = \int_{-\infty}^{\infty} \left(\frac{e^{j\omega_0 t}}{2} + \frac{e^{-j\omega_0 t}}{2} \right) e^{-j\omega t} \, dt$$

$$= \frac{1}{-j2(\omega - \omega_0)} e^{-j(\omega - \omega_0)t} \bigg|_{-\infty}^{\infty} + \frac{1}{-j2(\omega + \omega_0)} e^{-j(\omega + \omega_0)t} \bigg|_{-\infty}^{\infty} \tag{9.14}$$

但它们的傅里叶变换是存在的。

对于非周期信号,在例题 9-2 中,当 T 趋于 ∞ 时,我们得到的实际就是时域的矩形窗函数,它满足狄利克雷条件,因此,用式(9.12)可以直接计算出矩形窗函数的傅里叶变换。但也不是所有的非周期函数都满足狄利克雷条件,例如阶跃函数不满足这个条件,也不能直接进行傅里叶变换。

事实上,狄利克雷条件是傅里叶变换存在的充分条件,而不是必要条件。也就是说,很多函数不满足狄利克雷条件,但不表示不存在与之对应的傅里叶变换,其傅里叶变换可以通过相关变换定律得到。连续傅里叶变换的对偶性质如表 9-1 所示。

表 9-1 连续傅里叶变换的对偶性质

连续傅里叶变换对		相对偶的连续傅里叶变换对	
连续时间函数 $f(t)$	傅里叶变换 $F(\omega)$	连续时间函数 $f(t)$	傅里叶变换 $F(\omega)$
$f(t)$	$F(\omega)$	$F(t)$	$2\pi f(\omega)$
$\delta(t)$	1	1	$2\pi \delta(t)$

例如,式(9.14)说明,$\cos\omega_0 t$ 的傅里叶变换不能直接算出来,而利用表 9-1 中所示的对偶性质可得

$$F(\cos\omega_0 t) = F\left[\frac{1}{2}(e^{j\omega_0 t} + e^{-j\omega_0 t})\right] = F\left[\frac{1}{2}e^{j\omega_0 t}\right] + F\left[\frac{1}{2}e^{-j\omega_0 t}\right]$$

$$= \int_{-\infty}^{\infty} \frac{1}{2}e^{-j(\omega-\omega_0)t}dt + \int_{-\infty}^{\infty} \frac{1}{2}e^{-j(\omega_0+\omega)t}dt$$

$$= \frac{1}{2} \cdot 2\pi\delta(\omega-\omega_0) + \frac{1}{2} \cdot 2\pi\delta(\omega+\omega_0)$$

$$= \pi[\delta(\omega-\omega_0) + \delta(\omega+\omega_0)] \tag{9.15}$$

例题 9-3 对阶跃函数

$$f(t) = u(t) = \begin{cases} 1, & t \geqslant 0 \\ 0, & t < 0 \end{cases} \tag{9.16}$$

进行傅里叶变换。

解题过程：

单位阶跃函数可以表示为直流信号与符号函数 $\text{sgn}(t)$ 的组合，即

$$u(t) = \frac{1}{2} + \frac{1}{2}\text{sgn}(t) \tag{9.17}$$

其中，

$$\text{sgn}(t) = \begin{cases} 1, & t \geqslant 0 \\ -1, & t < 0 \end{cases} \tag{9.18}$$

且 $\text{sgn}(t)/2$ 的导数为单位冲激函数 $\delta(t)$，这里不进行证明，这个结论在后文分析中要用到。

在 MATLAB 中，用 heaviside 函数来表示阶跃函数，先对阶跃函数的性质编程如下（T_Step.m）：

```
syms t w real; %符号定义为 real 实数
%MATLAB 内部定义的阶跃函数
ft=heaviside(t);
%按定义进行阶跃函数的傅里叶变换
Fw1=int(ft*exp(-j*w*t),t,-inf,inf)
%等效为从 0 到 1 进行积分,int(exp(-j*w*t),t,0,inf)
%用内部函数
Fw2=fourier(ft,t,w)
```

```
运行结果:
Fw1=
NaN
Fw2=
pi*dirac(w) - 1i/w
```

阶跃函数显然不满足狄利克雷条件，直接使用定义进行计算得到的 Fw1 显示为无意义。但用 fourier 函数可以计算得到结果，其中，dirac(w) 表示冲激函数 $\delta(\omega)$。

理论推导如下：$\varepsilon(t)$ 由两部分组成，根据线性变换定律，$u(t) = 1/2 + \text{sgn}(t)/2 \Leftrightarrow F(\omega) = F_1(\omega) + F_2(\omega)$，$F_1(\omega)$ 为直流部分 $1/2$ 的傅里叶变换，而 $F_2(\omega)$ 为符号函数部分 $\text{sgn}(t)/2$ 的傅里叶变换。

连续傅里叶变换的时域微分性质如表 9-2 所示。

表 9-2　连续傅里叶变换的时域微分性质

连续傅里叶变换对		相对偶的连续傅里叶变换对	
连续时间函数 $f(t)$	傅里叶变换 $F(\omega)$	连续时间函数 $f(t)$	傅里叶变换 $F(\omega)$
$\dfrac{\mathrm{d}}{\mathrm{d}t}f(t)$	$\mathrm{j}\omega F(\omega)$	$-\mathrm{j}tf(t)$	$\dfrac{\mathrm{d}}{\mathrm{d}\omega}F(\omega)$
$\dfrac{\mathrm{dsgn}(t)/2}{\mathrm{d}t}=\delta(t)$	1		

根据表 9-2，利用线性和时域微分性质，有

$$\frac{\mathrm{dsgn}(t)/2}{\mathrm{d}t}=\delta(t)\overset{变换}{\Longleftrightarrow}1=\mathrm{j}\omega F_2(\omega)\overset{导出}{\Longrightarrow}F_2(\omega)=\frac{1}{\mathrm{j}\omega} \tag{9.19}$$

而直流部分 1/2 的傅里叶变换为 $\pi\delta(\omega)$，故

$$f(t)=\varepsilon(t)\Longleftrightarrow\pi\delta(\omega)+\frac{1}{\mathrm{j}\omega} \tag{9.20}$$

可见，阶跃函数不满足狄利克雷条件，但可以通过变换定律得到其傅里叶变换。

9.2　从信号到系统

9.2.1　用傅里叶变换解微分方程

重写式（4.23）如下：

$$LC\frac{\mathrm{d}^2 u_C}{\mathrm{d}t^2}+RC\frac{\mathrm{d}u_C}{\mathrm{d}t}+u_C=u_S \tag{9.21}$$

在第 4 章中介绍了式（9.21）所表达的微分方程的解析解求法，u_S 显然可以视为系统的输入信号，而电容电压 u_C 则为系统的输出信号。

例题 9-4　将正弦波函数作用于图 4-1 所示的 RLC 电路，并绘制其响应曲线。

解题过程：

将正弦波函数作用于 RLC 电路，在复频域等价于图 9-6 所示的作用过程。

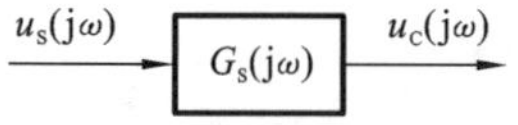

图 9-6　RLC 电路的
传递函数

其中，$u_S(\mathrm{j}\omega)$ 为系统输入的傅里叶变换，$u_C(\mathrm{j}\omega)$ 为系统输出的傅里叶变换，$G_S(\mathrm{j}\omega)$ 为系统模型。对 RLC 电路，当输出为电容电压时，根据分压关系计算，可得

$$u_C(\mathrm{j}\omega)=G_S(\mathrm{j}\omega)u_S(\mathrm{j}\omega)=\frac{1/(\mathrm{j}\omega C)}{\mathrm{j}\omega L+R+1/(\mathrm{j}\omega C)}u_S(\mathrm{j}\omega) \tag{9.22}$$

实际上，在第 4 章中我们已经从微分方程的解析解获取过程中，分析过用于得到这个分压公式的相量计算法的由来，读者在学习的时候应注意来回比较进行理解。在前面计算中，输入为冲激函数时，传递函数 $G_S(\mathrm{j}\omega)$ 形式的系统模型，实际就是冲激响应的频域表达。

将得到的 $u_C(\mathrm{j}\omega)$ 进行傅里叶逆变换，即可得到系统的响应函数。对应的 MATLAB 求解代码如下（RLC_Sin.m）：

```
clear all;
syms w t real; %符号变量为实数类型
R=2;   %电阻
L=2e-3; %电感
C=2e-3; %电容
%------输入部分
%按 50hz
us_t=sin(2*pi*50*t);
us_w=simplify(fourier(us_t,t,w));
%------系统
Gw=1/(j*w*C)/(R+j*w*L+1/(j*w*C));
%------输出部分
uc_w=Gw*us_w;
%反变换
uc_t=ifourier(uc_w,t)
%代入实际数值
t=0:0.02/100:0.1;
us_t=eval(us_t); %获取输入信号序列点
uc_t=eval(uc_t); %获取输出信号序列点
plot(t,us_t,t,uc_t) %绘图
```

程序运行结果如图 9-7 所示。

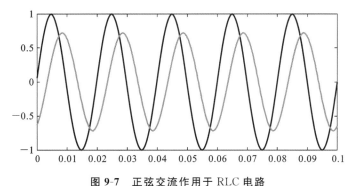

图 9-7   正弦交流作用于 RLC 电路

从图 9-7 可以看出,电容电压的响应稳态值为 0.72 左右。我们将图 9-7 与图 4-8 中 R=2 的情况对比,可以看出,使用傅里叶变换求得的是系统的稳态响应(既不是零输入响应也不是零状态响应)。

9.2.2　系统的幅频特性与相频特性

式(9.22)中的 $G_S(j\omega)$ 可以写成以下形式:

$$G_S(j\omega)=A(\omega)e^{j\varphi(\omega)} \tag{9.23}$$

即模长和相角均可表达为频率的函数形式。根据傅里叶变换原理,无论是哪种形式的电源信号 u_S,均可以将其通过傅里叶级数变换成若干正弦交流激励的组合。将输入信号的每个分量都写为复指数形式 $u_{Sm}e^{j\alpha}$,则根据式(9.22)和式(9.23),有

$$u_C(j\omega) = A(\omega)u_{Sm}e^{j(\alpha+\varphi(\omega))} \tag{9.24}$$

式(9.24)说明,一个给定频率的信号在通过一个系统的时候,输出的表现形式实际就是信号的幅值放大为原来的 $A(\omega)$ 倍,相位偏移了 $\varphi(\omega)$,由于每个信号分量的 ω 不同,变化程度也不同。根据叠加定理,输出 u_C 是这些变化后的正弦交流响应的重新组合。在"电路原理"和"信号与系统"课程中,把 $A(\omega)$ 称为系统的幅频特性,把 $\varphi(\omega)$ 称为系统的相频特性,它们反映了信号通过该系统后,在幅值和相位两方面的变化。

例题 9-5 绘制图 4-1 所示的 RLC 电路的幅频特性图及相频特性图。

解题过程:

绘制 $G_S(j\omega)$ 的幅频特性图和相频特性图的代码如下(Amp_Deg.m):

```
syms w  real;%符号变量为实数类型
R=0.5;  %电阻
L=2e-3;%电感
C=2e-3;%电容
%------系统
Gs=1/(j*w*C)/(R+j*w*L+1/(j*w*C));
G_A=abs(Gs);%幅值
G_phi=rad2deg(angle(Gs));%相角,转角度
%-----绘制
f=0:1:1500;
w=2*pi*f;
G_A=eval(G_A);%代入实际数值
G_phi=eval(G_phi);%代入实际数值
figure(1)
subplot(2,1,1);
plot(f,G_A);
title('G_{abs}')
grid on
subplot(2,1,2);
plot(f,G_phi);
title('G_{theta}')
grid on
```

程序输出的幅频特性图和相频特性图如图 9-8 所示。

9.2.3　伯德图的作用

在计算机技术还不发达的年代,通过人工计算和手工绘制上述系统幅频特性图和相频特性图,显然还是比较费力的。1940 年,贝尔实验室的荷兰裔科学家亨 Bode H. W. 发明了一种简单但准确的用于绘制增益图及相位图的方法,即伯德图法。它是系统频率响应的一种图示方法,其横轴频率用对数尺度表示,伯德图由两张图组成。

(1) $G_S(j\omega)$ 的幅值($|G_S(j\omega)|$)图,以分贝(dB)的形式表示,即纵坐标采用下式计算:

$$F = 20\lg A(\omega) \tag{9.25}$$

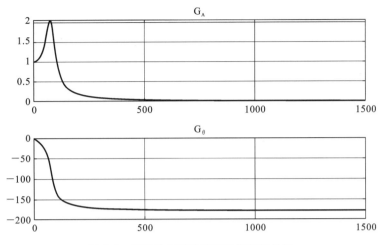

图 9-8　系统的幅频特性图和相频特性图

（2）$G_S(j\omega)$ 的相角（$\theta(j\omega)$）图，即相频曲线。

Bode H. W. 发明的方法有效低降低了图的绘制难度。绘制对应波形的程序如下（Amp_Deg.m 续）：

```
%------取对数坐标重新计算
figure(2)
%f=log(f);
G_A=20*log10(G_A);
subplot(2,1,1);
plot(f,G_A);
set(gca,'XScale','log')
title('G_{abs}')
grid on
subplot(2,1,2);
plot(f,G_phi);
set(gca,'XScale','log')
title('G_{theta}')
grid on
```

程序中，系统放大倍数被变成分贝的形式，通过 set(gca,'XScale','log') 语句将横坐标变为对数形式，绘制结果如图 9-9 所示。

一个非常直观的印象是，伯德图所示的幅频特性近似于两条直线进行连接。进一步，将图 9-6 所示的传递函数按物理原理分割为 G_1 和 G_2 两部分，如图 9-10 所示。

其中，

$$\begin{cases} G_1(j\omega)=\dfrac{1}{j\omega L+R+1/(j\omega C)} \\ G_2(j\omega)=1/(j\omega C) \end{cases} \tag{9.26}$$

式（9.26）的物理意义是不言而喻的。编写用于同时绘制 G_S、G_1 和 G_2 的伯德图的程序如下（circuitbode.m）：

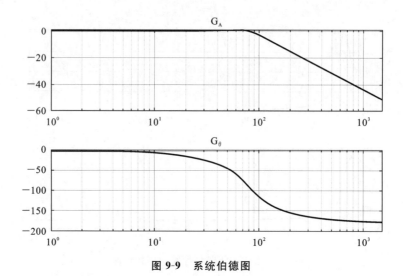

图 9-9　系统伯德图

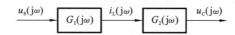

图 9-10　RLC 电路的传递函数框图

```
%----三个伯德图绘制在一张图内
syms w   real;%符号变量为实数类型
R=0.5;   %电阻
L=2e-3;%电感
C=2e-3;%电容
%-----系统
Gs=1/(j*w*C)/(R+j*w*L+1/(j*w*C));
Gs_A=abs(Gs);%幅值
Gs_phi=rad2deg(angle(Gs));%相角,转角度
G1=1/(R+j*w*L+1/(j*w*C));
G1_A=abs(G1);%幅值
G1_phi=rad2deg(angle(G1));%相角,转角度
G2=1/(j*w*C);
G2_A=abs(G2);%幅值
G2_phi=rad2deg(angle(G2));%相角,转角度
%-----绘制
f=0:1:1500;
w=2*pi*f;
Gs_A=eval(Gs_A);%代入实际数值
Gs_phi= eval(Gs_phi);%代入实际数值
G1_A=eval(G1_A);%代入实际数值
G1_phi=eval(G1_phi);%代入实际数值
G2_A=eval(G2_A);%代入实际数值
G2_phi=eval(G2_phi);%代入实际数值
```

```
figure(2)
%f=log(f);
Gs_A=20*log(Gs_A);
G1_A=20*log(G1_A);
G2_A=20*log(G2_A);
subplot(2,1,1);
plot(f,Gs_A,'r-',f,G1_A,'g-.',f,G2_A,'b:');
set(gca,'XScale','log')
title('G_{A}')
grid on
subplot(2,1,2);
plot(f,Gs_phi,'r-',f,G1_phi,'g-.',f,G2_phi,'b:');
set(gca,'XScale','log')
title('G_{\phi}')
grid on
```

程序运行结果如图 9-11 所示。

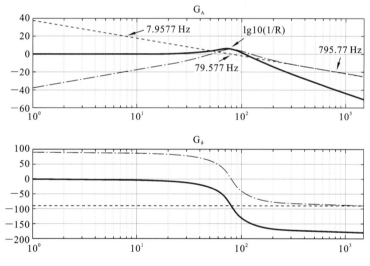

图 9-11　$R=0.5\ \Omega$ 时的系统伯德图

对 G_2 而言,有

$$G_2(\mathrm{j}\omega)=\frac{1}{\omega C}\mathrm{e}^{-\mathrm{j}\frac{\pi}{2}}\Rightarrow\begin{cases}A_2(\omega)=1/(\omega C)\\\varphi_2(\omega)=-\pi/2\end{cases}\qquad(9.27)$$

其中,$20\lg(A_2(\omega))=-20\lg(\omega C)=-20\lg(2\pi Cf)=-20\lg(2\pi C)-20\lg(f)$。

从 $A_2(\omega)$ 和图 9-11 可以得到以下信息。

(1) 当 $f=f_\mathrm{C}=1/(2\pi C)=79.5775$ Hz 时,有 $A_2(\omega)=1$,对应伯德图中的 0 dB,因此称 f_C 为穿越频率或剪切频率,由电容参数 C 决定。

(2) 当 $f=10^n f_\mathrm{C}$ 时,有 $-20\lg(2\pi C)-20\lg(10^n f_\mathrm{C})=-20\lg(10^n)=-20n$,可见对于 G_2,幅频特性的斜率为 -20,与参数 C 无关。例如若 $f=795.7747$ Hz,即在穿越频率 10 倍处,放大倍数为 -20 dB,对于 $f=7.957747$ Hz,则为 20 dB,这一点从图 9-11

中也很容易看出来。

（3）横坐标取对数坐标后，放大倍数变成一条直线，斜率为负，频率越高，信号衰减越厉害。以电流为输入，电压为输出时，体现了电容器通低频阻高频的特性。

到此处，读者可以自行思考电流通过电感时，在电感上产生压降的情况，同时再思考 LC 电路的谐振频率如何确定（提示：两条直线的交点）。

对于 G_1 而言，有

$$G_1(j\omega) = \frac{1}{j\omega L + R + 1/(j\omega C)} = \frac{1}{R + j\left(\omega L - \frac{1}{\omega C}\right)}$$

$$\Rightarrow \begin{cases} A_2(\omega) = 1/\sqrt{R^2 + \left(\omega L - \frac{1}{\omega C}\right)^2} \\ \varphi_2(\omega) = \arctan\left(\left(\omega L - \frac{1}{\omega C}\right)/R\right) \end{cases} \tag{9.28}$$

显然当 $\omega L = 1/(\omega C)$，即 $\omega = (1/(LC))^{-2}$ 时，A_2 将取到最大值 $20\lg(1/R)$，注意与前面不同，当 $R = 0.5\ \Omega$ 时，$A_2 \approx 6\ \mathrm{dB}$，$A_2$ 值只由 R 确定。表 9-3 显示了 R 变化时，对应分贝值的变化。

表 9-3　分贝值变化表

2序号	R	A_{max}	dB_{max}	解　　读
$2^{-3.5}$	0.0884	11.3137	21.072	大致为信号放大 10 倍，分贝数为 20 dB
2^{-3}	0.125	8	18.062	信号放大 8 倍，分贝数为 $(12+6=18)$ dB
$2^{-2.5}$	0.1768	5.6566	15.051	—
2^{-2}	0.250	4	12.041	信号放大 4 倍，分贝数为 $(6+6=12)$ dB
$2^{-1.5}$	0.3536	2.8284	9.031	—
2^{-1}	0.5000	2	6.021	信号放大 2 倍，分贝数为 6 dB
$2^{-0.5}$	0.7071	1.4142	3.010	—
2^{0}	1	1	0	信号 1∶1 放大，原样通过系统
$2^{0.5}$	1.4142	0.7071	−3.010	—
2^{1}	2	0.5000	−6.021	信号衰减为原来的 1/2，分贝数为 −6 dB
$2^{1.5}$	2.8284	0.3536	−9.031	—
2^{2}	4	0.2500	−12.041	信号衰减为原来的 1/4，分贝数为 $(-6-6=-12)$ dB
$2^{2.5}$	5.6569	0.1768	−15.051	—
2^{3}	8	0.1250	−18.062	分贝数为 $(-12-6=-18)$ dB
$2^{3.5}$	11.3137	0.0884	−21.072	大致为信号衰减为原来的 1/10，分贝数为 −20 dB

注：分贝值一般取整数即可，解读中未阐述相位变化关系。

可以看出，信号每放大（衰减）2 倍（1/2），分贝数增加（减少）约 6 dB。可以得出 $A_i \times A_j \leftrightarrow \mathrm{dB}_i + \mathrm{dB}_j$ 的简化计算，说明纵坐标采用分贝值（分贝数）时，信号放大倍数的相乘关系变成了分贝的相加关系，而传递函数（$G_s = G_1 G_2$），可以迅速由 G_1 和 G_2 的曲线相加得到。

式（9.28）也显示，阻抗在低频段以 $1/(\omega C)$ 为主，阻碍低频分量，在高频段以 ωL 为主，阻碍高频分量。

伯德图形式的 G_s 幅频特性图和相频特性图,均可以由 G_1 和 G_2 直接相加得到,在对数坐标纸上很容易绘制。

9.3 编程知识点

9.3.1 常用复数函数

real 函数和 imag 函数分别用于求复数的实部和虚部,而 abs 函数和 angle 函数可以用于求复数的模长和相角(弧度形式),conj 函数可用于求复数的共轭复数。这些函数的使用都相对简单,可参考帮助文件或网络资料。

9.3.2 fourier 函数与 ifourier 函数

根据 MATLAB 的帮助文件,fourier 函数使用的语法规则是:

```
fourier(f)
fourier(f,transVar)
fourier(f,var,transVar)
```

(1) f:输入可以是表达式、函数、向量或矩阵等。

(2) var:变量,一般为时间变量或空间变量,如果不设置该变量,一般使用函数中的符号变量作为默认值。

(3) transVar:转换变量,可以是符号变量、表达式、向量或矩阵,该变量通常称为"频率变量",默认情况下,进行傅里叶变换时使用 w,如果 w 是 f 的自变量,则使用 v。

举例如下:

```
syms t x y
f=exp(-t^2-x^2);
%默认变量为 t,进行傅里叶变换
f1=fourier(f)
%指定变换变量
f2=fourier(f,y)
%指定待变换变量和变换变量
f3=fourier(f,t,y)
```

运行结果:

```
f1=
pi^(1/2)*exp(- t^2 - w^2/4)
f2=
pi^(1/2)*exp(- t^2 - y^2/4)
f3=
pi^(1/2)*exp(- x^2 - y^2/4)
```

上面案例中,f1 默认以 x 作为待变换变量,以 w 作为变换变量。f2 选择了一个 f 中没有的符号变量 y 作为输入参数,MATLAB 知道需要将 y 作为变换变量。f3 则指定以 t 为待变换变量,以 y 为变换变量。

ifourier 函数可实现傅里叶反变换,简单举例如下:

```
syms w t
f=exp(-w^2/4);
    g= ifourier(f,t)
```

运行结果:

```
g=
exp(-t^2)/pi^(1/2)
```

9.3.3 log 函数

MATLAB 中与对数有关的函数包括 log、log2、log10 等,log(x)将返回 ln(x),而 log2、log10 分别是以 2 和 10 为底的常用对数。

log 函数的域包含负数和复数,对于负数和复数 $z=u+i*w$,复数对数 $\log(z)$ 返回 $\log(abs(z))+1i*angle(z)$。例如,$e^{j\pi}=-1$,有

```
>>log(-1)
ans=
    0.0000+3.1416i
```

同时:

```
>>log10(-1)
ans=
    0.0000+1.3644i
```

这个结果通过换底公式也容易得到,即

```
>>log(-1)/log (10)
ans=
    0.0000+1.3644i
```

9.3.4 bode 函数

MATLAB 中有专门用于绘制伯德图的函数 bode,这个函数依赖于控制系统工具箱中关于传递函数的定义,在"电路原理"课程中也有关于传递函数的描述。对本章的 RLC 电路,也可以使用以下代码来绘制伯德图:

```
R=0.5;   %电阻
L=2e-3; %电感
C=2e-3; %电容
%绘制准备
P=bodeoptions; %绘制伯德图的控制参数
P.Grid='on' %修改打开网格线
P.FreqUnits='Hz'; %以频率方式绘制
P.XLim={[1,1500]} %绘制范围
```

```
%Gs(s)
num=1;%分子部分
den=[L*C,R*C,1];%分母部分
sys=tf(num,den);%传递函数
bode(sys,P)
title('Gs(s)')
```

运行结果如图 9-12 所示。

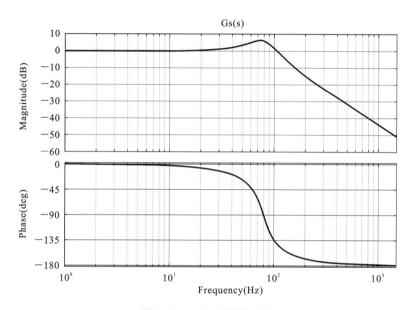

图 9-12 bode 函数的使用

此外,对于 RL 电路和 RC 电路,电流、电压与电源信号的关系分别为

$$\begin{cases} i_{\text{L}}(s) = \dfrac{1}{sL+R} u_{\text{s}}(s) \\ i_{\text{C}}(s) = \dfrac{1}{1/(sC)+R} u_{\text{s}}(s) = \dfrac{sC}{1+sRC} u_{\text{s}}(s) \end{cases}$$

$$\begin{cases} u_{\text{L}}(s) = \dfrac{sL}{sL+R} u_{\text{s}}(s) \\ u_{\text{C}}(s) = \dfrac{1/(sC)}{1/(sC)+R} u_{\text{s}}(s) = \dfrac{1}{1+sRC} u_{\text{s}}(s) \end{cases}$$

它们可以被视为 $\text{lag}\left(\dfrac{K}{1+sT}\right)$ 和 $\text{washout}\left(\dfrac{KsT}{1+sT}\right)$ 两类常用环节的物理实现,同时可以看出,实现的手段不是唯一的。

9.4 小结

时域的阶跃响应或冲激响应可用于分析系统的动态性能和稳态性能,傅里叶变换将输入信号分解成了无数个正弦波。

10

复变函数与拉普拉斯变换

10.1 复变函数

10.1.1 复数的引入

复数的概念起源于求方程的根,例如在二次代数方程的求根中就出现了负数开平方的情况,更为复杂的情况见下例。

例题 10-1 对函数 $y = \frac{1}{3}x^3 + \frac{1}{2}x^2 - 2x - 1$ 绘制 y 在区域 $[-5, 5]$ 内的图形。

解题过程: 对任意给定 y 值,例如 $y=0$,显然 y 的表达式变为以 x 为变量的一元三次方程,存在三个解。

将 y 对 x 求导可得 $x^2 + x - 2 = (x+2)(x-1) = 0$,三次曲线在 1 和 -2 处取到极值,分别为 $-13/6$ 和 $7/3$。

编程如下(GetRoot3.m):

```
p=[1/3 1/2 -2 -1];                      % 系数
ymin=-5;
ymax=5;
ySpan=ymin:.01:ymax;                    % 计算范围
ylen=length(ySpan);                     % 计算数量
c=p(length(p));                         % 常数项
y=zeros(ylen);                          % 预分配空间
x1=zeros(ylen,3);                       % 正常实数根
x2=zeros(ylen,3);                       % 根有可能有虚部
for ii=1:ylen                           % 循环计算
    p(end)=c-ySpan(ii);                 % 转换为 y-ySpan=0
    r=roots(p);                         % 求根,求解
    for w=1:1:length(r)                 % 理论上都有 3 个根
        x1(ii,w)=real(r(w,1));          % 取实部
        x2(ii,w)=imag(r(w,1));          % 取虚部
        y(ii,w)=ySpan(ii);
```

```
        end
    end
    hold on;                                  % 画布进入保持状态
    for rv=1:1:length(r)                      % 3 个根循环绘制
        scatter3(x1(:,rv),x2(:,rv),y(:,rv));  % 散点图
    end
    grid on;                                  % 绘制格子
    hold off;                                 % 解除保持
    xlabel('x1');                             % 打上坐标系标签
    ylabel('x2');
    zlabel('y');
    view([2 -2 2]);                           % 改变 3 维观察视角
```

程序运行结果如图 10-1 所示。

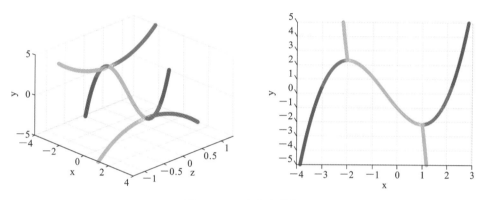

图 10-1　三次方程的根

从图 10-1 中可以看出,当 y 在区间 $[-13/6,7/3]$ 内时,x 有三个实数根,而在此区间外则存在一个实数根和两个复数根。

10.1.2　解析性与柯西-黎曼条件

事实上,上面例子中的因变量 y 也可以是复数。而所谓复变函数,就是指以复数作为自变量和因变量的函数,与之相关的理论就是复变函数论。

关于复变函数的极限、导数、微分和积分等相关计算,可参考"复变函数"课程的教科书,与实变函数的大致相同,不同的是,复变函数涉及实部和虚部两个方向上的趋近过程,若其导数不受趋近方向的影响,则称它是解析的。

这里我们不做大量的数学公式描述,仅给出有助于导出拉普拉斯变换的相关结论性说明,设 $f(z)=u+\mathrm{j}v,z=x+\mathrm{j}y$,其中 u,v 都是关于 x 和 y 的实变函数,则解析函数满足下列条件:

$$\frac{\partial u}{\partial x}=\frac{\partial v}{\partial y}, \quad \frac{\partial u}{\partial y}=-\frac{\partial v}{\partial x} \tag{10.1}$$

式(10.1)称为柯西-黎曼条件,并且是函数 $f(z)$ 具有解析性的充分条件和必要条件,它产生于 18 世纪。1774 年,欧拉在他的一篇论文中考虑了由复变函数的积分导出的两个方程。而比这更早时,法国数学家达朗贝尔在他的关于流体力学的论文中,就已

经得到了这两个方程。因此,后来人们就把它们称为"达朗贝尔-欧拉方程"。到了 19 世纪,柯西和黎曼研究流体力学时,对上述两个方程作了更详细的研究,所以这两个方程也被称为"柯西-黎曼条件"。

作为一个例子,函数 $f(z)=z^2=x^2-y^2+\mathrm{j}2xy$ 到处是解析的(实际上 $f'(z)=2z$)。由柯西-黎曼条件,我们有 $u=x^2-y^2$ 和 $v=2xy$,从而有

$$\frac{\partial u}{\partial x}=2x=\frac{\partial v}{\partial y}, \quad \frac{\partial u}{\partial y}=-2y=-\frac{\partial v}{\partial x} \tag{10.2}$$

对于复平面上的一个点,如果函数 $f(z)$ 在该点不是解析的,则称此点为函数 $f(z)$ 的奇点。例如对于函数 $f(z)=1/z$,当 $z\neq0$ 时,到处解析,$z=0$ 对应的点,就是奇点,编程验证如下(CauchyTest.m):

```
syms x y real      %x,y 必须定义为实数
f=1/(x+j*y);
u=real(f);         %u=x/(x^2+y^2)
v=imag(f);         %v=-y/(x^2+y^2)
dux=simplify(diff(u,x))
dvy=simplify(diff(v,y))
duy=simplify(diff(u,y))
dvx=simplify(diff(v,x))
```

运行结果:
```
dux=
- (x^2-y^2)/(x^2+y^2)^2
dvy=
- (x^2-y^2)/(x^2+y^2)^2
duy=
- (2*x*y)/(x^2+y^2)^2
dvx=
(2*x*y)/(x^2+y^2)^2
```

10.1.3 积分-留数理论

前面提过在进行复变函数求导时趋近方向的重要性,复变函数的积分所沿路径的方向也是重要的。在书写积分时,必须规定积分所沿的路径。例如下面封闭曲线上的线积分:

$$\oint_{c_1}\frac{\mathrm{d}z}{(z+1)} \tag{10.3}$$

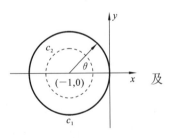

图 10-2 线积分的计算

c_1 表示图 10-2 中所示的圆周。沿着围线(曲线)c_1,有

$$(z+1)=\mathrm{e}^{\mathrm{j}\theta}, \quad 0\leqslant\theta\leqslant2\pi \tag{10.4}$$

及

$$\mathrm{d}z=\mathrm{j}\mathrm{e}^{\mathrm{j}\theta}\mathrm{d}\theta \tag{10.5}$$

将这些式子代入式(10.3)中,我们得到

$$\oint_{c_1}\frac{\mathrm{d}z}{(z+1)}=\int_0^{2\pi}\frac{\mathrm{j}\mathrm{e}^{\mathrm{j}\theta}\mathrm{d}\theta}{\mathrm{e}^{\mathrm{j}\theta}}=\mathrm{j}\int_0^{2\pi}\mathrm{d}\theta=2\pi\mathrm{j} \tag{10.6}$$

可见沿封闭曲线积分能用这种方式计算其值。与此同时,我们注意到沿围线 c_2(半径为 1/2)进行积分时,有

$$(z+1) = \frac{1}{2}e^{j\theta}, \quad 0 \leqslant \theta \leqslant 2\pi \Rightarrow dz = \frac{1}{2}je^{j\theta}d\theta$$

$$\Rightarrow \oint_{c_2} \frac{dz}{(z+1)} = \int_0^{2\pi} \frac{je^{j\theta}d\theta}{e^{j\theta}} = j\int_0^{2\pi} d\theta = 2\pi j \tag{10.7}$$

与上面的结论相同,复变函数理论中,采用闭路变形原理证明了积分的结果与路径无关。进而得到更有效的方法是采用留数方法计算积分。

我们还可以注意到,将 $(z+1)$ 改为 $(z+z_0)$,计算结果不变。同时复变函数中已证明以下结论:

$$\oint_c \frac{dz}{(z-z_0)^{n+1}} = \begin{cases} 2\pi j, & n=0 \\ 0, & n \neq 0 \end{cases} \tag{10.8}$$

用留数方法计算积分是以函数在其奇点邻近的展开式为基础的,复变函数 $f(z)$ 在奇点 z_0 附近可以展开为级数形式(不进行证明):

$$f(z) = \sum_{n=0}^{\infty} a_n(z-z_0)^n + \sum_{n=1}^{\infty} \frac{b_n}{(z-z_0)^n} \tag{10.9}$$

这个展开式通常称为罗朗(Laurent)级数。利用式(10.8),式(10.9)的系数 a_n 和 b_n 可利用下面的积分求得:

$$a_n = \frac{1}{2\pi j} \oint_c \frac{f(z)}{(z-z_0)^{n+1}} dz, \quad n=0,1,2,\cdots$$
$$b_n = \frac{1}{2\pi j} \oint_c \frac{f(z)}{(z-z_0)^{1-n}} dz, \quad n=1,2,3,\cdots \tag{10.10}$$

式中有特殊意义的是 $b_1(n=1)$,它可以用下面的表达式给出:

$$b_1 = \frac{1}{2\pi j} \oint_c f(z) dz \tag{10.11}$$

式(10.11)说明,对式(10.9)进行积分时,除了 b_1 项,其他项积分为 0,因此,系数 b_1 被称为函数 $f(z)$ 在奇点 z_0 处的留数。由式(10.11)我们可以看出,一封闭曲线 c 的积分是在 z_0 处的留数的 $2\pi j$ 倍,即

$$\oint_c f(z) dz = 2\pi j b_1 \tag{10.12}$$

如果在封闭围线的内部有 m 个奇点,则对于围绕着这 m 个奇点而封闭的一条路径,函数的积分为

$$\oint_c f(z) dz = 2\pi j(b_{11} + b_{12} + \cdots + b_{1m}) \tag{10.13}$$

这里 b_{1n} 是 $f(z)$ 在 z_n 处的留数,而积分是按逆时针方向作的。作为这个积分方法的一个例子,让我们返回到问题

$$\oint_{c_1} \frac{dz}{(z+1)} \tag{10.14}$$

这里围线 c_1 在图 10-2 中示出。根据定义易知,函数 $f(z)=1/(z+1)$ 的留数值为 1。而求留数的方法有许多种,常用方法如下。

如果奇点 z_0 是一个简单极点(一级极点),则

$$b_1 = \left[(z-z_0)f(z)\right]_{z=z_0} \tag{10.15}$$

如果 $f(z)$ 有一个 n 级极点在 z_0 处,则

$$b_1 = \frac{1}{(n-1)!} \left[\frac{d^{n-1}}{dz^{n-1}} (z-z_0)^n f(z) \right]_{z=z_0} \tag{10.16}$$

求得 b_1 后,就能由式(10.12)计算积分。

例题 10-2 对函数 $y_1 = z/(z+3)$ 和函数 $y_2 = z/(z+3)^2$ 计算孤立点的留数。

解题过程:函数 y_1 和 y_2 的奇点都为 $z_0 = -3$,分别是简单奇点和二级奇点。对于 y_1,有

$$\oint \frac{z dz}{(z+3)} \tag{10.17}$$

这里 c 是包围奇点 $z = -3$ 在内的一条围线。由式(10.15)求出 $z = -3$ 的留数:

$$b_1 = \left[(z+3) \frac{z}{z+3} \right]_{z=-3} = -3 \tag{10.18}$$

对 y_2,利用式(10.16)求 b_1 如下:

$$b_1 = \frac{1}{1!} \left[\frac{d}{dz} \left\{ (z+3)^2 \cdot \frac{z}{(z+3)^2} \right\} \right]_{z=-3} = 1 \tag{10.19}$$

根据公式编程如下(ResCalc.m):

```
syms z;
f1=z/(z+3);
f2=z/(z+3)^2;
z0=-3;    %奇点
r1=limit(f1*(z-z0),z,z0)
n=2;    %n级奇点
r2=limit(1/factorial(n-1)*diff(f2*(z-z0)^n,z,n-1),z,z0)
```
_____

运行结果:
```
r1=
-3
r2=
1
```

函数 factorial 用于计算阶乘,函数 diff 用于计算微分,函数 limit 用于计算极限。程序计算结果与理论计算结果一致。

也可以采用 residue 函数直接计算地点的留数(ResCalc2.m):

```
syms z;
%f1=z/(z+3);
[R1,P1,K1]=residue([1,0],[1,3])
%f2=z/(z+3)^2;
[R2,P2,K2]=residue([1,0],[1,6,9])
```
_____

运行结果:
```
R1=
   -3
P1=
```

```
          -3
K1=
           1
R2=
           1
          -3
P2=
          -3
          -3
K2=
          []
```

residue 函数的作用是令部分分式展开式系数和多项式系数相互转换,程序中,R 为留数项,P 为奇点,K 为直接项。简而言之,有

$$y_1 = \frac{z}{z+3} = \frac{-3}{z+3} + 1$$

$$y_2 = \frac{z}{(z+3)^2} = \frac{1}{z+3} + \frac{-3}{(z+3)^2}$$

(10.20)

y_1 的直接项 K1=1(分子、分母阶数相同),而 y_2 的直接项 K2=[]。

10.2 从傅里叶变换到拉普拉斯变换

10.2.1 双边变换

傅里叶变换能用于解决许多工程问题,但是很多函数,比如 $f(t)=t^2$、阶跃函数等,不能直接进行时域与频域的互相转换。

对于不满足狄利克雷条件的函数 $f(t)$,为了能获得变换域中的函数,可以人为地用一个实指数函数 $e^{-\sigma t}$ 去乘 $f(t)$。只要 σ 取得合适,很多函数都可以满足绝对可积的条件,我们称 σ 为衰减因子,$e^{-\sigma t}$ 为收敛因子。当 t 趋于无穷大时,它的原函数可以自然而然地衰减到零,最终满足上述局限条件,数学描述为

$$\lim_{t \to \infty} f(t)e^{-\sigma t} = 0, \quad \sigma \in \mathbf{R}$$

(10.21)

设 $p(t)=e^{-\sigma t}$,根据傅里叶变换的定义和频域卷积性质,有

$$\frac{1}{2\pi} F(\omega) * P(\omega) = \int_{-\infty}^{\infty} f(\tau)p(\tau)e^{-j\omega\tau} d\tau$$

(10.22)

即时域信号的相乘,其傅里叶变换为两信号各自的傅里叶变换在频域的卷积。对其进行傅里叶逆变换,并乘以 $e^{\sigma t}$,有

$$g(t) = e^{\sigma t} \frac{1}{2\pi} \int_{-\infty}^{\infty} F(\omega) * P(\omega)e^{j\omega t} d\omega$$

$$= e^{\sigma t} \frac{1}{2\pi} 2\pi f(t)p(t) = f(t)$$

(10.23)

注意:

(1) 对 $f(t)e^{-\sigma t}$ 进行傅里叶变换后,再进行傅里叶逆变换时,只需要乘以一个 $e^{\sigma t}$ 就可以得到原函数;

(2) $e^{\sigma t}$ 中的 σ 和 t 在逆变换中,均可以被视为常数,与积分变量 ω 无关。

以上过程引出了我们常用的拉普拉斯变换。即令 $s = \sigma + j\omega$,根据式(10.22)和式(10.23),将 $e^{-\sigma t}$ 和 $e^{-j\omega t}$、$e^{\sigma t}$ 和 $e^{j\omega t}$ 合并,可以得到双边拉普拉斯正变换和逆变换:

$$F(s) = \int_{-\infty}^{\infty} f(t) e^{-st} dt \tag{10.24}$$

$$f(t) = \frac{1}{2\pi j} \int_{-\infty}^{\infty} F(s) e^{st} ds \tag{10.25}$$

式(10.24)中,积分的上下限为正负无穷大,因此,能否得到收敛的 $F(s)$ 显然取决于原函数 $f(t)$ 的形式,然而,对大部分的函数进行双边拉普拉斯变换都不能保证得到收敛的结果(例如 $f(t)$ 在 $t < 0$ 时在有限区域内不为 0 时才可以保证收敛)。考虑到工程实际问题中,讨论 $t < 0$ 时的情况没有实际意义,因此更为常用的是单边拉普拉斯变换($t < 0$ 时,$f(t) = 0$)。

此外,我们还需要注意以下两点:

(1) 变换中,σ 并非一个变量,而是选定的一个值,因此,逆变换中积分的上下限仅限于 s 中的虚部 ω;

(2) $F(s)$ 的值与 $F(\omega)$ 的关系见式(10.22),即 $F(s) = F(\omega) * P(\omega)/(2\pi)$。

例题 10-3 对于阶跃函数,利用 $e^{-\sigma t}$ 函数使其满足狄利克雷条件,并完成傅里叶变换。

解题过程: 理论计算公式如下:

$$F(s) = \int_{0}^{\infty} e^{-\sigma t} e^{-j\omega t} dt = \int_{0}^{\infty} e^{-st} dt = -\frac{1}{s} e^{-st} \Big|_{0}^{\infty} = \frac{1}{s} \tag{10.26}$$

对于阶跃函数,积分从 0 开始。编程如下(L_Step.m):

```
clear all
syms t positive                    %限制为正数
syms w real;                       %限制为实数
syms s                             %s 不进行限制
symssigma positive;                %限制为正数
%用内部函数进行拉普拉斯变换
fs=laplace(heaviside(t),t,s)
% 采用积分公式进行傅里叶变换
fw1=int(heaviside(t)*exp(-j*w*t),t,0,inf)
%乘以一个给定的 sigma,采用积分公式进行傅里叶变换
fw2=int(heaviside(t)*exp(-sigma*t)*exp(-j*w*t),t,0,inf)
```

运行结果:
```
fs=
1/s
fw1=
NaN
fw2=
1/(sigma+w*1i)
```

对比运行结果可知,直接对阶跃函数进行傅里叶变换得到的 fw1 为 NaN,而用阶

跃函数乘以 $e^{-\sigma t}$ 后进行傅里叶变换得到的结果为 $1/(\sigma+j\omega)$。

需要注意程序符号变量 sigma(σ)要为正实数,否则计算不出我们想要的结果。式(10.26)中,s 为复数,e^{-st} 在 $t=\infty$ 时为 0 的前提是 $\sigma>0$。此后若试图用式(10.23)在复数域对 fw2 进行积分(变换回时域),在计算上是比较困难的,通常用留数进行计算比较方便,但需要将积分范围从 $-\infty$ 到 ∞ 变更为封闭曲线。

10.2.2 单边变换

实际应用中,我们将积分正变换的积分下限改为 0_-,得到单边拉普拉斯变换:

$$F(s)=\int_{0_-}^{\infty} f(t)e^{-st}\,dt \tag{10.27}$$

$$f(t)=\frac{1}{2\pi j}\int_{\sigma-j\infty}^{\sigma j\infty} F(s)e^{st}\,ds,\quad t>0 \tag{10.28}$$

将积分下限改为 0_- 取单边拉普拉斯变换的目的如下。

(1) 保证 $e^{-\sigma t}$ 一直是有上下限的衰减函数。

将 t 的定义域缩至正半轴,这样 $f(t)e^{-\sigma t}$ 可以保证为有限可积的,再进行傅里叶变换,即

$$F(\sigma+j\omega)=\int_0^{\infty} f(t)\cdot e^{-\sigma t}e^{-j\omega t}\,dt=\int_0^{\infty} f(t)\cdot e^{-(\sigma+j\omega)t}\,dt$$

(2) 将初始条件包含在其中。

在求解微分方程时,可以直接引用已知的初始状态 $y(0_-)$,例如,若 $\mathscr{L}[y(t)]=Y(s)$,求 $y(t)$ 的一阶导数的拉普拉斯变换的过程如下:

$$\int_a^b \frac{dy}{dt}x\,dt=(xy)\Big|_a^b-\int_a^b \frac{dx}{dt}y\,dt \tag{10.29}$$

$$\int_{0_-}^{\infty} \frac{dy}{dt}e^{-st}\,dt=ye^{-st}\Big|_{0_-}^{\infty}-\int_{0_-}^{\infty} y(-se^{-st})\,dt=-y(0^-)+sY(s) \tag{10.30}$$

这样,在对一阶导数进行拉普拉斯变换时,就将初始条件 $y(0_-)$ 涵盖了,方便了计算。前文对阶跃函数进行了拉普拉斯变换,虽然实际积分也算单边积分,但积分的对象不涉及函数的导数,与本节有性质上的不同。

例如,对于 RL 电路,有

$$L\frac{di}{dt}+Ri=u(t) \tag{10.31}$$

对式(10.31)进行拉普拉斯变换,有

$$-Li(0_-)+sLi(s)+Ri(s)=u(s) \tag{10.32}$$

则

$$i(s)=\frac{u(s)}{R+sL}+\frac{i(0_-)L}{R+sL} \tag{10.33}$$

即 $i(s)$ 由两部分组成,一部分为电源信号 $u(s)$ 引起的零状态响应,另一部分为 $i(0_-)$ 引起的零输入响应。

附录 C 和附录 D 给出了常见的拉普拉斯变换的基本性质和时域、频域的对比。关于变换和变换性质的相关应用举例如下。

例题 10-4 对图 4-1 所示的 RLC 电路,利用拉普拉斯变换进行相关计算并绘制响应曲线。

解题过程：对 RLC 电路，有

$$LC\frac{\mathrm{d}^2 u_\mathrm{c}}{\mathrm{d}t^2} + RC\frac{\mathrm{d}u_\mathrm{c}}{\mathrm{d}t} + u_\mathrm{c} = u_\mathrm{s} \tag{10.34}$$

根据拉普拉斯变换的基本性质，有

$$LC(s^2 u_\mathrm{c}(s) - su_\mathrm{c}(0) - u'_\mathrm{c}(0)) + RC(su_\mathrm{c}(s) - u_\mathrm{c}(0)) + u_\mathrm{c}(s) = u_\mathrm{s}(s) \tag{10.35}$$

同时，有

$$i_\mathrm{L} = C\frac{\mathrm{d}u_\mathrm{c}}{\mathrm{d}t} \Rightarrow u'_\mathrm{c}(0) = i_\mathrm{L}(0)/C \tag{10.36}$$

因此，有

$$u_\mathrm{c}(s) = \frac{1}{LCs^2 + RCs + 1}u_\mathrm{s}(s) + \frac{LCs + RC}{LCs^2 + RCs + 1}u_\mathrm{c}(0) + \frac{L}{LCs^2 + RCs + 1}i_\mathrm{L}(0)$$

$$\tag{10.37}$$

教科书中，取 $u_\mathrm{s}(s)$ 作为输入，$u_\mathrm{c}(s)$ 作为输出，一般称 $1/(LCs^2 + RCs + 1)$ 为传递函数，此时默认初始值 $u_\mathrm{c}(0)$ 和 $i_\mathrm{L}(0)$ 为 0，反映的是系统的零状态响应。

进而，对于 i_L 而言，则有

$$i_\mathrm{L}(s) = C(su_\mathrm{s}(s) - u_\mathrm{c}(0)) \tag{10.38}$$

沿用例题 4-1 中的参数，编程实现对零输入响应曲线的绘制（L_RLC_Uc0.m）：

```
R=2;  %电阻
L=2e-3; %电感
C=2e-3; %电容
uC0=1; %电容电压初始值
iL0=0; %电感电流初始值
syms s t;
uCs=(L*C*s+R*C)/(L*C*s^2+R*C*s+1)*uC0 ...
    +L /(L*C*s^2+R*C*s+1)*iL0;
iLs=C*(s*uCs-uC0);
uCt=ilaplace(uCs,s,t); %拉普拉斯反变换
iLt=ilaplace(iLs,s,t); %拉普拉斯反变换
%绘制时间长度
t=0:0.0001:0.05;
%将 t 代入符号表达式 uCt 和 iLt 计算序列值
uCtv=eval(uCt); %计算序列
iLtv=eval(iLt);
plot(t,uCtv,t,iLtv); %绘制响应曲线
```

程序运行结果如图 10-3 所示，与图 4-4 所示的结果完全一致。

式（10.37）中，令 $u_\mathrm{c}(0)=0$、$i_\mathrm{L}(0)=0$，可以很清楚地看出，得到的就是常见的传递函数的形式，对其进行拉普拉斯逆变换（或称拉普拉斯反变换），得到的是系统的零状态响应。验证程序如下（L_RLC_Us.m）：

```
R=2;  %电阻
L=2e-3; %电感
C=2e-3; %电容
```

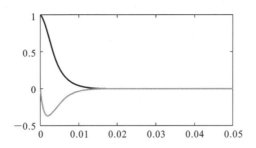

图 10-3　利用拉普拉斯变换绘制 RLC 电路的零输入响应曲线

```
syms s t;
uSt=sin(2*pi*50*t);
uSs=laplace(uSt,t,s);
uCs=1/(L*C*s^2+R*C*s+1)*uSs;
iLs=C*s*uCs;
uCt=ilaplace(uCs,s,t);%拉普拉斯反变换
iLt=ilaplace(iLs,s,t);%拉普拉斯反变换
%绘制时间长度
t=0:0.0001:0.05;
%将 t 代入符号表达式 uCt 和 iLt 计算序列值
uCtv=eval(uCt);%计算序列
iLtv=eval(iLt);
plot(t,uCtv,t,iLtv);%绘制响应曲线
```

程序运行结果如图 10-4 所示,与图 4-8 所示的结果完全一致。

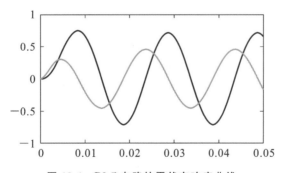

图 10-4　RLC 电路的零状态响应曲线

10.2.3　沿优弧和劣弧积分

　　前面提到,用式(10.23)在复数域对 ω 进行积分,其实是非常困难的,采用复变函数的留数方法计算积分则相对简单。

　　观察式(10.28),在单边拉普拉斯逆变换中,s 变动时 σ 是确定的(采用留数计算积分时,σ 的具体值相对而言并不重要,可选范围也宽),而 ω 为变量,其范围为 $-\infty$ 到 ∞。

　　在前面用留数法计算复变函数的积分时,都采用了封闭曲线。逆变换过程中,要形成封闭曲线,实际是要补齐图 10-5(a)中 ABCDE 对应的部分(沿优弧积分),或补齐图

10-5(b)中 I_2 对应的部分(沿劣弧积分)。由于要求 σ 为正,且足够大,显然沿优弧积分会包围住所有极点。

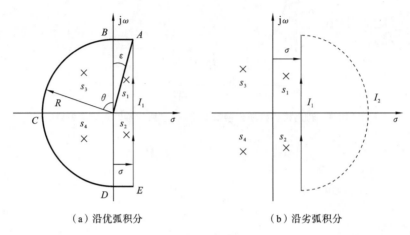

(a)沿优弧积分　　　　　　　　(b)沿劣弧积分

图 10-5　沿优弧积分

几个重要结论如下。

(1)采用留数方法计算拉普拉斯变换,计算的对象是 $F(s)\mathrm{e}^{st}$,这是因为 $F(s)$ 的分母阶数一般高于分子阶数(即使是同阶数,也可以分裂出一个常数项)。

(2)在单边拉普拉斯变换式(10.27)中,已经明确规定当 $t<0$ 时,$f(t)\equiv0$。因此,取 σ 为正,且足够大,使积分路径即直线 $s=\sigma+\omega$ 在 $F(s)$ 的所有极点之右,如图 10-5(a)所示。此时式(10.28)表达的是拉普拉斯反变换中的 $\mathrm{e}^{\sigma t}$ 部分,在 $t<0$ 时(例如 $t\to-\infty$ 时)是衰减的,才能保证积分能得到 $f(t)=0$。

(3)当 $t>0$ 时,沿优弧 $ABCDE$ 对 $F(s)\mathrm{e}^{st}$ 进行积分的结果为 0,从而沿 I_1 进行积分的结果为 $f(t)$。当 $t<0$ 时,因为 $f(t)=0$,所以对优弧 $ABCDE$ 进行积分的结果为计算留数的结果。

(4)由于沿 I_1+I_2 的封闭曲线不包含任何极点,所以积分结果为 0。那么当 $t>0$ 时,沿 I_1 进行积分的结果为 $f(t)$,沿 I_2 进行积分的结果为 $-f(t)$。当 $t<0$ 时,沿 I_1 进行积分的结果为 0,沿 I_2 进行积分的结果也为 0。

总而言之,拉普拉斯反变换的表达式显示 $f(t)$ 是沿 I_1 积分得到的,它与沿 I_1+ 优弧的封闭曲线对 $F(s)\mathrm{e}^{st}$ 计算留数的结果是相同的。即拉普拉斯反变换的积分可以用"沿某确定 σ、ω 从 $-\infty$ 到 ∞ 的积分"+"沿优弧积分"的封闭曲线的积分代替,从而可以采用留数方法计算。

例题 10-5　对于函数 e^{-at} 和 $\sin\omega_0t$,利用留数法计算拉普拉斯反变换。

解题过程:e^{-at} 的拉普拉斯变换为 $F(s)=1/(s+a)$,则拉普拉斯反变换为

$$g(t)=\frac{1}{2\pi\mathrm{j}}\int_{\sigma-\mathrm{j}\infty}^{\sigma\mathrm{j}\infty}\frac{1}{s+a}\mathrm{e}^{st}\mathrm{d}s=\frac{1}{2\pi\mathrm{j}}\oint G(s)\mathrm{d}s \tag{10.39}$$

显然 $G(s)=F(s)\mathrm{e}^{st}$ 只有一个一级极点,所以

$$g(t)=\lim_{s\to-a}(s+a)G(s)=\mathrm{e}^{-at} \tag{10.40}$$

对 $\sin\omega_0t$ 的拉普拉斯变换过程的理论推导类似:

$$g(t)=\lim_{s\to\mathrm{j}\omega_0}(s-\mathrm{j}\omega_0)\frac{\omega_0\mathrm{e}^{st}}{s^2+\omega_0^2}+\lim_{s\to-\mathrm{j}\omega_0}(s+\mathrm{j}\omega_0)\frac{\omega_0\mathrm{e}^{st}}{s^2+\omega_0^2}$$

$$= \frac{e^{j\omega_0 t}}{2j} + \frac{e^{-j\omega_0 t}}{-2j}$$

$$= \sin\omega_0 t \tag{10.41}$$

进一步采用编程实现(L_Sin.m):

```
clear all
syms t positive                    %限制为正数
syms w0 w real;                    %限制为实数
syms s                             %s不进行限制
ft=sin(w0*t);
fs=laplace(ft,t,s);
gs=fs*exp(s*t);
%两个一级奇点 -jw0 和-jw0
gt=limit((s-j*w0)*gs,s,j*w0)+limit((s+j*w0)*gs,s,-j*w0)
gt=simplify(gt)
```

运行结果:
```
gt=
(exp(-t*w0*1i)*1i)/2- (exp(t*w0*1i)*1i)/2
gt=
sin(t*w0)
```

结果显示,反变换得到的函数 gt 与原函数 ft 是相同的。程序实现过程中,可以直接使用 ilaplace 函数进行计算。

10.3 用拉普拉斯变换解微分方程

10.3.1 拉普拉斯变换与微分方程的关联性

前文已经说明,对于不满足狄利克雷条件的函数,可以通过傅里叶变换的相关定律导出(核心是冲激函数的定义)其对应的傅里叶变换。

若将式(4.57)中的 λ 强制用 s 替换,可得

$$u_C(t) = \frac{1}{(LCs^2 + RCs + 1)} \frac{u_{\text{mi}}}{2} e^{st} = G(s) \frac{u_{\text{mi}}}{2} e^{st} \tag{10.42}$$

部分教科书在介绍拉普拉斯变换时,往往直接令 $s = \sigma + j\omega$ 将傅里叶变换过渡到拉普拉斯变换,再给出相关变换结果和定律,并说明用拉普拉斯变换可以对不满足狄利克雷条件的函数进行计算,以及解微分方程的便利性。

式(10.42)的左边 $u_C(t)$ 决定了它是时域表达,而右边的表达式本身包含了一个 s,当 $\sigma = 0$ 时可以还原到式(4.57),可以理解为两个对称量的虚部对消。但当 s 中的 $\sigma \neq 0$ 时,式(10.42)中的 s 的物理意义就不好理解了。

10.3.2 激励(输入)处理过程

以前面的 RLC 电路计算案例为基础,介绍一下傅里叶变换结果的物理意义。

(1) $\cos\omega_0 t$ 的傅里叶变换为 $F(\omega)=\pi[\delta(\omega+\omega_0)+\delta(\omega-\omega_0)]$，它是频谱密度。对其进行积分(注意不是傅里叶逆变换)，可得到所谓的频谱：$\frac{1}{2\pi}\int_{-\infty}^{\infty}F(\omega)\mathrm{d}\omega$，两处冲激积分的结果各为 $1/2$，相加结果显然为 1，类似概率密度函数与概率分布函数的关系。

(2) 用傅里叶逆变换 $f(t)=\frac{1}{2\pi}\int_{-\infty}^{\infty}F(\omega)\mathrm{e}^{j\omega t}\mathrm{d}\omega=\frac{\mathrm{e}^{j\omega_0 t}}{2}+\frac{\mathrm{e}^{-j\omega_0 t}}{2}$ 说明激励源由两个 $\mathrm{e}^{\lambda t}$ 形式的分量构成。在这个计算过程中，积分变量 ω 的范围为 $-\infty$ 到 ∞，而将 t 视为常数。这个步骤可以理解为在求取特定时刻 t 的 $f(t)$ 值。

与上述过程对比，观察拉普拉斯变换的过程如下。

(1) $\cos\omega_0 t$ 的傅里叶变换为 $F(s)=s/(s^2+\omega_0^2)$，它也可以被视为是频谱密度。采用留数法对其进行积分(非拉普拉斯逆变换，同时注意积分路径的选择)，可得在 $s_1=\mathrm{j}\omega_0$ 和 $s_1=-\mathrm{j}\omega_0$ 两个位置都有留数 $1/2$，相加结果显然为 1，类似概率密度函数与概率分布函数的关系。

(2) 进行拉普拉斯逆变换 $f(t)=\frac{1}{2\pi\mathrm{j}}\int_{\sigma-\infty}^{\sigma\infty}F(s)\mathrm{e}^{st}\mathrm{d}s=\frac{\mathrm{e}^{j\omega_0 t}}{2}+\frac{\mathrm{e}^{-j\omega_0 t}}{2}$，积分过程也采用留数法进行计算，得到的结论与傅里叶变换的没有区别。

10.3.3　响应计算过程

通常情况下，我们用傅里叶变换做信号成分分析。因此在计算微分方程的响应时，会将各正交分量分别处理，每一个都沿用微分方程解析解的算法来计算结果，最后进行组合。

(1) 将具有特征 $\lambda_1=\omega_0$ 和 $\lambda_2=-\omega_0$ 的两个分解后的输入信号代入微分方程的解析解的计算方法中，可以得到 u_{C1} 和 u_{C2}，这两个方程是复数和时间量的混合体，即式(4.57)和式(4.59)，它们可以被看为相量计算法的由来。

(2) 将 u_{C1} 和 u_{C2} 合并后得到 $u_C(t)$，在计算过程中复数 j 消失，得到的波形是时域计算结果。我们使用拉普拉斯变换来进行系统分析，并不怎么用它来做信号成分分析，拉普拉斯变换主要用于系统的特性分析。

(3) 我们注意到冲激函数的拉普拉斯变换为 1，因此对式(10.42)中不考虑输入信号源的传递函数部分 $G(s)$ 进行拉普拉斯逆变换，得到的是系统的冲激响应。

(4) 参考第 6.4 节中关于卷积应用的部分可知，得到系统的冲激响应后，只需要与激励进行卷积，就可以得到系统响应，而根据拉普拉斯变换性质(见附录 C)，时域的卷积在频域则表现为乘积。因此，对于其他形式的激励源，只需要得到激励的拉普拉斯变换，与系统传递函数相乘，再进行拉普拉斯逆变换，即可得到系统的时域响应。

这里我们通过留数计算方法，在 RLC 电路的激励源为直流电源时，计算电容电压 $u_C(t)$ 的阶跃响应，以说明复变函数相关理论在工程上的应用。

激励为阶跃信号时，其拉普拉斯变换为 $1/s$，乘以传递函数得到响应的拉普拉斯变换为

$$u_C(s)=\frac{1}{(LCs^2+RCs+1)}\frac{1}{s} \tag{10.43}$$

为了获取时域响应，采用拉普拉斯逆变换，积分的对象为

$$\frac{1}{(LCs^2+RCs+1)}\frac{1}{s}\mathrm{e}^{st}=\frac{1}{LC(s-r_1)(s-r_2)}\frac{1}{s}\lim_{n\to\infty}\left(1+\frac{st}{n}\right)^n \tag{10.44}$$

我们可以尝试通过计算其留数来计算积分。式(10.44)中已经将 e^{st} 写成了极限形式，它不存在极点。此时容易看出，计算留数时，对于 e^{st} 部分，只需要把对应的极点值代入 e^{st} 即可。

式(10.44)的极点有三个，分布是 r_1、r_2 和 0。其中，r_1、r_2 的计算参考式为

$$r_{1,2}=-\frac{R}{2L}\pm\sqrt{\left(\frac{R}{2L}\right)^2-\frac{1}{LC}} \tag{10.45}$$

为简化描述，以 $R=3\ \Omega$ 的情况为例进行计算，此时有两个不同实根，同时注意到 $r_1\times r_2=1/LC$，因此，显然有

（1）极点 0 对应的留数为

$$\frac{1}{(LC0^2+RC0+1)}\lim_{n\to\infty}\left(1+\frac{0t}{n}\right)^n=\mathrm{e}^{0t}=1 \tag{10.46}$$

（2）极点 r_1 对应的留数为

$$\frac{r_1r_2}{(r_1-r_2)r_1}\lim_{n\to\infty}\left(1+\frac{r_1t}{n}\right)^n=\frac{-r_2}{(r_2-r_1)}\mathrm{e}^{r_1t} \tag{10.47}$$

（3）极点 r_2 对应的留数为

$$\frac{r_1r_2}{(r_2-r_1)r_2}\lim_{n\to\infty}\left(1+\frac{r_2t}{n}\right)^n=\frac{r_1}{(r_2-r_1)}\mathrm{e}^{r_2t} \tag{10.48}$$

在第 4.2.2 节中，我们曾经用微分方程的解析解求解过程计算过对应结果，综合式 (4.31)和式(4.53)可知，时域响应表现为

$$u_C=1+\frac{-r_2}{r_2-r_1}\mathrm{e}^{r_1t}+\frac{r_1}{r_2-r_1}\mathrm{e}^{r_2t} \tag{10.49}$$

显然它与式(10.46)~式(10.48)之和是完全对应的。上述计算过程可以参考下面代码(L_RLC_Re.m)：

```
clear all
R=3; %电阻
L=2e-3; %电感
C=2e-3; %电容
syms s t;
uCs=1/(L*C*s^2+R*C*s+1)*1/s; %响应表达式,后面计算不用
%计算留数,R1 为留数,P1 为极点
[R1,P1,K1]=residue([1],[L*C,R*C,1 0])
syms ft; %定义符号函数表达式
ft=0;
for i=1:length(R1)
    ft=ft+R1(i)*exp(P1(i)*t); %每个极点对应的时域响应
end
t=0:(0.01/100):0.05; %给定时间序列
ftv=eval(ft); %计算对应数据
plot(t,ftv); %绘制响应曲线
```

运行结果：

```
R1=
     0.1708
    -1.1708
     1.0000
P1=
1.0e+03 *
    -1.3090
    -0.1910
          0
K1=
```

　　程序运行后得到的响应曲线与图 4-7 所示的相同。令程序中的 R＝1，可以得到欠阻尼情况下的响应。对于 R＝2 的电路临界阻尼的情况，可采用对应的留数计算方法计算，但需要稍微修改一下程序，读者可以自己尝试。

10.4　Z 变换与差分方程

10.4.1　定义

1. 基本定义

　　离散函数(序列)$x(k)=\{\cdots,x(-1),x(0),x(1),\cdots\}$ 的 Z 变换 $X(z)$ 的定义式为

$$X(z) = \cdots + x(-k)z^k + \cdots + x(-1)z^1 + x(0)z^0 + x(1)z^{-1} + \cdots + x(k)z^{-k} + \cdots$$

$$= \sum_{k=-\infty}^{\infty} x(k)z^{-k} \tag{10.50}$$

即 $X(z)$ 是 $z^{-1}(z$ 一般是复数)的一个幂级数。式(10.50)称为 $x(k)$ 的 Z 变换式，记为

$$X(z) = Z[x(k)] = \sum_{k=-\infty}^{\infty} x(k)z^{-k} \tag{10.51}$$

　　换句话说，$X(z)$ 是以 $x(k)$ 为系数组成的罗朗级数。$X(z)$ 的罗朗级数展开式的各项系数就是需要处理的信号。因此，Z 变换的本质是为离散的数列寻找一个"通项公式"。

　　如果只对 $k \geqslant 0$ 的序列进行 Z 变换，则有

$$X(z) = Z[x(k)] = \sum_{k=0}^{\infty} x(k)z^{-k} \tag{10.52}$$

称此为单边 Z 变换，而式(10.51)称为双边 Z 变换。

　　对应的 Z 变换的反变换为

$$x(k) = \frac{1}{2\pi j} \oint_c X(z)z^{k-1} dz \tag{10.53}$$

　　式(10.53)显然是计算 $X(z)z^{k-1}$ 的留数。此时，我们反过来观察式(10.28)，计算得到的实际是特定的 t 时刻的留数，与 Z 变换计算离散信号特定的序号 k 的留数是一

个性质。

2. 从拉普拉斯变换定义

Z 变换式本质上是拉普拉斯变换针对离散信号的表达形式，拉普拉斯变换的公式如下：

$$X(s) = \int_{-\infty}^{\infty} x(t) \mathrm{e}^{-(\sigma + j\omega)t} \mathrm{d}t = \int_{-\infty}^{\infty} x(t) \mathrm{e}^{-st} \mathrm{d}t \tag{10.54}$$

其中，$x(t)$ 是连续信号。

当我们处理的信号变成一个离散信号时，可以将其视为由一个连续信号采样得到的，写成式子则表示为 $x(kT_s)$，其中，$k = -\infty, \cdots, -1, 0, 1, \cdots, \infty$，$T_s$ 是采样周期。拉普拉斯变换将会变成如下形式：

$$\int_{-\infty}^{\infty} x(t) \mathrm{e}^{-st} \mathrm{d}t \longrightarrow \sum_{n=-\infty}^{\infty} x(kT_s) \mathrm{e}^{-skT_s} \tag{10.55}$$

将 e^{sT_s} 记为 z，同时将离散信号 $x(kT_s)$ 简记为 $x(k)$，就可以得到 Z 变换的公式：

$$X(z) = \sum_{k=-\infty}^{\infty} x(k) z^{-k} \tag{10.56}$$

此外，对于 Z 变换的定义，还可以由抽样信号的拉普拉斯变换引出。设有连续信号 $x(t)$，每隔时间 T_s 抽样一次，相当于 $x(t)$ 乘以冲激序列 $\delta_\mathrm{T}(t)$。考虑到冲激函数的抽样性质，得到抽样信号 $x_s(t)$ 为

$$x_s(t) = x(t)\delta_\mathrm{T}(t) = x(t) \sum_{k=-\infty}^{\infty} \delta(t - kT_s)$$

$$= \sum_{k=-\infty}^{\infty} x(kT_s)\delta(t - kT_s) \tag{10.57}$$

式 (10.57) 说明抽样信号 $x_s(t)$ 可以表示为一系列在 $t = kT_s$ 时刻出现的强度为 $x(kT_s)$ 的冲激信号之和。其中，$x(kT_s)$ 为一个离散序列。

对式 (10.57) 两边同时取双边拉普拉斯变换，考虑到 $L[\delta(t - kT_s)] = \mathrm{e}^{-skT_s}$，可得到信号 $x_s(t)$ 的双边拉普拉斯变换为

$$X_s(s) = L[x_s(t)] = \sum_{k=-\infty}^{\infty} x(kT_s) \mathrm{e}^{-skT_s} \tag{10.58}$$

取新的复变量 $z = \mathrm{e}^{sT_s}$，可得

$$X_s(s) = L[x_s(t)] = \sum_{k=-\infty}^{\infty} x(kT_s) z^{-k} = X(z) \tag{10.59}$$

由式 (10.59) 可知，当令 $z = \mathrm{e}^{sT_s}$ 时，序列 $x(k)$ 的 Z 变换就等于抽样信号 $x_s(t)$ 的拉普拉斯变换，Z 变换中的复变量 z 和拉普拉斯变换中的复变量 s 的关系为

$$z = \mathrm{e}^{sT_s} \quad \text{或} \quad s = \frac{1}{T_s} \ln z \tag{10.60}$$

10.4.2 Z 变换的收敛域及解读

对于任意给定的序列 $x(k)$，使其 Z 变换存在的所有 z 值的集合，称为序列 Z 变换的收敛域。根据数学中的级数理论，Z 变换收敛的充分必要条件为

$$\sum_{k=-\infty}^{\infty} |x(k) z^{-k}| < \infty \tag{10.61}$$

即 Z 变换存在的充分必要条件是级数绝对可和。使级数绝对可和成立的所有 Z 值称为 Z 变换域的收敛域(region of convergence,ROC)。由 Z 变换的表达式及其对应的收敛域才能确定原始的离散序列。

例题 10-6 例如已知离散时间信号为 $x(k) = \begin{cases} a^{kT_s}, & k \geqslant 0 \\ 0, & k < 0 \end{cases}$,试求它的 Z 变换及 Z 变换的收敛域。

解题过程:由 Z 变换的定义可得此信号的 Z 变换为

$$
\begin{aligned}
X(z) &= \sum_{k=0}^{\infty} a^{kT_s} z^{-k} = \sum_{k=0}^{\infty} (a^{T_s} z^{-1})^k \\
&= 1 + (a^{T_s} z^{-1}) + (a^{T_s} z^{-1})^2 + \cdots + (a^{T_s} z^{-1})^k + \cdots \\
&= \frac{1}{1 - a^{T_s} z^{-1}} = \frac{z}{z - a^{T_s}}
\end{aligned}
\tag{10.62}
$$

显然,若该级数收敛,只有使 $|a^{T_s} z^{-1}| < 1$,即 Z 变换的收敛域为

$$
|z| > a^{T_s} \tag{10.63}
$$

以上计算过程可以用下面程序实现(ZT.m):

```
syms a k t Ts real; %将符号变量定义为实数
syms s z %可以是复数的符号变量
Xt=simplify(exp(log(a)*t)) %时域函数;
%若将上一行简化成 a^t,则 laplace 函数变换无法使用
Xt=exp(log(a)*t); %不进行简化
L=laplace(Xt) %连续函数的拉普拉斯变换
Xk=simplify(subs(Xt,{t},{k*Ts})) %连续函数的离散化替换
Xz=ztrans(Xk) %离散后的 Z 变换
```

```
运行结果:Xt=
a^t
L=
1/(s-log(a))
Xk=
a^(Ts*k)
Xz=
z/(z-a^Ts)
```

程序对该函数的连续形式也进行了拉普拉斯变换,这在后面关于收敛域的解析中会用到。对于 Z 变换而言,z 为一个复变量,其取值可在一个复平面上表示,这个复平面称为 z 平面。上述 Z 变换的收敛域在 z 平面上为以原点为圆心,以 $R = a^{T_s}$ 为半径的圆的外部区域,如图 10-6 所示。此处,$|z| > a^{T_s}$ 称为 $X(z)$ 的收敛条件,R 称为收敛半径。

收敛域有以下特点。

(1)收敛域是一个圆环,有时可向内收缩到原点,有时可向外扩展到 ∞,只有 $x(k) = \delta(k)$ 的收敛域是整个 z 平面。

(2)收敛域内没有极点,$X(z)$ 在收敛域内每一点上都是解析函数。

由以上实例可知,Z变换的收敛域一般位于z平面上收敛半径为R的圆的外部区域,收敛半径R视$x(k)$的不同而不同。这种说法有什么实际含义呢？让我们换一个视角来思考。

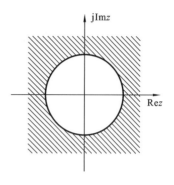

图 10-6　z变换的收敛域

1. 原始信号

若采样间隔为周期T,本例中$x(k)=a^{kT_s}$对应的时域连续信号可以表达为$x(t)=a^t$,我们仅讨论$a>0$的情况。显然,$a>1$时,$x(t)$不断变大,而$0<a<1$时,若$t\to\infty$,容易看出$x(t)\to0$。这个时候我们容易接受$x(t)$会收敛到一个稳定值的说法。

2. 拉普拉斯变换

当$a>1$时,在进行傅里叶变换的时候,我们说信号不满足狄利克雷条件,下面用拉普拉斯变换来对它进行处理。

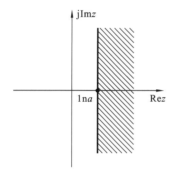

图 10-7　拉普拉斯变换的收敛域

可进一步得$x(t)=a^t=e^{t\ln a}$,其拉普拉斯变换查表易得

$$\frac{1}{s-\ln a} \tag{10.64}$$

在这个过程中,为了压制原信号,选择$x(t)e^{-\sigma t}=e^{t\ln a}e^{-\sigma t}=e^{t(\ln a-\sigma)}$,再对其进行傅里叶变换。变换结果中,极点$s=\ln a$,当$a>1$时,$\ln a>0$,故在图10-7中,我们将收敛域绘制在实轴的正半轴上。

根据拉普拉斯变换过程,我们知道,此时需要选择的$\sigma>\ln a$,从而使傅里叶变换到拉普拉斯变换的过渡顺利进行,因此,我们可以说,图10-7中的阴影部分是对应的收敛域。

3. Z变换

式(10.60)已经说明了Z变换中的复变量z和拉普拉斯变换中的复变量s的关系,进一步可得

$$z=e^{sT_s}=e^{\sigma T_s}e^{j\omega T_s}=e^{\sigma T_s}(\cos\omega T_s+j\sin\omega T_s) \tag{10.65}$$

由式(10.65)可知,在拉普拉斯变换中选择$\sigma>\ln a$,等价于在Z变换中选择$e^{\sigma T_s}>e^{T_s\ln a}$。显然,$e^{T_s\ln a}$是一个圆的半径,即

$$R=e^{T_s\ln a}=a^{T_s} \tag{10.66}$$

这和前面的结论是一样的。

回到系统的角度,如图10-8所示,一个输入信号$x(s)$在经过一个系统$G(s)$时,其输出为$y(s)$,从而$y(s)=G(s)x(s)$。

此外,对于图10-8所示的控制系统,控制对象$G_s(s)$可能原本在正半平面是有极点分布的,设计控制器的意图无非是使整个最终的系统$G(s)$的极点都处于负半平面。

考虑极端的情况,即输入信号就是冲激信号,则

$$y(s)=G(s) \tag{10.67}$$

即当给定一个冲激信号$x(t)=\delta(t)$时,对应的$x(s)=1$,则传递函数$G(s)$表达的实际是

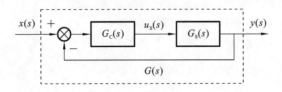

图 10-8　控制系统图示

冲激响应 $y(t)$ 的拉普拉斯变换 $y(s)$。如果冲激响应是收敛的,则将冲激响应和其他类型的、具有有限幅值的输入信号进行卷积,最终得到的系统在其他信号激励下的响应,也终究是一个稳定的值。

到此为止,我们想说明,在谈及收敛域的时候,假设 $y(t)=a^t$,则 $y(s)=G(s)=1/(s-\ln a)$,因此收敛域 $\sigma>\ln a$ 与其说是描述信号 $y(s)$ 的,不如说是描述系统 $G(s)$ 的。只要我们牢记"正在分析的信号可能就是某个系统的冲激响应",就不难理解分析信号收敛域的意义。

10.4.3　差分方程

在分析连续时间系统时,可以把描述此系统工作情况的微分方程通过拉普拉斯变换转变成代数方程求解。由微分方程的拉普拉斯变换式还可引出复频域中的传递(转移)函数的概念,由系统的传递函数能较为方便地求系统施加外激励后的零状态分量。对于离散时间系统的分析,情况也相似。

例题 10-7　对图 5-1 所示的 RL 电路,当电源 u_s 为阶跃信号形式的、大小为 1 V 的直流电源时,利用 Z 变换相关理论分析其响应过程。

解题过程:

(1) 脉冲响应不变法理论分析。

按照"信号与系统"课程中的脉冲响应不变法,根据系统的微分方程有

$$L\frac{\mathrm{d}i}{\mathrm{d}t}=-Ri+u_s \tag{10.68}$$

易知系统传递函数为

$$G(s)=\frac{i(s)}{u_s(s)}=\frac{1}{Ls+R}=\frac{1/L}{s+R/L} \tag{10.69}$$

可得时域的冲激响应为

$$i(t)=\frac{1}{L}\mathrm{e}^{-(R/L)t} \tag{10.70}$$

根据第 10.4.2 节的描述,由 $\ln a=-R/L,a=\mathrm{e}^{-R/L}$ 选择对应的采样周期 T_s,则对应的离散序列为

$$i(k)=\frac{1}{L}\mathrm{e}^{-(R/L)kT_s} \tag{10.71}$$

该序列的 Z 变换为

$$i(z)=\frac{z}{L(z-\mathrm{e}^{-(R/L)T_s})} \tag{10.72}$$

这个结果也可以通过查附录 D 得到。

我们在前面提到过 $z=\mathrm{e}^{sT_s}$,但我们不可以试图将 $s=\ln z/T_s$ 代入式(10.69)来试图

得到与式(10.72)相同的结果。这是因为由式(10.55)和式(10.56)可知,Z变换是信号离散后,将积分转换为求和后的一种"拉普拉斯变换",因此不能将连续信号的拉普拉斯变换结果中的s用z代替来得到对应的结果。

但是从式(10.58)和式(10.59)可以看出,对离散化的信号进行拉普拉斯变换(核心是利用冲激信号$\delta(t)$进行采样)后可得到$X_s(s)$,可以直接令$z=e^{sT_s}$来进行转换。但$X_s(s)$和$X(s)$已经不是一个概念了。

对式(10.72)进行Z反变换,按留数法计算可知:

$$x(k) = \frac{1}{2\pi j}\oint_c i(z)z^{k-1}dz i(z) = \frac{1}{2\pi j}\oint_c \frac{z^k}{L(z-e^{-(R/L)T_s})}dz$$
$$= \frac{1}{L}e^{-(R/L)kT_s} \tag{10.73}$$

从而回到了式(10.71)所示的时域形式。以上即为"信号与系统"课程中的脉冲响应不变法的基本计算过程。可以用下面程序进行验证(DZT.m):

```
clear all;
syms z s  t n
R=1; %代入实际数值
L=1;
Ts=0.2; %采样周期
%由拉普拉斯变换获得对应的 Z 变换
figure(1)
Gs=tf([1/L],[1,R/L])
Hz=c2d(Gs,Ts,'imp') %采用脉冲响应等效法
figure(1)
subplot(1,2,1)
impulse(Gs,'--',Hz,'-') %绘制冲激响应
subplot(1,2,2)
step(Gs,'--',Hz,'-') %绘制阶跃响应
```

运行结果:
```
Gs=
    0.5
  -------
  s+0.5
Continuous-time transfer function.
Hz=
   0.1 z
 ----------
 z - 0.9048
Sample time: 0.2 seconds
Discrete-time transfer function.
```

程序运行得到的连续传递函数 Gs 即为式(10.69)。c2d 函数(不包括后向差分)可选的离散方法很多,例如双线性变换法、零级的配置法等,但得到的 Z 变换的形式有所

不同。程序采用了参数 imp,意思是采用脉冲等效法(脉冲响应等效法),但得到的表达式 Hz 与式(10.72)所示的并不相同,运行结果中 Hz 的分母系数 0.9048 即为 $e^{-0.2R/L}$,分子系数 $0.1 = T_s/L$。

具体可查看第 6.4 节,设系统的冲激响应为 $h(t)$,c2d 函数给出的是式(6.31)中的 $\Delta th(t)$ 的 Z 变换,即

$$H(z) = \frac{T_s z}{L(z - e^{-(R/L)T_s})} \tag{10.74}$$

程序运行结果如图 10-9 所示。

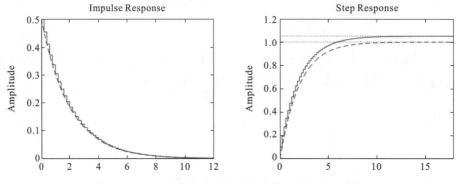

图 10-9 c2d 离散化前后的冲激响应与阶跃响应对比

出现的问题是阶跃响应存在明显的误差,根据

$$i(z) = H(z)u(z) \tag{10.75}$$

令 $u(z)$ 分别为冲激信号和阶跃信号的 Z 变换,编写程序如下(DZT.m 续):

```
Hz=Ts/L* z/(z-exp(-R/L*Ts)); %脉冲等效的 Z 变换
in_impulse=iztrans(Hz); %冲激函数的 Z 变换为 1
in_step=iztrans(Hz*z/(z-1)); %阶跃函数的 Z 变换为 z/(z-1)
%上两步进行反变换得到序列的表达式
k=0:1:10/Ts; %绘制 10 秒
in_impulse=subs(in_impulse,n,k) %n 替换为实际数
in_step=subs(in_step,n,k)
figure(2)
stairs(k*Ts,in_impulse); %绘制茎秆图
hold on
stairs(k*Ts,in_step)
```

程序运行结果如图 10-10 所示,存在的问题是冲激响应序列明显不同,阶跃响应存在误差。可以将 c2d 的参数 imp 改为 zoh(零阶保持器),则阶跃响应从图像上看是正确的。

(2) 差分化过程分析。

实际对于 RL 电路而言,取电流(或电阻上电压)为输出,等价于低通滤波器,将式(10.68)用后向差分法离散化,设采样周期为 T_s,可得

$$\frac{i(k) - i(k-1)}{T_s} = \frac{-Ri(k-1) + u_S(k)}{L} \Rightarrow i(k) - i(k-1) = -T_s R/L i(k-1) + T_s/L u_S(k)$$

$$\Rightarrow i(k) - (1 - T_s R/L)i(k-1) = T_s/L u_S(k) \tag{10.76}$$

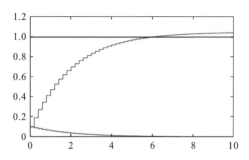

图 10-10 RL 电路差分化后冲激响应与阶跃响应的 Z 反变换

对式(10.76)进行 Z 变换,有

$$i(z) - (1-T_s R/L)z^{-1}i(z) = T_s/Lu_S(z) \Rightarrow H(z) = \frac{i(z)}{u_s(z)} = \frac{T_s}{L}\frac{z}{z-(1-T_S R/L)}$$

$$(10.77)$$

对比式(10.72)和式(10.77)可知,二者存在一定的差异:式(10.77)中没有自然常数 e,此外,分子上多了一个 T_s,可以令式(10.77)中的 $T_s \to 0$(去掉多出来的那个 T_s),则与式(10.72)一样,最终都是

$$i(z) = \frac{z}{L(z-1)} \tag{10.78}$$

当 $R=1\ \Omega$,$L=2$ H,$T_s=0.2$ s 时,有

$$H(z) = \frac{0.1z}{z-0.9} \tag{10.79}$$

对比式(10.79)和式(10.74)可知,差异在分母上。这是因为,式(10.79)是经差分化而来的,而式(10.74)所用的脉冲等效法是将连续系统的信号离散化,没有差分过程,仅仅是多乘以了一个系数 T_s。对应的响应情况如下。

① 当输入为阶跃信号时。

$$u_s(z) = \frac{1}{1-z^{-1}} \Rightarrow i(z) = H(z)u_S(z) = \frac{0.1}{(1-0.9z^{-1})}\frac{1}{(1-z^{-1})}$$

进行部分分式展开如下:

$$i(z) = \frac{-0.9}{1-0.9z^{-1}} + \frac{1}{1-z^{-1}} \Rightarrow i(k) = [-0.9(0.9)^k + 1]u_S(k)$$

② 当输入为冲激信号时。

$$u_s(z) = 1 \Rightarrow i(z) = \frac{0.1}{1-0.9z^{-1}}$$

进行部分分式展开如下:

$$i(z) = \frac{0.1}{1-0.9z^{-1}} \Rightarrow i(k) = 0.1(0.9)^k$$

可以用下面程序进行验证(BDZ.m):

```
clear all;
syms z s  t n
R=1; %代入实际数值
L=2;
```

```
Ts=0.2; %采样周期
Hz=Ts/L*z/(z-(1-Ts*R/L));
%后向差分方程形成的 Z 变换
k=0:1:10/Ts; %绘制 10 s
figure(2)
subplot(1,2,1) %冲激
iz_impulse=Hz; %冲激响应
it_impulse=iztrans(iz_impulse); %Z 反变换
it_impulse=subs(it_impulse,n,k); %变量 n 代入实际数
stem(k*Ts,it_impulse);

subplot(1,2,2) %阶跃信号
iz_step=Hz*z/(z-1); %冲激响应 * 阶跃信号
it_step=iztrans(iz_step); %Z 反变换,不用除以 Ts
it_step=subs(it_step,n,k); %变量 n 代入实际数
stem(k*Ts,it_step);
```

程序运行结果图如图 10-11 所示。

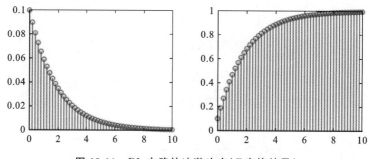

图 10-11　RL 电路的冲激响应(Z 变换结果)

此冲激响应的起始点是连续系统的冲激响应的 T_s 倍,起始点 $i(0)=0.1$。这一点我们需要注意,因为第 6 章中已经说明过对应的连续系统的冲激响应的起点为 0.5,其离散化结果应该也是从 0.5 开始的。

此阶跃响应比用脉冲等效法得到的好,这种误差来源于差分化的过程不同。通过改小 T_s 值,可以观察到误差的减小。

用后向差分方法和用 c2d 函数对连续系统进行离散化得到的传递函数(分别为式(10.79)和式(10.74))实际是相差不大的,因此 impulse 函数绘制阶跃响应曲线(图 10-9,起点为 0.5)时应该是进行了乘以 T_s 的处理的。

10.5　编程知识点

10.5.1　roots 函数

roots 函数由于求多项式的根。例如求多项式 $P(x)=x^4+3x^2+2x+1$ 的根,程序如下:

```
P=[1 0 3 2 1];      %多项式各项的系数
roots(P)                      %求零点,也就是多项式的解
```

运行结果:
```
ans=
  0.3497+1.7470i
  0.3497-1.7470i
 -0.3497+0.4390i
 -0.3497-0.4390i
```

将多项式的系数从高往低排,最后一位为常数项,没有对应次数时要注意补 0。

10.5.2 limit 函数

求极限是高等数学中的常规操作,求符号函数极限的函数为 limit,其调用格式为

```
limit(f,var,a)
```

即求函数 f 关于变量 var 在 a 点的极限,其中,f 为求极限的函数,为符号表达式;var 为变量,若 var 省略,则采用系统默认的自变量 x;a 为一个常数,a 默认为 0。

例如,求解 $\lim\limits_{n\to\infty}\left(1+\dfrac{1}{n}\right)^n$ 的程序如下:

```
syms n;          %创建变量 n
f=(1+1/n)^n;     %创建函数 f
limit(f,n,inf)   %利用 limit 指令求函数 f 关于变量 n 在正无穷处的极限
```

运行结果:
```
ans=
  exp(1)         %自然常数 e
```

10.5.3 laplace 函数与 ilaplace 函数

laplace 函数与 ilaplace 函数分别用于求拉普拉斯变换和拉普拉斯反变换。语法为

```
F=laplace(f,t,s)
```

即求时域函数 f 的 laplace 变换 F,其中,f 为符号函数,使用的符号变量通常为 t,但也可以是其他的,比如 x;当参数 t 省略时,默认自由变量为 t;s 用于指定返回的变换结果的符号变量,参数 s 省略,返回结果 F 默认为 s 的函数;返回的变换结果 F 是以 s 指定的符号变量的函数。

F=ilaplace(f,t,s)用于求 F 的 laplace 反变换 f;f=ilaplace(F,t,s)用于求 F 的 laplace 反变换 f,参数含义同上。

例如求解 $e^{-2t}u(t)$ 和 $te^{-3t}u(t)$ 的拉普拉斯变换($u(t)$代表阶跃函数),程序如下:

```
syms t;                    %使用 syms 定义变量
f=exp(-2*t);               %f(t)表达式
F1=laplace(f)              %f(t)拉普拉斯变换得到 F1(s)
```

```
f=t*exp(-3*t);              %f(t)表达式
F2=laplace(f)               %f(t)拉普拉斯变换得到 F2(s)
```

运行结果：
```
F1=
1/(s+2)
F2=
1/(s+3)^2
```

注意对比时间常数与极点的关系，以及变换结果中分母平方的含义。

例如，求解 $\dfrac{1}{(s^2+1)s}$ 和 $\dfrac{1}{(s+1)(2s+1)s}$ 的拉普拉斯反变换，程序如下：

```
syms s;
F1=1/(s*(s^2+1));
f1=ilaplace(F1)
F2=1/(s*(2*s+1)(s+1));
f2=ilaplace(F2)
```

运行结果：
```
f1=
1-cos(t)
f2=
exp(-t)-2*exp(-t/2)+1
```

对比式(10.43)，F1 的变换结果很容易理解为一个阶跃($1/s$)作用在 LC 电路($R=0$)上产生的振荡，而 $F2$ 的变换结果则为过阻尼情况下，电容电压响应上升过程，传递函数常写成 $\dfrac{1}{(T_1s+1)(T_2s+1)s}$ 的形式。从变换结果容易看出，两个衰减量的时间常数($T_1=1$ s，$T_2=2$ s)由极点位置决定，初始值由留数决定，分别为 1 和 -2。同时，也容易看出，远离虚轴的极点代表的时间常数较小，对应的分量衰减很快，因此，系统的响应过程主要由靠近虚轴的极点决定。

10.5.4　c2d 函数

c2d 函数的作用是将 s 域的表达式转化成 Z 域的表达式，常用语法为

```
sysd=c2d(sys,Ts,method)
```

其中，sys 为连续系统的拉普拉斯变换，Ts 为采样时间，method 为差分化方法，常用的选项有：

(1) zoh——零阶保持器法，又称阶跃响应不变法；

(2) foh——一阶保持器法；

(3) tustin——双线性变换法；

(4) impulse——脉冲响应不变法，可简写为 imp。

此外还有零极点匹配法、最小二乘法等选择。

函数本身在差分过程和系统描述方面还有很多可选项,涉及的基础理论和原理较多,可在深入学习后再进行相关了解。

10.5.5　ztrans 函数和 iztrans 函数

与拉普拉斯变换类似,MATLAB 提供了 ztrans 函数和 iztrans 函数用于 Z 变换和 Z 反变换。Z 变换函数的使用示例如下:

```
syms n k z a w0;
x1=a^n;
X1=ztrans(x1)
x2=exp(j*w0*k);
X2=ztrans(x2,'k','z')
```

运行结果:
```
X1=
-z/(a-z)
X2=
z/(z-exp(w0*1i))
```

可见函数 ztrans 默认以 n 为独立变量(independent variable),但也可以指定独立变量为 k。而 z 则为转换变量(transformation variable)。Z 反变换函数的使用示例如下:

```
syms n z a;
X1=z/(z-0.5);
x1=iztrans(X1)
k=0:1:10;
x=subs(x1,n,k)
```

运行结果:
```
x1=
(1/2)^n
x=
[1, 1/2, 1/4, 1/8, 1/16, 1/32, 1/64, 1/128, 1/256, 1/512, 1/1024]
```

转换结果 x1 为符号表达式,必要时,可以用 subs 函数代入实际数值,得到对应的数字序列 x。但查看 x 的数据类型时,可以知道它仍旧是符号形式的,不过已经可以使用 plot 函数进行绘图,必要时可以借助 eval 函数将其进一步转换成 double 类型的。

10.5.6　stairs 函数

stairs 函数的用法与 plot 函数的差不多,对比如下:

```
X=linspace(0,1,30)';
Y=cos(10*X);
h=stairs(X,Y);
```

```
h.Marker='o';
h.MarkerFaceColor='m';
hold on
plot(X,Y)
```

　　程序运行结果如图 10-12 所示,stairs 函数的两个点之间的直线连接为阶梯形式的。stairs 函数的返回值 h 可以用于设置数据点的属性。

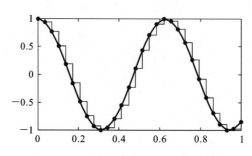

图 10-12　stairs 函数与 plot 函数的对比

10.6　小结

　　有些资料将拉普拉斯变换中 s 的积分范围写成从 $-\infty$ 到 ∞,实际上这是不够严谨的,毕竟 s 是一个复数,从 $-\infty$ 到 ∞ 实际还是指的是 ω 的变化范围,与优弧一起构成封闭曲线($t>0$ 时,沿优弧积分为 0),而封闭曲线的积分结果与积分路径无关,从而使得 σ 的取值并不重要。初学者很难将它与复变函数的封闭曲线积分和留数计算挂钩,本章虽然没有完全严谨说明沿优弧和沿劣弧积分的计算结果与拉普拉斯变换的一致性,但大致描述了这些数学计算上的关联性。

　　关于 Z 变换与差分方程,本章仅以微分方程为纽带说明它和拉普拉斯变换的关系,供读者入门学习,在"数字信号处理"或"信号与系统"课程中有更多的细节性讨论。

11

概率与数理统计及其应用

11.1 概率与统计

11.1.1 概率

概率从数量上刻画了一个随机事件发生的可能性的大小。在大量重复试验中，如果事件 A 发生的频率稳定在某个常数附近，那么这个常数就称为事件 A 的概率 (probability)。投掷硬币是最为简单的两点分布(即伯努利分布)的例子，其概率是非常直观的。若约定投掷骰子时点数为 6 为胜，否则为负，则投掷骰子也属于两点分布，如表 11-1 所示。

表 11-1　两点分布

投 掷 硬 币			投 掷 骰 子		
X	1(反面)	0(正面)	X	1(不为6)	0(为6)
p_k	$p=0.5$	$1-p=0.5$	p_k	$p=1/6$	$1-p=5/6$

11.1.2 数学期望与方差

数学期望(mathematic expectation)是最基本的数学特征之一。设离散型随机变量 X 取值为 $X_1, X_2, X_3, \cdots, X_n$ 时的概率分别为 $p(X_1), p(X_2), p(X_3), \cdots, p(X_n)$，则数学期望为

$$E(X) = \sum_{i=1}^{n} p(X_i) X_i \qquad (11.1)$$

容易知道，投掷硬币的数学期望为 p，注意，投掷硬币这个两点分布的概率为 p 与其数学期望为 p 并不是一个意义。假定某人一无所长，参加一次 100 道题全是判断题的考试，答题全靠蒙，我们可以知道，其得分为 50 分的概率很大，但如果将判分规则改为答对得 1 分，答错扣 1 分，则他得 0 分的概率很大，如表 11-2 所示。

表 11-2　两点分布概率

答错不扣分			答　错　扣　分		
X	1(蒙对)	0(蒙错)	X	1(蒙对)	-1(蒙错)
p_k	$p=0.5$	$1-p=0.5$	p_k	$p=0.5$	$1-p=0.5$
$E(X)$	0.5		$E(X)$	0	

由此可知,事件发生或不发生是概率问题,而数学期望则取决于 X 的定义值。

概率论中的方差用来度量随机变量和其数学期望(即均值)之间的偏离程度。统计学中的方差(样本方差)是每个样本值与全体样本值的平均数之差的平方值的平均数,即

$$D(X) = E((X-E(X))^2) = \sum_{i=1}^{n} p(X_i)(X_i^2 - 2X_i E(X) + E(X)^2)$$

$$= \sum_{k=1}^{n} p(X_i)X_i^2 - 2E(X)\sum_{i=1}^{n} p(X_i)X_i + E(X)^2 \sum_{i=1}^{n} p(X_i)$$

$$= E(X^2) - E(X)^2 \tag{11.2}$$

在许多实际问题中,研究方差即偏离程度有着重要意义。例如有两个射击运动员各开 5 枪,分别得到了 $\{10,7,10,9,7\}$ 和 $\{8,8,8,9,9\}$ 的成绩,我们计算均值和方差如下(G_XD.m):

```
X1=[10,7,10,9,7];
X2=[8,8,8,9,9];
S1=sum(X1) %总和
S2=sum(X2) %总和
M1=mean(X1) %均值
M2=mean(X2) %均值
D1=var(X1,1) %方差=mean((X1-M1).^2)
D2=var(X2,1) %方差=mean((X2-M2).^2)
x1=std(X1,1) % 标准差=sqrt(D1)
x2=std(X2,1) %标准差=sqrt(D2)
```

运行结果:
```
S1 =
    43
S2=
    42
M1=
    8.6000
M2=
    8.4000
D1=
    1.8400
D2=
    0.2400
```

```
x1=
    1.3565
x2=
    0.4899
```

从总成绩看，1号运动员胜出。但2号选手的稳定性更好。

程序中使用 mean 函数、var 函数和 std 函数求取均值（离散型数学期望）、方差和标准差。

11.2　常见概率分布

11.2.1　均匀分布

均匀分布的概率密度函数为

$$f(x)=\frac{1}{b-a}, \quad a<x<b \tag{11.3}$$

两个边界 a 和 b 处的的值通常是不重要的，对 $f(x)$ 从 a 到 x' 积分，可得分布函数：

$$F(x')=\frac{x'-a}{b-a} \tag{11.4}$$

式（11.4）可以理解为 $x<x'$ 的事件都发生占全部可能性的比例。显然当 $x'=b$ 时，$F(b)=1$。均匀分布的数学期望 $E(X)=(a+b)/2$，方差 $D(X)=(b-a)^2/12$。

若 $a=0, b=1$，则所得分布 $U(0,1)$ 称为标准均匀分布。

MATLAB 中采用 unifrnd 和 rand 两个内部函数来产生均匀分布和标准均匀分布。

```
>>rand()
ans=
    0.8147
>>unifrnd(2,3)
ans=
    2.9058
```

注意，计算机语言产生的随机数都是伪随机数，是根据特定算法产生的（可参考相关书籍），且存在一个所谓的种子数，可以通过下面两个方法来进行验证。

方法一，启动 MATLAB 后，首先调用 rng 函数保存默认种子数为变量 s，使用其他会产生随机数的函数后，若希望系统恢复到开机时的状态，可使用 rng 函数：

```
>>s=rng;
>>rand()
ans=
    0.8147
>>rng(s)
>>rand()
ans=
```

```
      0.8147
```

可以看出，每次启动 MATLAB，用 rand 函数产生的第一个数都是 0.8147。

方法二，每次运行自己的代码前先设置种子数：

```
>>rand('seed',1)
>>rand(1,5)
ans=
    0.5129    0.4605    0.3504    0.0950    0.4337
```

rand(m,n)函数指定产生 m 行 n 列的随机矩阵。上面案例中的序列可以视为随机序列，但若种子数一样，则产生的随机序列是完全一样的。这一点可以通过按顺序重复运行上面两个程序得到验证。

因此，当我们希望对比某种策略在处理同一批随机过程的优劣时，可能需要重置种子数；而当我们希望看到某一个算法对不同的随机过程是不是都具有相同的效果时，则可能需要设置不同的种子数来进行测试。参考以下代码：

```
>>rand('seed', sum(100*clock))
>>rand(1,5)
ans=
    0.6053    0.0174    0.3095    0.4945    0.6607
```

命令用当前时钟函数 clock 返回的年、月、日、时、分、秒六个数之和作为种子数，则每次打开 MATLAB 运行时，rand 函数产生的随机序列都不一样。关于 rand 函数的其他用法，可以参考帮助文件。

11.2.2　伯努利分布与伯努利试验

伯努利分布中，对于随机变量 X，它分别以概率 $p(0<p<1)$ 和 $1-p$ 取 1 和 0。例如，设投掷硬币时，得到正面的概率为 p，则有

$$P\{X=1\}=p, \quad P\{X=0\}=1-p=q, \quad 0<p<1 \tag{11.5}$$

称随机变量 X 服从参数为 p 的伯努利分布，其数学期望 $E(X)=p$，方差 $D(X)=pq$。

如果 n 个随机变量 $X_1,X_2,\cdots,X_n$ 独立同分布，并且都服从参数为 p 的伯努利分布，则随机变量 $X_1,X_2,\cdots,X_n$ 形成参数为 p 的 n 重伯努利试验（也称伯努利过程）。例如，重复投掷一枚均匀硬币，如果在第 i 次投掷中出现正面，则令 $X_i=1$；如果出现反面，则令 $X_i=0$。那么，随机变量 $X_1,X_2,\cdots,X_n$ 就形成参数 $p=1/2$ 的 n 重伯努利试验。

利用均匀分布函数可以模拟伯努利试验序列，演示代码如下：

```
>>rand('seed',sum(100* clock))
>>B= rand(1,8)> 0.5
B=
  1×8 logical 数组
   0  0  1  0  0  1  1  0
```

伯努利试验是在同样的条件下重复地、独立地进行试验的一种随机试验。单次进行伯努利试验是没有多大意义的，若反复进行伯努利试验，则累计结果会包含很多潜在

的有用信息。伯努利分布是非常重要的概率模型,几乎所有的随机试验都可以归为伯努利试验。

11.2.3 二项分布

若用 X 表示 n 重伯努利试验中事件 A 发生的次数,则 X 的可能取值为 $0,1,\cdots,n$,且对于每一个 $k(0 \leqslant k \leqslant n)$,令事件 $\{X=k\}$ 为"n 次试验中事件 A 恰好发生 k 次",则概率密度函数为

$$P\{X=k\}=C_n^k p^k (1-p)^{n-k} \tag{11.6}$$

其中,$k=0,1,2,\cdots,n;C_n^k=\dfrac{n!}{k!\ (n-k)!}$。

此时称随机变量 X 服从参数为 n 和 p 的二项分布,记为

$$X \sim B(n,p) \tag{11.7}$$

二项分布的数学期望 $E(X)=np$,方差 $D(X)=npq$。显然,当 $n=1$ 时,二项分布就变成了伯努利分布。

上面计算过程可以用函数 binopdf(k,n,p) 进行计算验证:

```
>>binopdf(1,2,0.5) %发生 1 次
ans=
    0.5000
>>binopdf(0,2,0.5) %发生 0 次
ans=
    0.2500
>>binopdf(2,2,0.5) %发生 2 次
ans=
    0.2500
```

函数 binornd(n,p,M,N) 则用于产生 $M \times N$ 的矩阵,其数据服从二项分布 (n,p),例如下面程序:

```
>>binornd(2,0.5,1,4)
ans=
    2   1   1   0
```

计算结果说明的是,做 4 组试验,每组试验中投掷 2 次硬币时,出现正面向上的次数。下面代码则展示了做 1000 组投掷 2 次硬币的试验的统计结果:

```
>>A=binornd(2,0.5,1,1000);
>>A0=sum(A==0)
A0=
    266
>>A1=sum(A==1)
A1=
    507
>>A2=sum(A==2)
A2=
```

227

这个案例有助于我们理解伯努利试验和二项分布之间的联系与差别：每一组试验中的 2 次投掷是 2 重伯努利试验，可能的结果是 0 次、1 次、2 次（正面朝上），但做一次 2 重伯努利试验，并看不出发生 0 次、1 次、2 次的概率。而通过做 1000 组 2 重伯努利试验，我们就可以由统计结果看出二项分布发生的概率。

在上面例子中，我们是用 binornd 函数来完成模拟的，但实际上，我们也可以编写下面程序来完成这个过程（G_Binomial. m）：

```
for i=1:4
    B=rand(1,2)>0.5; %每个循环中做 2 次投掷试验
    R(i)=sum(B);
end
R
```

运行结果：

```
R=
    0    1    0    1
```

这个程序说明了利用标准均匀分布函数 rand 产生服从二项分布的随机序列的原理。事实上，我们可以使用标准均匀分布函数产生服从其他任何概率分布的随机序列。

11.2.4　泊松分布

泊松分布由法国数学家泊松在 1838 年发表，其是一种在统计学与概率学中常见到的离散概率分布。泊松分布的概率函数为

$$P\{X=k\}=\frac{\lambda^{k}}{k!}\mathrm{e}^{-\lambda}, \quad k=1,2,\cdots \tag{11.8}$$

泊松分布的数学期望 $E(X)=\lambda$，方差 $D(X)=\lambda$。泊松分布的参数 λ 是单位时间（或单位面积）内随机事件的平均发生次数。泊松分布适用于描述单位时间内随机事件发生的次数。事实上，泊松分布是由二项分布推导而来的，其产生机制可以通过如下例子来解释。

例题 11-1　经过长时间观察，某小区停车场在下午 6 点～7 点间，大约会有 $\lambda=30$ 辆电动汽车回到停车场准备充电，为研究目前采用的充电策略的性能，请估计某天车辆到达的时间顺序。

解题过程：已知 1 个小时有 $\lambda=30$ 辆左右的电动汽车进入停车场准备充电，那么把时间尺度切换到分钟进行观察，可知平均每 2 min 会有 1 辆车到达，那么，定义每分钟是否有车到达为伯努利试验 X，会有两种可能性，有车辆进来（$X=1$）或没有车进来（$X=0$），这样就形成了 60 重伯努利试验。

部分读者可能会问，为什么不能 1 min 进来两辆车？我们可以进一步缩小时间尺度到秒，于是 $n=3600$。此时，就算假设停车场有数个入口，车辆无须排队，但车的数量只有 30，我们还是可以认为这是一个 n 重伯努利试验，显然每秒中是否有车进来的概率为 $p=\lambda/n$。如果还是觉得 1 s 内也可能有两辆车同时到，那就继续加大 n 进行精细划分（实际已经没有必要）。

X 服从二项分布 $B(n,\lambda/n)$，于是有

$$P\{X=k\}=C_n^k\left(\frac{\lambda}{n}\right)^k\left(1-\frac{\lambda}{n}\right)^{n-k}=\frac{n!}{k!\ (n-k)!}\frac{\left(\frac{\lambda}{n}\right)^k}{\left(1-\frac{\lambda}{n}\right)^k}\left(1-\frac{\lambda}{n}\right)^n$$

$$=\frac{n!}{(n-k)!\ n^k}\frac{1}{\left(1-\frac{\lambda}{n}\right)^k}\frac{1}{k!}\lambda^k\left(1-\frac{\lambda}{n}\right)^n \tag{11.9}$$

当 $n\to\infty$ 取极限时，有

$$\begin{cases}\dfrac{n!}{(n-k)!\ n^k}=\dfrac{n(n-1)(n-1)\cdots(n-k+1)}{n^k}=1\left(1-\dfrac{1}{n}\right)\left(1-\dfrac{2}{n}\right)\cdots\left(1-\dfrac{k-1}{n}\right)\xrightarrow{n\to\infty}1\\[3mm]\dfrac{1}{\left(1-\dfrac{\lambda}{n}\right)^k}\xrightarrow{n\to\infty}\dfrac{1}{\left(1-\dfrac{\lambda}{n}\right)^k}=1\\[3mm]\left(1-\dfrac{\lambda}{n}\right)^n\xrightarrow{n\to\infty}e^{-\lambda}\end{cases}$$

$$\tag{11.10}$$

因此有

$$P\{X=k\}=\frac{\lambda^k}{k!}e^{-\lambda} \tag{11.11}$$

此为泊松分布。当二项分布的 n 很大而 p 很小时，泊松分布可作为二项分布的近似，其中，$\lambda=np$。通常当 $n\geqslant20$，$p\leqslant0.05$ 时，就可以用泊松公式近似计算二项分布（毕竟当 n 较大时，二项分布的系数的计算量大）。

停车的例子可以用以下程序来进行模拟：

```
%泊松分布
lamda=30;
n=60;
t=1:n;
P_p=poisspdf(t,lamda);
scatter(t,P_p,'o'); %使用散点图
%对应的二项分布曲线
p=lamda/n;
P_b=binopdf(t,60,p);
hold on
scatter(t,P_b,'*');
hold off
```

由于泊松分布和二项分布都是离散型的，因此程序中使用 scatter 函数绘制散点图。图 11-1 中，标记为 。的是泊松分布，标记为 * 的是二项分布，两者比较接近。可以修改 $\lambda=10$，两者会更加接近。

注意图 11-1 中的横坐标并不是时间，而是每小时到达的车的数量，纵坐标为到达对应数量的车的概率。因此，图 11-1 并不能告诉我们每一分钟内到底有没有车到达，或有没有出现一分钟来了 2 辆车的情况。MATLAB 中的内部函数 poissrnd 可用于产生对应序列：

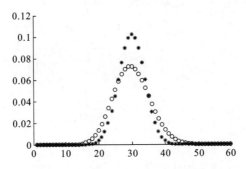

图 11-1　泊松分布与二项分布对比图

```
>>poissrnd(30/60,1,60)
ans=
  列 1 至 25
  0 1 3 1 0 0 1 2 0 0 2 0 1 0 0 0 0 1 1 0 0 0 0 1 0
  列 26 至 50
  0 0 0 1 0 0 0 1 0 0 0 0 0 0 0 0 0 0 0 0 0 0 0 0 0
  列 51 至 60
  1 1 0 1 0 0 0 1 1 0 1 1 0 1 0 0 0 1 1 0
>>sum(ans)
ans=
    21
```

从程序中可以看出，在本次的 60 min 模拟中，有出现 2 辆甚至 3 辆车同时到达的情况，到达车辆总数为 21 辆。再做一次模拟，会得到不同的结果。

使用最原始的 rand 函数产生对应的序列可以按下面程序代码进行实现（G_PossionRnd. m）：

```
%产生 1 行 n 列的服从参数为 lamda 的泊松分布序列
n=60;
lamda=30/n;
m=100; %每个区间分得更小，每个区间做 m 次伯努利试验
p=lamda/m;
R=rand(m,n); %m 行 n 列服从均匀分布的随机矩阵
J=R<p;
Data=sum(J)
S=sum(Data)
```

运行结果：

```
Data=
  列 1 至 25
  1 0 1 1 0 1 1 0 3 0 1 0 0 0 0 1 1 2 0 1 0 0 0 0 0
  列 26 至 50
  0 0 1 0 0 0 0 3 1 0 0 1 1 0 0 0 0 0 1 1 0 1 0 0 0
  列 51 至 60
```

```
       1100000120
S=
       29
```

上述过程利用了伯努利试验的基本原理,产生了对应的泊松分布序列。

11.2.5 正态分布

正态分布又名高斯分布、正规分布,其是一种常见的连续概率分布。定义随机变量 X 服从一个位置参数为 μ、尺度参数为 σ 的正态分布,记为 $X \sim N(\mu, \sigma^2)$,其概率密度为

$$f(x) = \frac{1}{\sigma\sqrt{2\pi}}e^{-\frac{(x-\mu)^2}{2\sigma^2}} \tag{11.12}$$

正态分布的数学期望 $E(X) = \mu$,方差 $D(X) = \sigma^2$。与前面的二项分布和泊松分布不同,正态分布是一种连续分布,这里我们改 $P\{\sigma\}$ 为 $f(x)$ 以示区分。

它与伯努利试验的关系如下。

(1) 若 μ_n 是 n 重伯努利试验中事件 X 出现的次数,在每次伯努利试验中 X 出现的概率 $p = \mu = \mu_n/n(0 < p < 1)$,则 $E(X) = \mu, D(X) = \mu(1-\mu)$。即纯粹的伯努利分布通过 n 重伯努利试验得到了参数 p。

(2) 对于上述的 n 重伯努利试验,记 $S_n = X_1 + X_2 + \cdots + X_n, \overline{X} = S_n/n$ 为此 n 重伯努利试验中 X 发生次数的平均值。

(3) 若再次重复做 n 重伯努利试验,则 S_n 和 $\overline{X}$ 都可以被视为是一个新的随机变量 (S_n 离散,$\overline{X}$ 连续)。由于 $\overline{X}$ 和 X 本质上都描述了伯努利试验发生的概率,因此 $E(\overline{X}) = p, D(\overline{X}) = pq$。

以上过程也可以被认为是确定伯努利试验中事件发生概率 p 的计算方法。

定义 $\overline{X}$ 服从正态分布 $N(\mu, \sigma^2)$,则有 $\mu = p, \sigma^2 = \mu(1-\mu) = pq$。由此可以看出 μ、σ 与伯努利分布参数 p 之间的关系,反推也可以认为 $S_n \sim N(n\mu, n\sigma^2)$。

例如我们记录从 6:00 到 7:00,电动汽车回到小区的数量 S_n,并用 S_n 除以 60,则可以得到 $\overline{X}$ 的一次样本数据,连续做一个月(30 天),可得到序列 $\overline{X}_i (i = 1, 2, \cdots, 30)$,此时 $\overline{X} \sim N(\mu, \sigma^2)$,而 $S_{ni} \sim N(n\mu, n\sigma^2)$。

这里我们需要注意到 $\overline{X}$ 不再是整数了,而是一个实数。从伯努利分布到正态分布的理论推导,需要用到著名的棣莫弗-拉普拉斯局部极限定理,详细过程可参考相关书籍。大致情况为,对任意有限区间 $[a, b]$,对于前述的某次 n 重伯努利试验,得到 $S_n = k$,则取其与中心位置 np 的偏差与标准差的比值,记录为 x_k:

$$a \leqslant x_k = \frac{k-np}{\sqrt{nqp}} \leqslant b \tag{11.13}$$

可以证明:

$$\lim_{n\to\infty}\left\{\frac{k-np}{\sqrt{nqp}} \leqslant x\right\} = \int_{-\infty}^{x}\frac{1}{\sqrt{2\pi}}e^{-t^2/2}dt = \Phi(x) \tag{11.14}$$

从而说明 $x_k \sim N(0,1)$,而 $S_{ni} \sim N(np, npq)$,以及 $\overline{X} \sim N(p, pq)$。对于下班高峰期时平均每小时回来 30 辆电动汽车的案例,可以编程演示如下(G_Normal.m):

```
lamda=30; %平均数
n=60; %时长
```

```
p=lamda/60; %概率
mu=n*p; %正态分布均值
xigama=sqrt(n*p*(1-p)); %标准差
i=1:60;
p1=normpdf(i,mu,xigama) %概率密度函数
p2=normcdf(i,mu,xigama) %概率分布函数
subplot(1,2,1)
plot(i,p1)
subplot(1,2,2)
plot(i,p2)
```

程序中，normpdf 函数用于获取概率密度函数，而 normcdf 函数用于获取概率分布函数，前者的积分为后者。前面的二项分布和泊松分布案例中的 ******** pdf 函数都有对应的 ******** cdf 函数可以调用。程序运行结果如图 11-2 所示。

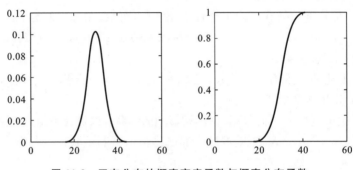

图 11-2　正态分布的概率密度函数与概率分布函数

对比图 11-2 和图 11-1 可以看出，正态分布的结果与泊松分布和二项分布的结果相差不多，只是变成连续形式的了，由于正态分布的计算过程比泊松分布的简单，因此，经常用正态分布代替泊松分布进行模拟。

在 MATLAB 中有内部函数 normrnd 用于产生对应序列，重复对每分钟到达的车的数量进行模拟，可以采用下面命令：

```
>>round(normrnd(30/60,sqrt(30/60*(1-30/60)),1,60))
ans=
  列 1 至 25
  1 0 1 1 1 0 1 1 1 1 1 0 0 1 -1 0 0 0 1 1 0 0 1 0 1
  列 26 至 50
  1 0 0 -1 1 0 0 0 0 0 0 2 1 -1 1 0 0 1 1 0 1 0 1 1 1
  列 51 至 60
  1 1 0 0 1 0 1 1 1 0
>>sum(ans)
ans=
    29
```

可以看出，在本次的 60 min 模拟中，车辆总数为 29 辆，符合要求。由于正态分布在 $x<0$ 处也有定义，因此出现了结果 -1，这并不符合实际逻辑。通常概率论相关书籍

中提到当 $\lambda > 10$ 时,可以用正态分布近似泊松分布,但实际使用时,应当特别小心。当然,也需要指出,上面的结果中,实际模拟的是 $\lambda = 30/60$ 的情况,是对 $\overline{X}$ 而不是对 S_n 的模拟。对 S_n 进行模拟可以用以下命令:

```
>>round(normrnd(30,sqrt(30),1,60))
ans=
  列 1 至 21
23 27 27 33 33 31 28 25 30 36 32 31 34 33 21 30 28 19 23 28 35
  列 22 至 42
29 31 25 18 31 25 36 40 28 37 35 22 30 31 33 34 34 34 28 32 18
  列 43 至 60
24 37 26 32 38 25 25 27 32 29 25 21 28 29 27 29 24 33>>
>>mean(ans)
ans=
   29.1500
```

这个结果可以视为 60 天中的平均车辆总数为 29.15。

如果我们要使用最原始的 rand 函数产生对应的序列,则可以按下面程序代码进行实现(G_NormalRnd.m)。

```
lamda=30; %平均数
n=60; %时长
p=lamda/60; %概率
mu=n*p; %正态分布均值
xigama=sqrt(n*p*(1-p)); %标准差
i=1:60;
p2=normcdf(i,mu,xigama) %事先得出概率分布函数
for d=1:30
    r=rand(); %产生均匀分布随机数,作为概率分布函数的纵坐标
Sn(d)=find(p2>=r,1,'first'); %发生了到达车辆>=Sn(d)的事件
end
Sn
mean(Sn)
```

```
运行结果:
Sn=
  列 1 至 21
31 28 34 27 30 29 34 32 27 29 26 32 31 27 26 30 36 31 23 24 34
  列 22 至 30
30 29 34 29 31 33 35 29 32
ans=
30.1000
```

由于可以事先计算出对应的正态分布表,因此,用 rand 函数得到均匀分布数值后,通过查表即可获得对应的服从正态分布的随机序列。但对于模拟类似的电动汽车到达

数量的情况,由于 λ 较小,使用泊松分布更为可靠。

11.3 蒙特卡罗法

11.3.1 起源

蒙特卡罗法是一类基于概率的方法的统称,于 20 世纪 40 年代被首次提出。1777

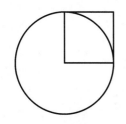

年,法国数学家布丰提出用投针试验的方法求圆周率 π,这被认为是蒙特卡罗法的起源。

如图 11-3 所示,求解 π 的过程可以演化为:正方形中四分之一圆的面积为 π/4,正方形的面积为 1,这样,四分之一圆的面积/正方形的面积为 π/4/1=π/4。现在向正方形中投掷细针,则落在四分之一圆内的概率 p 应为 π/4,则可得出 π=4×p。投掷的针越多,越能完全模拟出真实的概率情况,就会使得测出的 π 值越为准确,这充分体现了蒙特卡罗的思想。

图 11-3 用蒙特卡罗法计算 π

用蒙特卡罗法解题的三个主要步骤如下。①构造或描述概率过程,如构造单位四分之一圆和单位正方形,从而构造求解 π 的过程;②实现从已知概率分布抽样,如四分之一圆占单位正方形的面积为 π/4;③建立各种估计量,如统计针投入四分之一圆的次数。具体程序如下(G_GetPi.m):

```
N=3000;
count=0;
r=1;
theta=0:pi/200:(pi/2);
x=r*cos(theta);
y=r*sin(theta);
plot(x,y,'r');                    %绘制半圆
axis square                       %方形坐标
hold on                           %保持图形
for i=1:N
    a=rand();                     %均匀产生随机数
    b=rand();                     %投针点 (a,b)
    plot(a,b,'.');                %绘制随机投针的位置
    pause(1e-6);                  %暂停
    if sqrt(a^2+b^2)<1            %投针到原点的距离
        count=count+1;
    end
end
p=count/N*4                       %模拟结果
```

运行结果:

```
>>G_GetPi
p=
    3.1373
```

程序运行结果基本接近 π,可以进一步加大 *N*,得到更好的解。投针过程图如图 11-4 所示。

实际上,蒙特卡罗法是一个不同方法的集合体,并且这些方法都基本上执行相同的过程,这个过程包括使用随机数执行大量模拟和得到一个的问题的近似解。

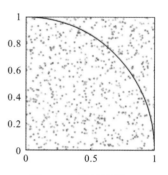

图 11-4　投针计算 π

11.3.2　蒙特卡罗法应用案例

一般情况下,用蒙特卡罗法进行解题的步骤如下。

(1) 构造或描述概率过程。根据提出的问题构造一个简单、方便使用的概率模型或随机模型,如果问题本身具有随机的特性,则要正确地描述和模拟概率过程。对于不具有随机性质的问题,应把握实际物体的几何性质,要用蒙特卡罗法求解,就要人为构造一个概率过程,并使所需求的解与构建的模型中参数的一些统计值(如概率、均值或方差等)保持一致,所构造的模型在主要特征参量方面也要与实际问题或系统相一致。

(2) 适当地从已知分布的母体中抽样,在计算机模拟过程中生成充分的随机数,各种概率模型都可以看作是由有关随机变量的概率分布构成的,一般方法是先生成服从均匀分布的随机数,之后依据实际案例生成服从某一特定分布的随机数,这样才能继续进行随机模拟试验。在具体解题过程中,根据问题的实际物理性质选择合适的方法进行抽样是相当重要的。

(3) 实现了模拟后,需要确定一个随机变量,并进行大量重复试验,计算、求出问题的随机解,统计分析模拟试验的结果,给出问题的概率解及解的精度,若这个随机变量的期望值就是所求问题的解,则估计量为无偏估计量。某些特殊情况下,为缩短时间、提高工作的效率,需要针对模型做必要的调整(如减小方差和减少试验费用)。

例题 11-2　某车间有 200 台车床,在生产期间开工率为 0.6,设每台车床的工作是独立的,且在开工时需电力 1 kW,则至少应保证多大的电力供应?

解题过程: 从常规想法上来看,提供 200 kW 的电力肯定是足够了的,但由于开工率为 0.6,200 kW 的电力供应有点浪费。那么,能否只提供 200×0.6×1=120(kW)的电力呢? 显然,如果订单突然增多,会出现问题。但订单多到怎样的程度,现有电力才不能满足生产要求呢?

对于这个问题,我们仍然使用蒙特卡罗法来进行计算。

已知车间有 200 台车床,在生产期间开工率为 0.6,我们可以认为任一车床的开工都服从 *p*=0.6 的 0~1 分布,那么在[0,1]区间内,任意产生一个服从 [0,1]区间上均匀分布的随机变量 *X*,如果 *X*<0.6,我们就可说车床开工;反之,代表车床未开工。

因为车间有 200 台车床,我们可以假定进行一次模拟:产生 200 个服从在[0,1]区间上均匀分布的随机数,然后判断这些随机数中大于 0.6 的数的个数,也即是一天模拟试验中 200 台车床中开工的车床数。

通过计算机进行大量的重复模拟试验(1 千次甚至 1 万次),次数越多效果越好,等价于模拟了未来几年内工厂的开工情况。

我们先假设工厂的供电能力只能供 T 台车床开工。仿真时,T 从 1 到 200 以 1 为差值逐步递增,每取一个 T 值时产生 200 个在$[0,1]$上均匀分布的随机数,记录这些随机数中小于 0.6 的数的个数,如果说 10000 次试验数据中,有 9990 次小于 T 台,也即意味着工厂 99.9% 的可能性开工的车床数小于 T 台。

最终可知,如果工厂保证能给 T 台车床供电,则可以 99.9% 的可能性确保此车间不会因为电力供应匮乏而阻碍工作,并且我们所提供的数值 T 是保证不断电的最小的取值,这样便能以最小的电力供应方式保证车床不断电工作了。

```
clear all;
N=200; %车床总数
%从 T=50 起模拟,没必要从 1 开始
for T=50:200
    s=0; %计数器清零
    for i=1:10000
        x=rand(1,N); %N 台车床的随机开机数据
        if sum(x<0.6)<T
            s=s+1; %此处模拟没有超过 T 台车床开机
        end
    end
    if s>=9990
        %已经找到在 99.9% 的情况下都能满足供电要求的 T 值了
        break %退出模拟
    end
end
T
```

运行结果:
```
>>G_Lathe
T=
    142
```

大部分情况下,程序运行结果为 142,也有为 141 的情况。因此,此车间配套供应 142 kW 的电力供应,足够满足 99.9% 的情况下的生产要求。

11.4　编程知识点

11.4.1　mean 函数、var 函数和 std 函数

用函数 mean 计算样本的均值,本质是按式(11.1)计算数学期望。如果 X 是一个矩阵,则其均值是一个向量组。mean(X,1)为列向量的均值,mean(X,2)为行向量的均值。若要求整个矩阵的均值,则可用 mean(mean(X))或者 mean2(X)。

函数 var 和函数 std 分别用于计算样本的方差和标准差,可选择进行有偏估计(biased)和无偏估计(unbiased),它们分别选用总体方差和样本方差:

$$\begin{cases} \sigma^2 = \dfrac{\sum\limits_{i=1}^{n}(X_i-\mu)^2}{n} \\[4mm] S^2 = \dfrac{\sum\limits_{i=1}^{n}(X_i-\overline{X})^2}{n-1} \end{cases} \tag{11.15}$$

其中,μ 是总体均值,$\overline{X}$ 是样本均值,两者的区别可以举例如下。测量水的沸点时,如果有先验知识 $\mu=100$,若测量 10 次,则在计算方差的时候,10 次测量是独立的,具有 10 个自由度。若不具备先验知识,如测量海水的沸点时,要取 10 次样本,则我们需要先求均值 $\overline{X}$,再求方差,那么,显然,在计算过程中,会失去一个自由度。因此,如果希望计算结果是准确的,则需要修正总体方差的公式,证明过程如下:

$$\begin{aligned} S^2 &= \sum_{i=1}^{n}(X_i-\overline{X})^2 = \frac{1}{n}\sum_{i=1}^{n}(X_i-\mu+\mu-\overline{X})^2 \\ &= \frac{1}{n}\sum_{i=1}^{n}(X_i-\mu)^2 - \frac{2}{n}\sum_{i=1}^{n}(X_i-\mu)(\mu-\overline{X}) + \frac{1}{n}\sum_{i=1}^{n}(\mu-\overline{X})^2 \\ &= \frac{1}{n}\sum_{i=1}^{n}(X_i-\mu)^2 - 2(\overline{X}-\mu)(\mu-\overline{X}) + (\mu-\overline{X})^2 \\ &= \frac{1}{n}\sum_{i=1}^{n}(X_i-\mu)^2 - (\mu-\overline{X})^2 < \frac{1}{n}\sum_{i=1}^{n}(X_i-\mu)^2 \end{aligned} \tag{11.16}$$

即计算样本方差时,仍除以 n,此时得到的样本方差会低于总体的样本方差,因此,在式(11.16)的基础上乘以 $n/(n-1)$ 得到样本方差公式。MATLAB 默认采用的是无偏估计方法,即 var(X)与 var(X,0)等效。

11.4.2　常见概率分布及相关函数

前面我们用到了 rand 函数、binornd 函数用来产生对应的随机数。MATLAB 提供了非常多的相关函数用于实现离散型分布和连续型分布,如表 11-3 和表 11-4 所示。

表 11-3　常见离散型分布

前缀	分 布 类 型	输入参数 A	输入参数 B
bino	二项分布	n(试验次数)	p(试验成功的概率)
nbin	负二项分布		
geo	几何分布	p(概率参数)	
hyge	超几何分布		
poiss	泊松分布	λ(均值)	
unid	离散均匀分布	n(最大可观测值)	
mn	多项分布		

表 11-4 常见连续型分布

前缀	分　布	输入参数 A	输入参数 B	输入参数 C
norm	正态分布	μ(均值)	σ(标准差)	
logn	对数正态分布	μ(对数值的均值)	σ(对数值的标准差)	
mvn	多元正态分布			
unif	连续均匀分布	a(最小值)	b(最大值)	
exp	指数分布	μ(均值)		
chi2	卡方均匀分布	v(自由度)		
ncx2	非中心卡方分布	v(自由度)	δ(非中心参数)	
t	t 分布	v(自由度)		
nct	非中心 t 分布	v(自由度)	δ(非中心参数)	
mvt	多元 t 分布			
F	F 分布	v(分子自由度)	v(分母自由度)	
ncf	非中心 F 分布	v(分子自由度)	v(分母自由度)	δ(非中心参数)
beta	Beta 分布	a(形状参数 1)	b(形状参数 2)	
gam	Gamma 分布	a(形状参数)	b(尺度参数)	
wbl	威布尔分布	a(尺度参数)	b(形状参数)	
rayl	瑞利分布	b(尺度参数)		
ev	极值分布	μ(位置参数)	σ(尺度参数)	
gev	广义极值分布	k(形状参数)	σ(尺度参数)	μ(位置参数)
gp	广义 Pareto 分布	k(尾部指数(形状)参数)	σ(尺度参数)	μ(阈值(位置)参数)

　　一般在表 11-3 与表 11-4 中列出的常见分布名英文前缀后加上 pdf、cdf、rnd、inv、stat 就可得到用于计算常见分布的概率密度、分布、随机值、逆概率分布函数值和均值与方差的 MATLAB 函数。

11.4.3 伪随机数

　　前面我们使用 rng(seed) 函数(参数 seed 为非负整数)为随机数生成函数提供种子,以使 rand、randi 和 randn 生成可预测的数字序列。使用 rng(seed) 时,若 seed 相同,则两次生成的随机数序列相同。

　　这说明计算机算法中的随机数实际是伪随机数,即用确定性的算法计算出来自 [0,1]均匀分布的随机数序列,此过程并不真正的随机,但生成的序列具有类似于随机数的统计特征,如均匀性、独立性等。实现伪随机的算法有直接法、逆转法和接受拒绝法等,感兴趣的读者可查阅相关资料。

11.5　小结

　　本章从伯努利试验开始逐步说明了一些常用概率分布之间的关系,并给出了相关计算代码。均匀分布在嵌入式的和其他类型的计算机系统的开发平台中,都有现成的函数,而其他类型的分布则不一定有,因此,掌握相关的理论基础和实现过程,对后续可能从事开发工作的读者来说,是非常有必要的。

　　在应用上,本章给出了基于统计分析的蒙特卡罗法案例。但需要注意的是,在案例中,概率 $p=0.6$ 这个数据应该具有平稳性,如果工厂具有明显的季节性特点,而 $p=0.6$ 是全年的统计结果,则模拟的结果显然就有一定的问题。实际上,这个问题相对于投针计算 π 的问题,并没有发挥出蒙特卡罗法的价值。可以将其视为二项分布 $X \sim B(200, 0.6)$,则通过命令

```
>>T=1:200;
>>p=binocdf(T,200,0.6);
>>find(p>0.999,1,'first')
ans=
    141
```

就可以知道,在 99.9% 的情况下,开机台数在 141 台以下,与前文模拟过程出现的数据吻合,方法也极为简洁。因此,在使用蒙特卡罗法解决问题的时候,要"扬长避短",只对问题中难以用解析(或数值)方法处理的部分使用蒙特卡罗法进行计算,对于那些能用解析(或数值)方法处理的部分,应当尽量使用解析方法。

12

优化问题

12.1 一般最优化问题

12.1.1 概念

工程设计中的最优化问题一般是指选择一组参数(变量),在满足一系列有关限制条件(约束)的前提下,使设计指标(目标)达到最优值。因此,最优化问题通常可以表示为以下数学规划形式的问题:

$$
\begin{aligned}
&\min_{x} \quad f(\boldsymbol{x}) \\
&\text{s. t.} \quad h_i(\boldsymbol{x}) \quad =0, i=1,\cdots,l
\end{aligned}
\tag{12.1}
$$

其中,$\boldsymbol{x}$ 是一个向量。

举例而言,考虑以下问题:

$$
\begin{aligned}
&\min_{x} \quad f(\boldsymbol{x})=x_1^2+x_2^2 \\
&\text{s. t.} \quad h(\boldsymbol{x})=x_1-x_2-2=0
\end{aligned}
\tag{12.2}
$$

式中,$\boldsymbol{x}=(x_1,x_2)^{\mathrm{T}}$ 表示的是可变量,可以理解为二维平面;min 下面加一个 $\boldsymbol{x}$ 表示在 $\boldsymbol{x}$ 变动的时候,找 $f(\boldsymbol{x})$ 的最小值;"s. t."指 subject to(受限于),这里指受限于条件 $h(\boldsymbol{x})$。

很明显这是一个条件(等式)极值问题。

12.1.2 问题的可视化说明

为了方便说明问题,上文列举了一个较为简单的例子。从式(12.2)很容易看出,$f(\boldsymbol{x})$ 为二维空间的一个碗状曲面,在没有约束条件的时候,显然 $\boldsymbol{x}=(0,0)^{\mathrm{T}}$ 就是最小值所在的位置,此时 $f(\boldsymbol{x})=0$。那么,加上约束条件后,情况是什么样的呢?

例题 12-1 针对式(12.2)表述的目标函数和约束函数,绘制它们之间的关系图。

解题过程:我们用一个三维+二维等高图来进行描述,编写程序如下(O_Ex1. m):

```
clear all;    %清除所有内存变量
close all;    %关闭所有已经打开的图形窗口
%绘图
x1t=-3:0.1:3;    %横坐标范围
```

```
x2t=-3:0.1:3;  %纵坐标范围
[x1,x2]=meshgrid(x1t,x2t);%形成二维平面
fx=x1.^2+x2.^2;  %算出每一个点的fx
subplot(1,2,1) %创建子图1
mesh(x1,x2,fx) %三维绘图
hold on %保持图形
[X, Z]=meshgrid(-3:1:3, 0:1:18); %略微稀疏一点
Y=X-2;  %直线方程
surf(X,Y,Z);  %绘制垂直面
axis([-3 3 -3 3,0,18]);
subplot(1,2,2) %创建子图2
[C,h]=contour(x1,x2,fx,20) %绘制等高线
hold on
hx2t=x1t-2;  %绘制约束方程
plot(x1t,hx2t);
axis([-3 3 -3 3]); %更改图像显示范围
grid on  %打上表格
```

运行程序后得到的图形如图 12-1 所示。

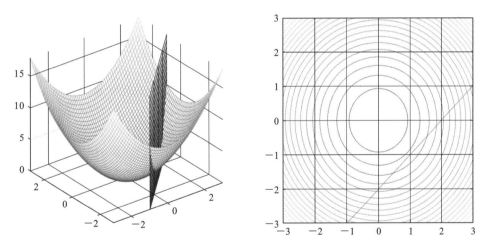

图 12-1 带约束的优化问题图示

图 12-1 中左图显示的就是一个二次函数旋转一周后形成的抛物面,然后用一个平面竖直劈开它,而右图显示的是抛物面的等高线图,另外加上 $y=x-2$ 这条直线。因此,很容易看出,所谓约束条件,就是处于直线上的这些点,问题就变成了求直线上离圆心最近的点。同时,也可以通过旋转三维图清楚地看到 $f(\boldsymbol{x})$ 的最小值对应的位置,如图 12-2 所示。

12.1.3 拉格朗日乘数法

上文例子中,找到最小点的位置后,可根据约束用 x_2 表示 x_1,或者用 x_1 表示 x_2,然后将 $f(\boldsymbol{x})$ 转为一元方程,再求极值,但在某些情况下,约束函数的显式表达式可能很

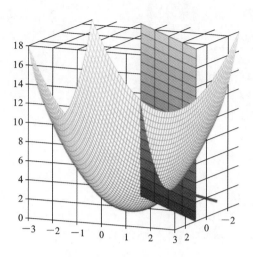

图 12-2 优化的目标点

难解出,此时要引入拉格朗日乘数法。

拉格朗日乘数法是用来解决条件极值的一种方法,且约束条件都是等式的形式。由于拉格朗日乘数法通常用于解决一些凸优化(convex optimization)问题,所以一般情况下求解的都是极小值,即 $\min\limits_{x} f(\boldsymbol{x})$。

请看下面这个优化问题:

$$
\begin{aligned}
&\min_{\boldsymbol{x}} \quad f(\boldsymbol{x}) \\
&\text{s.t.} \quad h_j(\boldsymbol{x}) \quad j=1,2,\cdots,l
\end{aligned}
\tag{12.3}
$$

其中,$\boldsymbol{x}$ 是一个向量。很明显这是一个条件(等式)极值问题,且用拉格朗日乘数法就能解决。

$$
\mathcal{L}(\boldsymbol{x},\beta) = f(\boldsymbol{x}) + \sum_{j=1}^{l} \beta_j h_j(\boldsymbol{x})
\tag{12.4}
$$

其中,β_j 是拉格朗日乘子,然后对式中所有的参数求偏导,并令其为 0:

$$
\begin{cases}
\dfrac{\partial \mathcal{L}}{\partial x_{\mathrm{m}}} = 0 \\[2mm]
\dfrac{\partial \mathcal{L}}{\partial \beta_j} = 0
\end{cases}
\tag{12.5}
$$

然后求解出方程组的所有参数,就可以得到 $\boldsymbol{x}$,从而计算 $f(\boldsymbol{x})$ 的最小值。

例题 12-2 针对式(12.2),根据拉格朗日乘数法,计算最优值 $f(\boldsymbol{x})$。

解题过程:

编写程序如下(O_Ex2.m):

```
clear all;     %清除所有内存变量
syms x1 x2 beta
fx=x1.^2+x2.^2;    %f(x)的表达式
hx=x1-x2-2;        %h(x)的表达式
Lx=fx+beta*hx;     %L(x)的表达式
```

```
%对 Lx 求偏导数,得到三个方程
dLx=[diff(Lx,x1);
        diff(Lx,x2);
        diff(Lx,beta)]
%用 solve 函数解方程组
[x1, x2 ,beta]=solve(dLx,x1,x2,beta) %解为符号变量
K=double([x1 x2 beta]); %转换为数字
x1=K(1);
x2=K(2);
fx=eval(fx) %计算 fx
```

运行结果:

```
dLx=

    beta+2*x1

    2*x2-beta

    x1-x2-2

x1=

    1

x2=

    -1

beta=

    -2

fx=

    2
```

特别要注意,上面程序中,在执行完[x1,x2,beta]=solve(dLx,x1,x2,beta)后,得到的[x1,x2,beta]虽然从表面上看已经是数值,但其实际是一个 sym 符号变量。因此,后面要用 K=double([x1 x2 beta])将其转换成数字。这与 C++中的字符串和数值转换是类似的。

由运行结果可以清楚地看到,$x=(1,-1)^{\mathrm{T}}$ 这一点是离原点最近的点(距离的平方为 2),该点是约束下抛物面的最低点。

12.2　编程知识点(1)

12.2.1　meshgrid 函数

当绘制 $z=f(x,y)$ 所代表的三维曲面图时,先要在 xy 平面内选定一矩形区域,假定矩形区域为 $D=[a,b]\times[c,d]$,然后将$[a,b]$在 x 方向分成 m 份,将$[c,d]$在 y 方向分成 n 份,由各划分点做平行于轴的直线,把区域 D 分成 $m\times n$ 个小矩形。如图 12-3 所示,在每一个小格子中标注 xy 基础平面上的一个点(x_{ij},y_{ij}),代入函数 $f(x,y)$,即可得对应的 z_{ij}。

x \ y	1	2	3	4	⋯
1	(1,1)	(2,1)	(3,1)	(4,1)	⋯
2	(1,2)	(2,2)	(3,2)	(4,2)	⋯
3	(1,3)	(2,3)	(3,3)	(4,3)	⋯
4	(1,4)	(2,4)	(3,4)	(4,4)	⋯
⋯	⋯	⋯	⋯	⋯	⋯

图 12-3　划分示例

函数 meshgrid 就是用来生成代表每一个小矩形顶点坐标的平面网格坐标矩阵的，例如：

```
>>[X,Y]=meshgrid(1:3,1:3)
```

运行结果：

```
X=
    1    2    3
    1    2    3
    1    2    3
Y=
    1    1    1
    2    2    2
    3    3    3
```

生成网格采样点后，其他的函数即可用它来定位坐标值，meshgrid 函数在进行三维图形绘制方面有着广泛的应用。

12.2.2　mesh 函数

假定 x 是 m 维向量，y 是 n 维向量，$z(x,y)$ 代表 z 是 x,y 的函数。

因为在 xOy 平面上，坐标 (x,y) 总共有 $m\times n$ 种取法，也就是说 z 值有 $m\times n$ 个。可以使用 mesh 函数绘制双变量的三维网格图，实际上就是给出一对坐标 (x,y)，来画 $z(x,y)$。最常用的指令为 mesh(X,Y,Z)，其中，X、Y、Z 代表同维矩阵。

MATLAB 的绘图本质是绘制坐标点，再将坐标点连接起来，因此，在三维图中，至少应有 $m\times n$ 个坐标点 (x,y)，对应有 $m\times n$ 个 z 值。在使用 mesh 函数之前，需用 meshgrid 函数生成 xOy 平面上的网格数据，利用 [X,Y]＝meshgrid(x,y) 可获得维度为 n×m 的矩阵：

```
x1t=-3:0.1:3;    %横坐标范围
x2t=-3:0.1:3;    %纵坐标范围
[x1,x2]=meshgrid(x1t,x2t); %形成二维平面
fx=x1.^2+x2.^2;    %算出每一个点的 fx
mesh(x1,x2,fx) %绘制三维图
```

需要注意的是，x 和 y 的纬度可以不一致。mesh 函数的扩展指令有 meshc、

meshz,meshc 在 mesh 的基础上,在 xOy 平面上增画 z 的等值线;meshz 指令使用得较少。

总而言之,用 MATLAB 画三维图像,可以按下列步骤来进行。

(1) 根据 x、y 的范围,用 meshgrid 函数生成 xOy 平面上的网格数据:

```
[X,Y]= meshgrid(x,y)
```

(2) 将 x、y 值代入 $z(x,y)$ 的表达式中,得到各网格点在 z 轴上的高度。

(3) 用 mesh 函数或 surf 函数绘出曲面图。

12.2.3　surf 函数

surf 函数的使用方法在大部分情况下和 mesh 函数的非常类似,一般能用 mesh 函数的地方均可以用 surf 函数替换,但是两者绘出的图像有所区别。

直观来看,用 surf 函数绘制的曲面图,网格颜色是黑色的,面是彩色的。mesh 函数绘制网格曲面图时用不同颜色为网格线着色,线条是彩色的,面是白色的,可以在 surf 指令后加上 shading interp 指令,对曲面或图形对象的颜色进行插值处理,使色彩平滑过渡。

12.2.4　contour 函数

在讨论函数性质时,常常借助函数的等值线/等高线来分析函数值的变化趋势,函数 contour 可用于绘制等值线。常用指令为 contour(Z),contour(X,Y,Z), contour(X,Y,Z,n)等。

(1) contour(Z)。

用于绘制矩阵的等高线图,程序中的 Z 为 xOy 平面的高度。Z 必须至少代表 2×2 矩阵,该矩阵包含至少两个不同值。x 值对应 Z 的列索引,y 值对应 Z 的行索引。自动选择等高线层级。

(2) contour(X,Y,Z)。

如果程序中的 X 和 Y 为向量,则 X、Y 需满足矩阵 Z 的维度约束,即向量 X 的长度 length(X) 必须等于 Z 的列数 size(Z,2) 且向量 Y 的长度 length(Y) 必须等于 Z 的行数 size(Z,1)。这些向量必须是严格递增或严格递减的,并且不能包含任何重复值。

如果 X、Y、Z 为矩阵,则其大小必须等于 Z 的大小,常使用 meshgrid 函数生成网格采样点矩阵。通常,应设置 X 和 Y 以使列严格递增或严格递减并且行是均匀的(或者使行严格递增或严格递减并且列是均匀的)。

(3) contour(X,Y,Z,n)。

第四个参数 n 是用于控制等值线的值的,如果 n 是一个标量,那么解释为等值线的条数,例如 contour(u,v,z,20)会根据数据范围画出 20 条等值线;如果 n 是一个向量,那么解释为等值线的值,例如 contour(u,v,z,[1 2 3 4])会画出 $z=1,2,3,4$ 四个值的等值线;如果只需要画指定的某个值的等值线,就要用两个相同的数组成向量 contour(u,v,z,[1 1]),画值为 1 的等值线。

12.3　含不等式的最优化问题

与前文讨论的只含等式约束的优化问题的求解类似,含不等式约束的优化问题同样可以用拉格朗日乘数法进行求解。此类问题的求解经常在机器学习算法中出现,有必要了解其基本运算过程。

12.3.1　广义的拉格朗日乘数法

请看如下优化问题:

$$
\begin{aligned}
\min_{\boldsymbol{x}} \quad & f(\boldsymbol{x}) \\
\text{s.t.} \quad & g_i(\boldsymbol{x}) \leqslant 0, i=1,\cdots,k \\
& h_j(\boldsymbol{x})=0, j=1,\cdots,l
\end{aligned}
\tag{12.6}
$$

此例中多了不等式的约束条件,为了解决这个问题,需要定义广义的拉格朗日乘数法:

$$
\mathcal{L}(\boldsymbol{x},\boldsymbol{\alpha},\boldsymbol{\beta}) = f(\boldsymbol{x}) + \sum_{i=1}^{k}\alpha_i g_i(\boldsymbol{x}) + \sum_{j=1}^{l}\beta_j h_j(\boldsymbol{x})
\tag{12.7}
$$

其中,α_i 和 β_j 都是拉格朗日乘子。此法的求解方法与前文所讲的大相径庭,细节性的证明和推导过程可以参见其他资料。

12.3.2　问题的可视化说明

延续前文实例,求解以下优化问题:

$$
\begin{aligned}
\min_{\boldsymbol{x}} \quad & f(\boldsymbol{x})=x_1^2+x_2^2 \\
\text{s.t.} \quad & h(\boldsymbol{x})=x_1-x_2-2=0 \\
& g(\boldsymbol{x})=(x_1-2)^2+x_2^2-1\leqslant 0
\end{aligned}
\tag{12.8}
$$

这里增加了一个不等式约束 $g(\boldsymbol{x})$,容易看出,在 xy 平面上,它实际是一个圆心为 $(2,0)$,半径为 1 的圆。

例题 12-3　针对式(12.8)绘制目标函数和相关约束的三维关系图。

解题过程:

我们仍用一个三维+二维等高图来进行描述,编写程序如下(O_Ex3.m):

```
clear all;    %清除所有内存变量
close all;    %关闭所有已经打开的图形窗口
%绘图
x1t=-3:0.1:3;    %横坐标范围
x2t=-3:0.1:3;    %纵坐标范围
[x1,x2]=meshgrid(x1t,x2t);  %形成二维平面
fx=x1.^2+x2.^2;    %算出每一个点的 fx

subplot(1,2,1)  %创建子图 1
mesh(x1,x2,fx)  %三维绘图
hold on  %保持图形
```

```
[X, Z]=meshgrid(-3:1:3, 0:1:18); %略微稀疏一点
Y=X-2;    %直线方程
surf(X,Y,Z);    %绘制垂直面
axis([-3 3 -3 3,0,18]);
%增加圆柱面绘制
R=1
t=0:pi/20:2*pi;
x=sin(t)*R+2;
y=cos(t)*R;
z=linspace(0,7,length(t));
X=meshgrid(x);
Y=meshgrid(y);
Z=[meshgrid(z)]';
surf(X,Y,Z)

subplot(1,2,2) %创建子图2
[C,h]=contour(x1,x2,fx,20) %绘制等高线

hold on
plot(x,y);         %补充绘制圆
hx2t=x1t-2;    %绘制约束方程
plot(x1t,hx2t);

axis([-3 3 -3 3]); %更改图像显示范围
grid on   %打上表格
```

程序运行结果如图 12-4 所示。

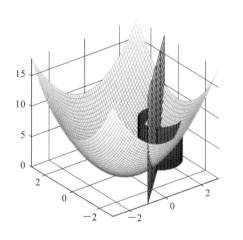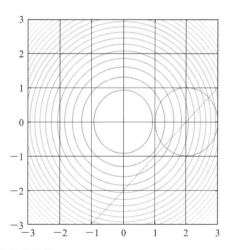

图 12-4　含不等式约束的情况

由图 12-4 可知,不等式 $g(x)$ 约束了 x 只能是以 $(2,1)$ 为圆心,半径为 1 内的圆内的点,也容易看出,如果只有不等式约束的话,最优解在点 $(1,0)$ 位置。加上等式约束 $h(x)$ 后,显然最优解为直线与圆的左下交点。

12.3.3　原始优化问题

定义：

$$\theta_p(\boldsymbol{x}) = \max_{\boldsymbol{\alpha},\boldsymbol{\beta}:\alpha_i \geq 0} \mathcal{L}(\boldsymbol{x},\boldsymbol{\alpha},\boldsymbol{\beta}) \tag{12.9}$$

式(12.9)表示的含义是：以 $\boldsymbol{\alpha},\boldsymbol{\beta}$ 为自变量，求 $\mathcal{L}(\boldsymbol{x}_0,\boldsymbol{\alpha},\boldsymbol{\beta})$ 在确定空间坐标 $\boldsymbol{x}=\boldsymbol{x}_0$ 的最大值，也就是在确定 $\boldsymbol{x}=\boldsymbol{x}_0$ 后，改变 $\boldsymbol{\alpha},\boldsymbol{\beta}$，找到 $\mathcal{L}$ 的最大值。然后遍历 $\boldsymbol{x}$ 所在空间，得到 $\theta_p(\boldsymbol{x})$。此时，$\boldsymbol{x}$ 的空间可以分成两个部分：①满足式(12.8)的约束部分的；②不满足式(12.8)的约束部分的。对于第②部分的 $\boldsymbol{x}$，有 $g_i(\boldsymbol{x})>0$ or $h_j(\boldsymbol{x})\neq0$，这时 θ_p 会发生什么变化呢？

（1）如果 $g_i(\boldsymbol{x})>0$，为了求得 $\mathcal{L}$ 的最大值，只需要取 α_i 为无穷大，则此时 $\mathcal{L}$ 最大；

（2）同样，对于等式条件，如果 $h_j(\boldsymbol{x})\neq0$，取 β_j 为正或负无穷大（β_j 与 h_j 同号），则 $\mathcal{L}$ 同样会无穷大。

对于第①部分的 $\boldsymbol{x}$，则有：

（1）如果 $g_i(\boldsymbol{x})\leq0$，由于有 $\alpha_i\geq0$ 的条件，为了求得 $\mathcal{L}$ 的最大值，α_i 就必须等于 0；

（2）如果 $h_j(\boldsymbol{x})=0$，则无论 β_j 取什么值，都不会改变 $\mathcal{L}$。

于是我们就会得到下面这个式子：

$$\theta_p(\boldsymbol{x}) = \begin{cases} f(\boldsymbol{x}) & \text{for } g_i(\boldsymbol{x})<0 \ \& \ h_j(\boldsymbol{x})=0 \quad (\text{取 } \alpha_i=0) \\ \infty & \text{for } g_i(\boldsymbol{x})>0 \,|\, h_j(\boldsymbol{x})\neq0 \ (\text{取 } \alpha_i=\infty \,|\, \beta_j=\infty*\text{sign}(h_j(\boldsymbol{x}))) \end{cases}$$

$$\tag{12.10}$$

因此，$\theta_p(\boldsymbol{x})$ 就等同于 $f(\boldsymbol{x})$ 了，再进一步在 $\boldsymbol{x}$ 所在空间内找 $\min\theta_p(\boldsymbol{x})$ 就等同于原问题了。

于是我们就有如下定义：

$$p^* = \min_{\boldsymbol{x}} \theta_p(\boldsymbol{x}) = \min_{\boldsymbol{x}} \max_{\boldsymbol{\alpha},\boldsymbol{\beta}:\alpha_i\geq0} \mathcal{L}(\boldsymbol{x},\boldsymbol{\alpha},\boldsymbol{\beta}) \tag{12.11}$$

将其称为原始优化问题(primal optimization problem)。为了便于讲解，以第 12.3.2 节中的具体问题为例来进行说明（为了简化问题，暂时删除 $h(\boldsymbol{x})=0$ 的约束条件）。

例题 12-4　有如下优化问题：

$$\min_{\boldsymbol{x}} \quad f(\boldsymbol{x}) = x_1^2 + x_2^2$$
$$\text{s.t.} \quad g(\boldsymbol{x}) = (x_1-2)^2 + x_2^2 - 1 \leq 0 \tag{12.12}$$

请用图示说明最大最小化过程。

解题过程：

（1）设计拉格朗日函数如下：

$$\mathcal{L}(\boldsymbol{x},\alpha) = (x_1^2 + x_2^2) + \alpha[(x_1-2)^2 + x_2^2 - 1] \tag{12.13}$$

（2）$\theta_p(\boldsymbol{x})$ 为最大化 $\mathcal{L}(\boldsymbol{x},\alpha)$。

将 α 视为变量，这时 $\theta_p(\boldsymbol{x})$ 就只是 $\boldsymbol{x}$ 的函数。需要注意，对于不同的 $\boldsymbol{x}$，实际上 α 的取值是不同的，根据前面的描述，我们可以先通过绘制图形的方式展现 $f(\boldsymbol{x})$，$\mathcal{L}(\boldsymbol{x},\alpha)$ 和 $\theta_p(\boldsymbol{x})$ 的相对关系，编写程序如下(O_Ex4.m)：

```
clear all;    %清除所有内存变量
%不等式限制区域
```

```
R=1
t=0:pi/20:2*pi;
x=sin(t)*R+2;
y=cos(t)*R;
z=zeros(1,length(t));

%曲面函数
x1t=-3:0.05:3;
x2t=-3:0.05:3
[x1,x2]=meshgrid(x1t,x2t);
fx=x1.^2+x2.^2;
gx=(x1-2).^2+x2.^2-1;
gp=gx>0;       %找到 gx 中大于 0 的部分
alpha=ones(size(gx)); %先产生一个等大小的矩阵
Lx=fx+alpha.*gx;
alpha(gp)=1000; %给 gx 大于 0 的部分赋一个较大值
alpha(~gp)=0; %给 gx 小于 0 的部分赋值为 0
MaxLx=fx+alpha.*gx;
%%绘图
%1) fx 曲面
subplot(1,3,1)
mesh(x1,x2,fx);
hold on
plot3(x,y,z,'r');
axis([-3 3 -3 3 0 12])
xlabel('x1')
ylabel('x2')
view([2,-2,2]) %改变视角
%2) Lx 曲面
subplot(1,3,2)
mesh(x1,x2,Lx,'facecolor','y');
hold on
mesh(x1,x2,fx,'facecolor','b');

plot3(x,y,z,'r');
axis([-3 3 -3 3 0 12])
xlabel('x1')
ylabel('x2')
view([2,-2,2])   %改变视角
%3) theatap 曲面
subplot(1,3,3)
mesh(x1,x2,MaxLx,'facecolor','b')
hold on
plot3(x,y,z,'r');
```

```
axis([-3 3 -3 3 0 12]) %通过改变绘图范围,过滤掉那些变得很大的部分
xlabel('x1')
ylabel('x2')
view([2,-2,2])  %改变视角
```

运行程序后,可以得到 $f(\boldsymbol{x})$、$\mathcal{L}(\boldsymbol{x},\alpha)$ 和 $\theta_{\mathrm{p}}(\boldsymbol{x})$ 的示意图,如图 12-5 所示。

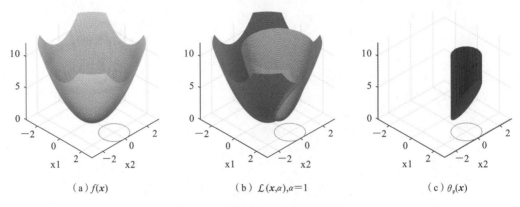

(a) $f(\boldsymbol{x})$ (b) $\mathcal{L}(\boldsymbol{x},\alpha),\alpha=1$ (c) $\theta_{\mathrm{p}}(\boldsymbol{x})$

图 12-5　原始优化问题示意图(1)

如前所述,图 12-5(a)中的某点 $\boldsymbol{x}_0$ 在约束圆外,则令 $\alpha=\infty$,反之 $\alpha=0$,从而可以得到图 12-5(c)所示的 $\theta_{\mathrm{p}}(\boldsymbol{x})$。而图 12-5(b)中的 $\mathcal{L}(\boldsymbol{x},\alpha)$ 是根据变量 α 的某一确定值绘制的,例如图中 $\alpha=1$。

取 $\alpha=3$,再次运行程序,结果如图 12-6 所示,可以看到 $\mathcal{L}(\boldsymbol{x},\alpha)$ 曲面的开口减小,最小值下沉,但 $\theta_{\mathrm{p}}(\boldsymbol{x})$ 不变。

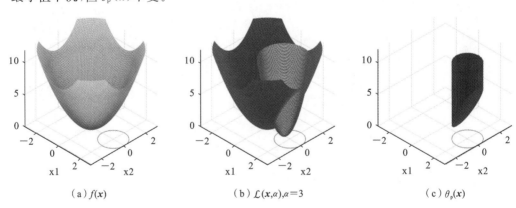

(a) $f(\boldsymbol{x})$ (b) $\mathcal{L}(\boldsymbol{x},\alpha),\alpha=3$ (c) $\theta_{\mathrm{p}}(\boldsymbol{x})$

图 12-6　原始优化问题示意图(2)

可以看出,在约束条件范围内找 $f(\boldsymbol{x})$ 的最小值,与找到 $\theta_{\mathrm{p}}(\boldsymbol{x})$ 的最小值这两件事情是等价的。但 α 的值在 $g(\boldsymbol{x})$ 所代表的圆的内外是不同的,$\theta_{\mathrm{p}}(\boldsymbol{x})$ 也不是连续可微的。因此,对于表达式(12.10),确实不方便通过求导找出最小值,从而引出了对偶问题。

12.3.4　对偶优化问题

定义

$$\theta_{\mathrm{d}}(\boldsymbol{\alpha},\boldsymbol{\beta})=\min_{x}\mathcal{L}(\boldsymbol{x},\boldsymbol{\alpha},\boldsymbol{\beta}) \tag{12.14}$$

式(12.14)表示的含义是,以 x 为自变量,求 $\mathcal{L}(x,\alpha,\beta)$ 的最小值,α,β 此时为某一数值,求得的结果 θ_d 是关于 α,β 的函数。

此时,我们就能定义原问题的对偶问题为

$$d^* = \max_{\alpha,\beta:\alpha_i \geqslant 0} \theta_d(\alpha,\beta) = \max_{\alpha,\beta:\alpha_i \geqslant 0} \min_x \mathcal{L}(x,\alpha,\beta) \tag{12.15}$$

其称为对偶优化问题(dual optimization problem)。

那么,原始问题和对偶问题之间有什么关系呢? 为什么要用对偶问题?

通常情况下,原始问题与对偶问题之间满足以下关系:

$$d^* = \max_{\alpha,\beta:\alpha_i \geqslant 0} \min_x \mathcal{L}(x,\alpha,\beta) \leqslant \min_x \max_{\alpha,\beta:\alpha_i \geqslant 0} \mathcal{L}(x,\alpha,\beta) = p^* \tag{12.16}$$

证明:

由式(12.9)可知,对于任意的 x,α,β,有下式成立:

$$\mathcal{L}(x,\alpha,\beta) \leqslant \max_{\alpha,\beta:\alpha_i \geqslant 0} \mathcal{L}(x,\alpha,\beta) = \theta_p(x) \tag{12.17}$$

其含义为:对于任意的 x,总可以找到一组 α_0,β_0(不同 x 对应的位置可以不一样),形成新的曲面 $\theta_p(x)$(参考图 12-6(c)),而 α,β 为其他值时,总有式(12.17)成立。

而对于式(12.15),对于任意的 x,α,β,有下式成立:

$$\theta_d(\alpha,\beta) = \min_x \mathcal{L}(x,\alpha,\beta) \leqslant \mathcal{L}(x,\alpha,\beta) \tag{12.18}$$

其含义为,对于任意的 α,β,总可以找到一个 x_0,使 $\theta_d(\alpha,\beta) = \mathcal{L}(x_0,\alpha,\beta)$ 为最小值,而其他位置的 x 则大于该值,从而不等式成立。具体可参考从图 12-5(b)中 $\alpha=1$ 到图 12-6(b)中 $\alpha=3$ 的情况,它们的 x_0 分别为小一点的抛物面的最低点。

由不等式的传递性可知:

$$\theta_d(\alpha,\beta) \leqslant \mathcal{L}(x,\alpha,\beta) \leqslant \theta_p(x) \tag{12.19}$$

由于原始问题和对偶问题均有最优值,所以:

$$\max_{\alpha,\beta:\alpha_i \geqslant 0} \theta_d(\alpha,\beta) \leqslant \min_x \theta_p(x)$$

之所以会用到对偶问题是因为直接对原始问题进行求解异常困难。但就目前来看,原始问题与对偶问题并不等同,其解也就必然有可能会不同(需要讨论什么情况下等号成立)。

例题 12-5　有如下优化问题:

$$\min_x \quad f(x) = x_1^2 + x_2^2$$
$$\text{s. t.} \quad g(x) = (x_1-2)^2 + x_2^2 - 1 \leqslant 0 \tag{12.20}$$

请用图示说明最小最大化过程。

解题过程:

在对偶问题中,有

$$\theta_d(\alpha) = \min_x \mathcal{L}(x,\alpha) = \min_x \{(x_1^2+x_2^2) + \alpha[(x_1-2)^2+x_2^2-1]\} \tag{12.21}$$

对于一个给定的 α,我们可以通过令导数等于零的方式寻找其最大值:

$$\begin{cases} \dfrac{\partial \mathcal{L}}{\partial x_1} = 2x_1 + \alpha(2x_1-4) = 0 \\ \dfrac{\partial \mathcal{L}}{\partial x_2} = 2x_2 + \alpha 2x_2 = 0 \end{cases} \tag{12.22}$$

可以解得

$$\begin{cases} x_1 = \dfrac{2\alpha}{\alpha+1} \\ x_2 = 0 \end{cases} \tag{12.23}$$

上述过程的含义是,在寻求 $\mathcal{L}$ 的最小值的过程中,假定有一个已知的 α,要想得知 x_1 和 x_2 等于多少时,可以使 $\mathcal{L}$ 取到极值,就需要把 x_1 和 x_2 用 α 来表示。

进一步,将式(12.23)代入拉格朗日目标函数可得

$$\theta_d(\alpha) = -\frac{\alpha^2 - 3\alpha}{\alpha+1} \tag{12.24}$$

$\theta_d(\alpha)$ 显然是开口朝下的函数,α 变化时,其图形可以通过下面程序绘制出来(O_Ex5.m):

```
clear all;    %清除所有内存变量
close all
x1t=-3:0.2:3;
x2t=-3:0.2:3
[x1,x2]=meshgrid(x1t,x2t);
fx=x1.^2+x2.^2;
gx=(x1-2).^2+x2.^2-1;
gp=gx>0;      %找到 gx 中大于 0 的部分

subplot(1,2,1) %左边子图
%1) 绘制原始问题
surf(x1,x2,fx);
hold on   %保持
%2) 绘制 L(x,alpha)
alpha=1*ones(size(gx)); %产生一个等大小的矩阵
Lx=fx+alpha.*gx;
mesh(x1,x2,Lx);
%3)绘制 theatap(x)
alpha(gp)=1000; %给 gx 大于 0 的部分赋一个较大值
alpha(~gp)=0; %给 gx 小于 0 的部分赋值为 0
MaxLx=fx+alpha.* gx;   %thetap(x)
mesh(x1,x2,MaxLx)
axis([-3 3 -3 3 -2 12]) %通过改变绘图范围,过滤掉那些变得很大的部分
xlabel('x1')
ylabel('x2')
view([2,-2,1]) %改变视角
subplot(1,2,2) %右边子图
%1)绘制不同 alpha 下的 Lx
for  i=0:4
    alpha=i*ones(size(gx)); %产生一个等大小的矩阵
    Lx=fx+alpha.*gx;
```

```
    if i==0
        surf(x1,x2,Lx);    %原始问题绘制面
    else
        mesh(x1,x2,Lx);    %其他绘制网格
    end
    hold on
end
%2)绘制对应的 theatad(alpha)
alpha=-1:0.1:10;    %alpha 设置变动范围
x1=2*alpha./(alpha+1);    %求解 x1,x2 的位置
x2=0*alpha;
tD=-(alpha.^2-3*alpha)./(alpha+1);%计算公式
plot3(x1,x2,tD,'r')
axis([-3 3 -3 3 -3 12])%通过改变绘图范围,过滤掉那些变得很大的部分
xlabel('x1')
ylabel('x2')
view([2,-2,1])%改变视角
```

运行程序后,结果如图 12-7 所示。

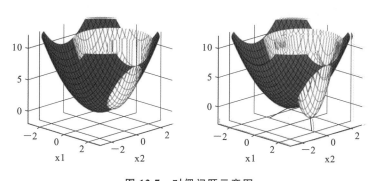

图 12-7   对偶问题示意图

图 12-7 左图中,当 $\alpha=1$ 时,$\mathcal{L}$ 的曲面(网格线)的最小值出现在 $\boldsymbol{x}=(1,0)$ 处。图 12-7 右图中,不断更改 α 的值,可以看到 $\mathcal{L}$ 的曲面开口逐渐收缩,最小值也逐渐下沉。这个现象从公式上不难理解,由于 $\mathcal{L}=f(\boldsymbol{x})+\alpha*g(\boldsymbol{x})$,在 $g(\boldsymbol{x})<0$ 的区域,α 越大,$\mathcal{L}$ 比 f 小得越多(极值点下沉),而在在 $g(\boldsymbol{x})>0$ 的区域,α 越大,$\mathcal{L}$ 比 f 大得越多(开口收缩)。我们可以找到每一个 $\mathcal{L}$ 的极值点,将其连线,即得到图 12-7 中的粗实线,它实际就是 $\theta_d(\alpha)$。

接下来最大化 $\theta_d(\alpha)$,此时可以将 $\theta_d(\alpha)$ 看成是一个一元函数求极值(无条件)的问题,且 $\alpha>0$。用拉格朗日乘数法即可求解。设 $D=\theta_d(\alpha)$,则 D 对 α 求偏导并令其为 0,有

$$\frac{\mathrm{d}D}{\mathrm{d}\alpha}=-\frac{\alpha^2+2\alpha-3}{(\alpha+1)^2}=0$$

求得 $\alpha=1$(另外一个解 $\alpha=-3$ 不满足条件),从而可知,在 $\boldsymbol{x}=(1,0)$ 处可以取到极

大值。计算程序如下(O_Ex6.m):

```
clear all;  %清除所有内存变量
syms x1 x2 alpha alpha1 beta
fx=x1.^2+x2.^2;  %f(x)的表达式
gx=(x1-2).^2+x2.^2-1;          %g(x)的表达式
Lx=fx+ alpha* gx;    %L(x)的表达式
%Lx求偏导数,得到三个方程
dLx=[diff(Lx,x1);
       diff(Lx,x2);]
%solve 函数解方程组
[x1T, x2T]=solve(dLx,x1,x2) %解为符号变量

tD=subs(Lx,[x1,x2],[x1T,x2T]);
tD=simplify(tD);
dtD=diff(tD,alpha)
dtD=simplify(dtD);
alpha=solve(dtD,alpha)
```

观察图 12-5 所示的图形,$\theta_p(x)$ 的最小值不连续,因此,采用微分方法难以求到它的最小值,转成对偶问题 $\theta_d(\alpha)$ 后,求解变得很简单。

12.4　KKT 条件

KKT 最优化条件是非线性规划领域中最重要的理论成果之一,是确定某点为极值点的必要条件。对于凸规划,KKT 点就是优化极值点(充分必要条件)。

12.4.1　梯度

梯度的本质是一个向量(矢量),表示某一函数在该点处的方向导数沿着该方向取得最大值,即函数在该点处沿着该方向(此梯度的方向)变化最快,变化率最大。一般可以表示为

$$\text{grad } f = \mathbf{\nabla}_x f = \left[\frac{\partial f}{\partial x_1}, \frac{\partial f}{\partial x_2}, \cdots, \frac{\partial f}{\partial x_n}\right]^{\mathrm{T}} \tag{12.25}$$

例题 12-6　有如下优化问题:

$$\min_x \quad f(x) = x_1^2 + x_2^2$$
$$\text{s.t.} \quad h(x) = x_1 - x_2 - 2 = 0 \tag{12.26}$$

绘制目标函数与约束函数的梯度。

解题过程:

对于 $f(x)$ 和 $h(x)$,按式(12.25)很容易得到其梯度,编写程序如下(O_Ex7.m):

```
clear all;  %清除所有内存变量
syms x1 x2  %定义符号变量
fx=x1.^2+x2.^2;  %f(x)的表达式
```

```
hx=x1-x2-2;%h(x)的表达式
grad_f=[diff(fx,x1);diff(fx,x2)];%求梯度
grad_h=[diff(hx,x1);diff(hx,x2)];
%手工绘制 fx 的等高线
theta=linspace(0,2*pi,360);
for r=1:2    %只计算两个半径的情况
    x=[r*cos(theta);r*sin(theta)];
    plot(x(1,:),x(2,:),'b-.');
    hold on      %保持图形
end
%手工绘制 fx 的梯度线
theta=linspace(0,2*pi,13);%圆周取 12 等份
for r=1:2
    x=[r*cos(theta);r*sin(theta)];
    for i=1:length(theta) %绘制 13 个点的梯度
        x1=x(1,i);
        x2=x(2,i);
        gf=eval(grad_f)/5;%适当缩小比例
        quiver(x1,x2,gf(1),gf(2),'r');
    end
    hold on
end
%绘制 hx=0 的直线
x=-1:0.1:2.5;
y=x-2;
plot(x,y);
%绘制 hx 的梯度线
gh=eval(grad_h)/4;%适当缩小比例
for x1=-1:1:2;
    x2=x1-2;
    quiver(x1,x2,gh(1),gh(2),'g'); %比较特殊,h 的梯度与 x1,x2 无关
end
%补充绘制切线圆
r=sqrt(2)
theta=linspace(0,2*pi,360);
x=[r*cos(theta);r*sin(theta)];
plot(x(1,:),x(2,:),'-.');
%限定坐标显示方式
axis([-3,3,-3,3])
axis square
hold off %取消保持
```

程序运行结果如图 12-8 所示，$f(x)$ 的梯度方向显示了在三维图像中旋转抛物线形成的碗型抛物面的变大方向，且外圆的梯度大于内圆的（越来越陡峭）。$h(x)$ 表示的原

本是一条直线,可以视为 $h(\boldsymbol{x})=C$ 而 $C=0$ 的特例(高度为 0 的等高线)。对 $\boldsymbol{x}$ 求偏导数,计算得到各点的梯度均为 $[1,-1]^{\mathrm{T}}$,也容易看出 $h(\boldsymbol{x})=C$ 表示的是一个斜面,显然斜面上任何点的梯度都相同。

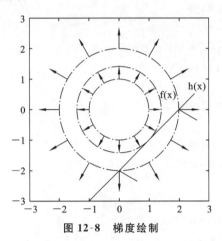

图 12-8　梯度绘制

在图 12-8 中的切点处,$f(\boldsymbol{x})$ 和 $h(\boldsymbol{x})$ 的梯度方向相同,在使用拉格朗日乘数法时,$L(\boldsymbol{x},\beta)=f(\boldsymbol{x})+\beta h(\boldsymbol{x})$,对 $\boldsymbol{x}$ 求梯度,在最优点 $(1,-1)$ 处有 $\boldsymbol{\nabla}_x f=[2;-2]$,$\boldsymbol{\nabla}_x h=[1;-1]$,若要 $\boldsymbol{\nabla}_x L=0$,显然 $\beta=-2$(见第 12.1.3 小节)。

此外,$h(\boldsymbol{x})$ 右下方为 $h(\boldsymbol{x})>0$ 的区域,左上方为 $h(\boldsymbol{x})<0$ 的区域。那么,若将等式 $h(\boldsymbol{x})$ 修改为不等式,则 $h(\boldsymbol{x})>0$ 时,最优点仍在 $(1,-1)$,而 $h(\boldsymbol{x})<0$ 时,显然约束条件将失去作用,从而需要引入 KKT 条件。

12.4.2　KKT 条件

对于原始问题和对偶问题,假设函数 $f(\boldsymbol{x})$ 和 $h_i(\boldsymbol{x})$ 是凸函数,$h_i(\boldsymbol{x})$ 是仿射函数,且不等式 $g_i(\boldsymbol{x})$ 严格可行(对于所有的 i 都有 $g_i(\boldsymbol{x})<0$),则 $\boldsymbol{x}^*$、$\boldsymbol{\alpha}^*$、$\boldsymbol{\beta}^*$ 分别是原始问题和对偶问题的解的充分必要条件是 $\boldsymbol{x}^*$、$\boldsymbol{\alpha}^*$、$\boldsymbol{\beta}^*$ 满足 KKT 条件:

$$\boldsymbol{\nabla}_x \, \mathcal{L}(\boldsymbol{x}^*,\boldsymbol{\alpha}^*,\boldsymbol{\beta}^*)=0, \quad m=1,\cdots,n \tag{12.27}$$

$$g_i(\boldsymbol{x}^*)\leqslant 0, i=1,\cdots,k \tag{12.28}$$

$$h_j(\boldsymbol{x}^*)=0, \quad j=1,\cdots,l \tag{12.29}$$

$$\boldsymbol{\alpha}_i^* \geqslant 0, \quad i=1,\cdots,k \tag{12.30}$$

$$\boldsymbol{\alpha}_i^* \, g_i(\boldsymbol{x}^*)=0, \quad i=1,\cdots,k \tag{12.31}$$

其中,式(12.27)为拉格朗日取得可行解的必要条件,也可以写成偏微分方程组的形式;式(12.28)和式(12.29)为初始约束条件;式(12.30)为不等式约束优化下应满足的情况;式(12.31)为不等式约束优化下需满足的条件,称为松弛互补条件,也称为 KKT 的对偶互补条件(dual complementarity condition)。当 $g_i(\boldsymbol{x}^*)=0$ 时,该约束为起作用约束,当 $\boldsymbol{\alpha}_i^*=0$ 时,该约束为不起作用约束,也就是说,此时 $\boldsymbol{x}^*$ 并未到达边界,因此,即使去掉该约束也不会影响最优解的取值。

例题 12-7　有如下优化问题:

$$\begin{aligned} \min_{\boldsymbol{x}} \quad & f(\boldsymbol{x})=x_1^2+x_2^2 \\ \mathrm{s.\,t.} \quad & g(\boldsymbol{x})=(x_1-2)^2+x_2^2-1\leqslant 0 \end{aligned} \tag{12.32}$$

验证其解是否满足 KKT 条件,并展开相关讨论。

解题过程:

在前文的计算中,我们求得 $\boldsymbol{x}=(1,0)$ 为最优解,且 $\alpha=1$,容易通过下式验证,它们完全满足式(12.27)~式(12.31):

$$
\begin{cases}
\dfrac{\partial \mathcal{L}}{\partial x_1}=2x_1+\alpha(2x_1-4)=0 \\[2mm]
\dfrac{\partial \mathcal{L}}{\partial x_2}=2x_2+\alpha 2x_2=0 \\[2mm]
(x_1-2)^2+x_2^2-1\leqslant 0 \\[2mm]
\alpha\geqslant 0 \\[2mm]
\alpha\left[(x_1-2)^2+x_2^2-1\right]=0
\end{cases}
\tag{12.33}
$$

式(12.33)中,目标函数在最优解处的梯度 $\boldsymbol{\nabla}_x f(\boldsymbol{x})=[2,0]$,约束条件 $\boldsymbol{\nabla}_x g(\boldsymbol{x})=[-2,0]$,因此,$\alpha=1$ 可以使得 $\boldsymbol{\nabla}_x f(\boldsymbol{x})+\alpha\,\boldsymbol{\nabla}_x g(\boldsymbol{x})=0$,也容易看出其几何意义。

$\alpha\left[(x_1-2)^2+x_2^2-1\right]=0$ 是对偶互补条件,这里 $\alpha=1$,因此最优解 $\boldsymbol{x}=(1,0)$ 满足约束条件,说明最优解就在约束的边缘,也就是圆周上。

问题是,什么样的问题会不满足 KKT 条件呢?我们考虑一种情况,让 $g(\boldsymbol{x})$ 所代表的圆的半径增加到 3,也就是把原始优化问题变成:

$$
\begin{aligned}
\min_{\boldsymbol{x}} \quad & f(\boldsymbol{x})=x_1^2+x_2^2 \\
\text{s. t.} \quad & g(\boldsymbol{x})=(x_1-2)^2+x_2^2-9\leqslant 0
\end{aligned}
\tag{12.34}
$$

容易看出,实际上问题的最优点落入了圆内,最优解显然是 $\boldsymbol{x}=(0,0)$。下面要做的是重复上述计算过程,修改 O_Ex6.m 对应部分(得到 O_Ex7.m),再次计算,看结果如何。

在对偶问题中,有

$$
\theta_d(\alpha)=\min_{\boldsymbol{x}}\mathcal{L}(\boldsymbol{x},\alpha)=\min_{\boldsymbol{x}}\left\{(x_1^2+x_2^2)+\alpha\left[(x_1-2)^2+x_2^2-9\right]\right\}
\tag{12.35}
$$

因此,对于一个给定的 α,我们可以通过令导数等于零的方式寻找其最大值:

$$
\begin{cases}
\dfrac{\partial \mathcal{L}}{\partial x_1}=2x_1+\alpha(2x_1-4)=0 \\[2mm]
\dfrac{\partial \mathcal{L}}{\partial x_2}=2x_2+\alpha 2x_2=0
\end{cases}
\tag{12.36}
$$

可以解得

$$
\begin{cases}
x_1=\dfrac{2\alpha}{\alpha+1} \\[2mm]
x_2=0
\end{cases}
\tag{12.37}
$$

以上步骤都没有变化,将式(12.37)代入拉格朗日目标函数可得

$$
\theta_d(\alpha)=-\frac{\alpha(9\alpha+5)}{\alpha+1}
\tag{12.38}
$$

依然可用拉格朗日乘数法求解。设 $D=\theta_d(\alpha)$,则令 D 对 α 求偏导并令导数为 0,有

$$
\frac{\mathrm{d}D}{\mathrm{d}\alpha}=-\frac{9\alpha^2+18\alpha+5}{(\alpha+1)^2}=0
\tag{12.39}
$$

求得 $\alpha=-5/3$ 或 $\alpha=-1/3$,对应点为 $(5,0)$ 和 $(-1,0)$,显然它们都不是式(12.34)的最优解。

而最优解 $\boldsymbol{x}=(0,0)$ 满足不了 $\alpha[(x_1-2)^2+x_2^2-9]=0$ 的对偶互补条件,此时唯一的办法就是让 $\alpha=0$,其实也容易理解,因为此时可以让约束条件没有作用(松弛),然后再次重复求导计算过程,在本问题中只有一个约束条件,去掉它,直接变成无约束求极值,很容易得到解为 $\boldsymbol{x}=(0,0)$。

也可以将前文的等式约束条件改为不等式约束条件:

$$\min_{\boldsymbol{x}} \quad f(\boldsymbol{x})=x_1^2+x_2^2$$
$$\text{s. t.} \quad g(\boldsymbol{x})=x_1-x_2-C\leqslant 0 \tag{12.40}$$

可以观察到,在 C 变动的时候,直线 $g(\boldsymbol{x})$ 切于圆族,可以观察目标函数 $f(\boldsymbol{x})$ 和约束条件 $g(\boldsymbol{x})$ 在切点的梯度,易知当 $C>0$ 时,得到的 α 将不能满足 KKT 条件(例如第12.4.1 节中 $C=2$)。而当 $C<0$ 时,切点在第二象限,$f(\boldsymbol{x})$ 和 $g(\boldsymbol{x})$ 的梯度方向相反,可以得到一个 $\alpha>0$ 的值来满足 KKT 条件。

12.4.3 原始问题的求解

到此,我们回到最初的同时带有等式和不等式约束的问题。

例题 12-8 有如下优化问题:

$$\min_{\boldsymbol{x}} \quad f(\boldsymbol{x})=x_1^2+x_2^2$$
$$\text{s. t.} \quad h(\boldsymbol{x})=x_1-x_2-2=0 \tag{12.41}$$
$$g(\boldsymbol{x})=(x_1-2)^2+x_2^2-1\leqslant 0$$

采用广义拉格朗日乘数法求解其最优值。

解题过程:

(1) 设计拉格朗日函数如下:

$$\boldsymbol{L}(\boldsymbol{x},\alpha,\beta)=(x_1^2+x_2^2)+\alpha[(x_1-2)^2+x_2^2-1]+\beta(x_1-x_2-2) \tag{12.42}$$

(2) 最小化 $\boldsymbol{L}(\boldsymbol{x},\alpha,\beta)$。

将 α,β 视为常数,这时 $\boldsymbol{L}(\boldsymbol{x},\alpha,\beta)$ 就只是 $\boldsymbol{x}$ 的函数。可以通过求导并令导数等于零的方式寻找最小值:

$$\begin{cases} \beta+2x_1+\alpha(2x_1-4)=0 \\ 2x_2-\beta+\alpha 2x_2=0 \end{cases} \tag{12.43}$$

可以解得

$$\begin{cases} x_1=\dfrac{4\alpha-\beta}{2\alpha+2} \\ x_2=\dfrac{\beta}{2\alpha+2} \end{cases} \tag{12.44}$$

将式(12.44)代入拉格朗日目标函数可得

$$\theta_{\mathrm{D}}(\alpha,\beta)=-\frac{\beta^2+4\beta+2\alpha^2-6\alpha}{2(\alpha+1)} \tag{12.45}$$

(3) 最大化 $\theta_{\mathrm{D}}(\alpha,\beta)$。

此时可以将 $\theta_{\mathrm{D}}(\alpha,\beta)$ 看成是一个二元函数求极值(无条件)的问题,且 $\alpha>0$。用拉格朗日乘数法即可求解。

设 $D=\theta_{\mathrm{D}}(\alpha,\beta)$,则令 D 分别对 α,β 求偏导,并令导数为 0,有

$$\frac{\partial D}{\partial \alpha}=-\frac{2\alpha^2+4\alpha-\beta^2-4\beta-6}{2(\alpha+1)^2}=0;$$

$$\frac{\partial D}{\partial \beta}=\frac{2\beta+4}{2(\alpha+1)}=0$$

联立得 $\alpha=\sqrt{2}-1,\beta=-2$，式中，$\alpha>0$，满足 KKT 条件。再结合式(12.44)可求得 x $=\left[2-\sqrt{2}/2,-\sqrt{2}/2\right]$。

代码如下(O_Ex8.m)：

```
clear all;    %清除所有内存变量
syms x1 x2 alpha  beta
fx=x1.^2+x2.^2;   %f(x)的表达式
hx=x1-x2-2;          %h(x)的表达式
gx=(x1-2).^2+x2.^2-1;      %g(x)的表达式
Lx=fx+ alpha* gx+beta* hx;    %L(x)的表达式
%Lx求偏导数,得到两个方程
dLx=[diff(Lx,x1);
    diff(Lx,x2)];
%solve 函数解方程组
[x1T, x2T]=solve(dLx,x1,x2) %解为符号变量
%进行替代
f=subs(Lx,[x1,x2],[x1T,x2T]);
%f求偏导数,得到三个方程
df=[diff(f,alpha);
    diff(f,beta)]
[alpha,beta]=solve(df,alpha,beta) %解为符号变量
alpha=alpha(1);
beta=beta(1);
K=eval([x1T  x2T]); %转化为数字

x1=simplify(K(1))
x2=simplify(K(2))
fx=(eval(fx)) %计算 fx
%绘制梯度关系图
grad_f=[2* x1;2* x2];
grad_h=[1;-1]*beta;
grad_g=[2* (x1-2);x2]*alpha;

quiver(x1,x2,grad_h(1),grad_h(2),'b');
hold on %以下两个向量合成与上面大小相等,方向相反
quiver(x1,x2,grad_f(1),grad_f(2),'b-.');
quiver(x1,x2,grad_g(1),grad_g(2),'b-.');
axis([-1,4,-3,2])
axis equal
axis square
```

运行结果：

```
alpha=
    2^(1/2)-1
  -2^(1/2)-1
beta=
  -2
  -2
x1=
2-2^(1/2)/2
x2=
-2^(1/2)/2
fx=
(2^(1/2)/2-2)^2+1/2
```

在最优解处,考虑系数后得到的梯度关系图如图 12-9 所示。

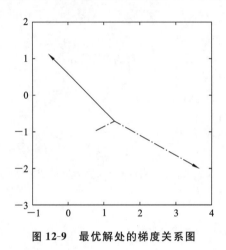

图 12-9　最优解处的梯度关系图

此问题中,第(2)步求解相对简单,所以可以直接用拉格朗日乘数法进行求解。实际上带不等式约束的优化问题的解法很多,各种情况比较复杂,这里不进一步展开。

12.5　编程知识点(2)

12.5.1　绘制垂直面

在绘制垂直面的时候,我们使用了以下代码:

```
[X, Z]=meshgrid(-3:1:3, 0:1:18); %略微稀疏一点
Y=X-2;    %直线方程
surf(X,Y,Z);  %绘制垂直面
```

运行程序后,通过以下命令观察 X,Y,Z 第一列的对应关系:

```
>>X(:,1)'
ans=
    -3    -3    -3    -3    -3    -3    -3    -3    -3    -3    -3    -3
```

```
    -3    -3    -3    -3    -3    -3    -3
>>Y(:,1)'
ans=
    -5    -5    -5    -5    -5    -5    -5    -5    -5    -5    -5    -5
    -5    -5    -5    -5    -5    -5    -5
K>>Z(:,1)'
ans=
     0     1     2     3     4     5     6     7     8     9    10    11    12
    13    14    15    16    17    18
```

以上说明 X,Y,Z 第一列所代表的 19 个点的 (x,y) 坐标都是 $(-3,-5)$,z 坐标为 $0\sim18$。这些点排成一条直线。

我们也可以用 plot3(X(:,1),Y(:,1),Z(:,1)) 绘制空间中的竖线,或用 plot3(X, Y,Z) 绘制 7 条平行线(见图 12-10)。

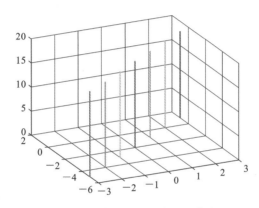

图 12-10 在三维空间中绘制直线

由此可见,X,Y 虽然都代表矩阵,但它们配对后的坐标点,并不一定能覆盖 xOy 平面上的一块二维平面区域(meshgrid 函数),而可以只是一条线。

12.5.2 绘制垂直圆柱面

同样,在绘制垂直圆柱面的时候,我们使用了以下代码:

```
%增加圆柱面的绘制
R=1
t=0:pi/20:2*pi;
x=sin(t)*R+2;
y=cos(t)*R;
X=meshgrid(x);
Y=meshgrid(y);
z=linspace(0,7,length(t));
Z=[meshgrid(z)]';
surf(X,Y,Z)
```

这个代码较复杂,但其含义更贴近前面的解释。这里没有使用 meshgrid(x,y),而是分别用了 meshgrid(x)和 meshgrid(y)。

实际上,x,y 代表两个行向量,它们原本就是用于绘制二维平面上的圆的,此时,我们将其复制 n 遍,组成 X,Y 两个矩阵,其含义与前面绘制竖线的代码是一样的。然后生成对应的 Z 值,即可绘制出垂直的圆柱面。

类似前文,也可以采用下面程序绘制垂直面,效果是一样的:

```
R=1
t=0:pi/20:2*pi;
x=sin(t)* R+2;
y=cos(t)* R;
[X, Z]=meshgrid(x,linspace(0,7,length(t)));
Y=meshgrid(y);
surf(X,Y,Z);  %绘制垂直面
```

12.5.3　结构体

在使用 solve 函数解方程时,如果使用下面方式:

```
>>syms x y;
>>g=solve(x+ y-1,x-y+ 3)
g=
```

包含以下字段的 struct:

```
x:[1×1 sym]
y:[1×1 sym]
```

则返回的 g 为结构体,它可以被理解为是一种特殊的数据类型。一个结构体由若干结构变量或者域构成。和其他变量类型一样,结构体无须声明就可以使用。

结构体的创建、结构字段的添加和删除等操作细节,读者可以参考其他书籍学习。

12.6　小结

优化技术是一种以数学为基础,用于求解各种工程问题优化解的应用技术,其应用的专业领域非常广泛,涉及的数学基础知识也非常多。

事实上,MATLAB 中有专门的最优化工具箱,可以用于求解线性规划、非线性规划和多目标规划问题,具体而言,包括线性、非线性最小化,最大最小化,二次规划,半无限问题,线性、非线性方程(组)的求解,线性、非线性的最小二乘问题。另外,该工具箱还提供了线性、非线性最小化,方程求解,曲线拟合,二次规划等的求解方法,为优化方法在工程中的实际应用提供了更方便快捷的途径。

本章仅仅以最基础的优化问题为例介绍了基本的计算和编程方法。对优化问题的数学基础进行原理性学习,可提高自身的编程能力,有效增强对数学原理的理解。只有深刻理解原理,才能编写出正确的演示程序。

附　　录

附表 1-1　连续傅里叶变换性质及其对偶关系

$$f(t)=\frac{1}{2\pi}\int_{-\infty}^{\infty}F(\omega)\mathrm{e}^{\mathrm{j}\omega t}\,\mathrm{d}\omega \qquad F(\omega)=\int_{-\infty}^{\infty}f(t)\mathrm{e}^{-\mathrm{j}\omega t}\,\mathrm{d}t$$

$$f(0)=\frac{1}{2\pi}\int_{-\infty}^{\infty}F(\omega)\,\mathrm{d}\omega \qquad F(0)=\int_{-\infty}^{\infty}f(t)\,\mathrm{d}t$$

	连续傅里叶变换对			相对偶的连续傅里叶变换对		
名称	连续时间函数 $f(t)$	傅里叶变换 $F(\omega)$	重要	名称	连续时间函数 $f(t)$	傅里叶变换 $F(\omega)$	重要
线性	$\alpha f_1(t)+\beta f_2(t)$	$\alpha F_1(\omega)+\beta F_2(\omega)$	✓				
尺度比例变换	$f(at),\quad a\neq 0$	$\dfrac{1}{\lvert a\rvert}F\left(\dfrac{\omega}{a}\right)$	✓				
对偶性	$f(t)$	$g(\omega)$			$g(t)$	$2\pi f(\omega)$	✓
时移	$f(t-t_0)$	$F(\omega)\mathrm{e}^{\mathrm{j}\omega t_0}$	✓	频移	$f(t)\mathrm{e}^{\mathrm{j}\omega_0 t}$	$F(\omega-\omega_0)$	✓
时域微分性质	$\dfrac{\mathrm{d}}{\mathrm{d}t}f(t)$	$\mathrm{j}\omega F(\omega)$		频域微分性质	$-\mathrm{j}tf(t)$	$\dfrac{\mathrm{d}}{\mathrm{d}\omega}F(\omega)$	✓
时域积分性质	$\displaystyle\int_{-\infty}^{\infty}f(\tau)\mathrm{d}\tau$	$\dfrac{F(\omega)}{\mathrm{j}\omega}+\pi F(0)\delta(\omega)$		频域积分性质	$\dfrac{f(t)}{-\mathrm{j}t}+\pi f(0)\delta(t)$	$\displaystyle\int_{-\infty}^{\infty}F(\sigma)\mathrm{d}\sigma$	
时域卷积性质	$f(t)*g(t)$	$F(\omega)G(\omega)$	✓	频域卷积性质	$f(t)p(t)$	$\dfrac{1}{2\pi}F(\omega)*P(\omega)$	✓
对称性	$f(-t)$ $f^*(t)$ $f^*(-t)$	$F(-\omega)$ $F^*(\omega)$ $F^*(-\omega)$		奇偶虚实性质	$f(t)$是实函数 $f_{\mathrm{o}}(t)=\mathrm{Od}\{f(t)\}$ $f_{\mathrm{e}}(t)=\mathrm{Ev}\{f(t)\}$	$\mathrm{jIm}\{F(\omega)\}$ $\mathrm{Re}\{F(\omega)\}$	
希尔伯特变换	$f(t)=f(t)\varepsilon(t)$	$F(\omega)=R(\omega)+\mathrm{j}I(\omega)$ $R(\omega)=I(\omega)*\dfrac{1}{\pi\omega}$					
时域抽样	$f(t)\displaystyle\sum_{i=-\infty}^{+\infty}\delta(t-nT)$	$\dfrac{1}{T}\displaystyle\sum_{i=-\infty}^{+\infty}F\left(\omega-k\dfrac{2\pi}{T}\right)$		频域抽样	$\dfrac{1}{\omega_0}\displaystyle\sum_{i=-\infty}^{+\infty}f\left(t-n\dfrac{2\pi}{\omega_0}\right)$	$F(\omega)\displaystyle\sum_{i=-\infty}^{\infty}\delta(\omega-k\omega_0)$	
帕什瓦尔公式	$\displaystyle\int_{-\infty}^{\infty}\lvert f(t)\rvert^2\mathrm{d}t=\dfrac{1}{2\pi}\int_{-\infty}^{\infty}\lvert F(\omega)\rvert^2\mathrm{d}\omega$						

附表 1-2　常见的傅里叶变换对及其对偶关系

$$f(t)=\frac{1}{2\pi}\int_{-\infty}^{+\infty}F(\omega)\mathrm{e}^{\mathrm{j}\omega t}\mathrm{d}\omega \quad F(\omega)=\int_{-\infty}^{+\infty}f(t)\mathrm{e}^{-\mathrm{j}\omega t}\mathrm{d}t$$

连续傅里叶变换对			相对偶的连续傅里叶变换对		
连续时间函数 $f(t)$	傅里叶变换 $F(\omega)$	重要	连续时间函数 $f(t)$	傅里叶变换 $F(\omega)$	重要
$\delta(t)$	1	✓	1	$2\pi\delta(\omega)$	✓
$\dfrac{\mathrm{d}}{\mathrm{d}t}\delta(t)$	$\mathrm{j}\omega$	✓	t	$2\pi\mathrm{j}\dfrac{\mathrm{d}}{\mathrm{d}t}\delta(\omega)$	
$\dfrac{\mathrm{d}^k}{\mathrm{d}t^k}\delta(t)$	$(\mathrm{j}\omega)^k$		t^k	$2\pi\mathrm{j}^k\dfrac{\mathrm{d}^k}{\mathrm{d}\omega^k}\delta(\omega)$	
$u(t)$	$\dfrac{1}{\mathrm{j}\omega}+\pi\delta(\omega)$	✓	$\dfrac{1}{2}\delta(t)-\dfrac{1}{\mathrm{j}2\pi t}$	$u(\omega)$	
$tu(t)$	$\mathrm{j}\pi\dfrac{\mathrm{d}}{\mathrm{d}\omega}\delta(\omega)-\dfrac{1}{\omega^2}$				
$\mathrm{sgn}(t)=\begin{cases}1,&t>0\\-1,&t<0\end{cases}$	$\dfrac{2}{\mathrm{j}\omega}$		$\dfrac{1}{\pi},t\neq0$	$F(\omega)=\begin{cases}-\mathrm{j},&\omega>0\\\mathrm{j},&\omega<0\end{cases}$	
$\delta(t-t_0)$	$\mathrm{e}^{-\mathrm{j}\omega t_0}$	✓	$\mathrm{e}^{\mathrm{j}\omega_0 t}$	$2\pi\delta(\omega-\omega_0)$	✓
$\cos\omega_0 t$	$\pi[\delta(\omega+\omega_0)+\delta(\omega-\omega_0)]$		$\delta(t+t_0)+\delta(t-t_0)$	$2\cos\omega t_0$	
$\sin\omega_0 t$	$\mathrm{j}\pi[\delta(\omega+\omega_0)-\delta(\omega-\omega_0)]$		$\delta(t+t_0)-\delta(t-t_0)$	$\mathrm{j}2\sin\omega t_0$	
$f(t)=\begin{cases}1,&|t|<\tau\\0,&|t|>\tau\end{cases}$	$\tau\mathrm{Sa}\left(\dfrac{\omega\tau}{2}\right)$	✓	$\dfrac{W}{\pi}\mathrm{Sa}(Wt)$	$F(\omega)=\begin{cases}1,&|\omega|<W\\0,&|\omega|>W\end{cases}$	✓
$f(t)=\begin{cases}1-|t|,&|t|<\tau\\0,&|t|>\tau\end{cases}$	$\tau\mathrm{Sa}^2\left(\dfrac{\omega\tau}{2}\right)$	✓	$\dfrac{W}{2\pi}\mathrm{Sa}^2\left(\dfrac{Wt}{2}\right)$	$F(\omega)=\begin{cases}1-|\omega|/W,&|\omega|<W\\0,&|\omega|>W\end{cases}$	
$\mathrm{e}^{-at}u(t),\mathrm{Re}\{a\}>0$	$\dfrac{1}{a+\mathrm{j}\omega}$	✓	$\dfrac{1}{\tau-\mathrm{j}t}$	$2\pi\mathrm{e}^{-\tau\omega}u(\omega),\tau>0$	
$\mathrm{e}^{-a|t|},\mathrm{Re}\{a\}>0$	$\dfrac{2a}{a^2+\omega^2}$		$\dfrac{\tau}{\tau^2+t^2}$	$\pi\mathrm{e}^{-\tau|\omega|},\tau>0$	
$\mathrm{e}^{-at}u(t)\cos\omega_0 t,\mathrm{Re}\{a\}>0$	$\dfrac{a+\mathrm{j}\omega}{(a+\mathrm{j}\omega)^2+\omega_0^2}$	✓			
$\mathrm{e}^{-at}u(t)\sin\omega_0 t,\mathrm{Re}\{a\}>0$	$\dfrac{\omega_0}{(a+\mathrm{j}\omega)^2+\omega_0^2}$	✓			
$t\mathrm{e}^{-at}u(t),\mathrm{Re}\{a\}>0$	$\dfrac{1}{(a+\mathrm{j}\omega)^2}$		$\dfrac{1}{(\tau-\mathrm{j}t)^2},\tau>0$	$2\pi\omega\mathrm{e}^{-\tau\omega}u(\omega)$	
$\dfrac{t^{k-1}\mathrm{e}^{-at}}{(k-1)!}u(t),\mathrm{Re}\{a\}>0$	$\dfrac{1}{(a+\mathrm{j}\omega)^k}$				
$\delta_T(t)=\sum_{i=-\infty}^{\infty}\delta(t-lT)$	$\dfrac{2\pi}{T}\sum_{i=-\infty}^{\infty}\delta\left(\omega-k\dfrac{2\pi}{T}\right)$	✓			
$\mathrm{e}^{-\left(\frac{1}{\tau}\right)^2}$	$\sqrt{\pi}\tau\mathrm{e}^{-\left(\frac{\omega\tau}{2}\right)^2}$	✓			
$\left[u\left(t+\dfrac{\tau}{2}\right)-u\left(t-\dfrac{\tau}{2}\right)\right]\cos\omega_0 t$	$\dfrac{\tau}{2}\left[\mathrm{Sa}\dfrac{(\omega+\omega_0)\tau}{2}+\mathrm{Sa}\dfrac{(\omega-\omega_0)\tau}{2}\right]$	✓			
$\sum_{i=-\infty}^{\infty}F_k\mathrm{e}^{\mathrm{j}k\omega_0 t}$	$2\pi\sum_{i=-\infty}^{\infty}F_k\delta(\omega-k\omega_0)$				

附表 1-3　常见的拉普拉斯变换的基本性质

线性定理	齐次性	$\mathcal{L}\left[af(t)\right]=aF(s)$
	叠加性	$\mathcal{L}\left[f_1(t)\pm f_2(t)\right]=F_1(s)\pm F_2(s)$
微分定理	一般形式	$\mathcal{L}\left[\dfrac{\mathrm{d}f(t)}{\mathrm{d}t}\right]=sF(s)-f(0)$ $\mathcal{L}\left[\dfrac{\mathrm{d}^2 f(t)}{\mathrm{d}t^2}\right]=s^2 F(s)-sf(0)-f'(0)$ $\vdots$ $\mathcal{L}\left[\dfrac{\mathrm{d}^n f(t)}{\mathrm{d}t^n}\right]=s^n F(s)-\sum_{k-1}^{n}s^{n-k}f^{(k-1)}(0)$ $f^{(k-1)}(t)=\dfrac{\mathrm{d}^{k-1}f(t)}{\mathrm{d}t^{k-1}}$
	初始条件为 0 时	$\mathcal{L}\left[\dfrac{\mathrm{d}^n f(t)}{\mathrm{d}t^n}\right]=s^n F(s)$
积分定理	一般形式	$\mathcal{L}\left[\displaystyle\int f(t)\,\mathrm{d}t\right]=\dfrac{F(s)}{s}+\dfrac{\left[\displaystyle\int f(t)\,\mathrm{d}t\right]_{t=0}}{s}$ $\mathcal{L}\left[\displaystyle\iint f(t)\,(\mathrm{d}t)^2\right]=\dfrac{F(s)}{s^2}+\dfrac{\left[\displaystyle\iint f(t)\,\mathrm{d}t\right]_{t=0}}{s^2}+\dfrac{\left[\displaystyle\iint f(t)\,(\mathrm{d}t)^2\right]_{t=0}}{s^2}$ $\vdots$ $\mathcal{L}\left[\displaystyle\int\cdots\int f(t)\,(\mathrm{d}t)^n\right]=\dfrac{F(s)}{s^n}+\sum_{k-1}^{n}\dfrac{1}{s^{n-k+1}}\left[\displaystyle\int\cdots\int f(t)\,(\mathrm{d}t)^n\right]_{t=0}$
	初始条件为 0 时	$\mathcal{L}\left[\displaystyle\int\cdots\int f(t)\,(\mathrm{d}t)^n\right]=\dfrac{F(s)}{s^n}$
延迟定理（或称 t 域平移定理）		$\mathcal{L}\left[f(t-T)1(t-T)\right]=\mathrm{e}^{-Ts}F(s)$
衰减定理（或称 s 域平移定理）		$\mathcal{L}\left[f(t)\mathrm{e}^{-at}\right]=F(s+a)$
终值定理		$\lim_{t\to\infty}f(t)=\lim_{s\to 0}sF(s)$
初值定理		$\lim_{t\to 0}f(t)=\lim_{s\to\infty}sF(s)$
卷积定理		$\mathcal{L}\left[\displaystyle\int_0^t f_1(t-\tau)f_2(\tau)\,\mathrm{d}\tau\right]=\mathcal{L}\left[\displaystyle\int_0^t f_1(\tau)f_2(t-\tau)\,\mathrm{d}\tau\right]=F_1(s)F_2(s)$

附表 1-4　常见的拉普拉斯变换和 Z 变换

重要	连续时间函数 $f(t)$	拉普拉斯变换 $F(s)$	Z 变换
✓	$\delta(t)$	1	1
✓	$\delta_T(t) = \sum\limits_{n=0}^{\infty} \delta(t - nT)$	$\dfrac{1}{1 - e^{-Ts}}$	$\dfrac{z}{z - 1}$
✓	$1(t)$	$\dfrac{1}{s}$	$\dfrac{z}{z - 1}$
✓	t	$\dfrac{1}{s^2}$	$\dfrac{Tz}{(z-1)^2}$
✓	$\dfrac{t^2}{2}$	$\dfrac{1}{s^3}$	$\dfrac{T^2 z(z+1)}{2(z-1)^3}$
✓	$\dfrac{t^n}{n!}$	$\dfrac{1}{s^{n+1}}$	$\lim\limits_{a \to 0} \dfrac{(-1)^n}{n!} \dfrac{\partial^n}{\partial a^n}\left(\dfrac{z}{z - e^{-aT}}\right)$
✓	e^{-at}	$\dfrac{1}{s+a}$	$\dfrac{z}{z - e^{-aT}}$
✓	te^{-at}	$\dfrac{1}{(s+a)^2}$	$\dfrac{Tze^{-aT}}{(z - e^{-aT})^2}$
✓	$1 - e^{-at}$	$\dfrac{a}{s(s+a)}$	$\dfrac{(1 - e^{-aT})z}{(z-1)(z - e^{-aT})}$
	$e^{-at} - e^{-bt}$	$\dfrac{b-a}{(s+a)(s+b)}$	$\dfrac{z}{z - e^{-aT}} - \dfrac{z}{z - e^{-bT}}$
✓	$\sin\omega t$	$\dfrac{\omega}{s^2 + \omega^2}$	$\dfrac{z\sin\omega T}{z^2 - 2z\cos\omega T + 1}$
✓	$\cos\omega t$	$\dfrac{s}{s^2 + \omega^2}$	$\dfrac{z(z - \cos\omega T)}{z^2 - 2z\cos\omega T + 1}$
	$e^{-at}\sin\omega t$	$\dfrac{\omega}{(s+a)^2 + \omega^2}$	$\dfrac{ze^{-aT}\sin\omega T}{z^2 - 2ze^{-aT}\cos\omega T + e^{-2aT}}$
	$e^{-at}\cos\omega t$	$\dfrac{s+a}{(s+a)^2 + \omega^2}$	$\dfrac{z^2 - ze^{-aT}\cos\omega T}{z^2 - 2ze^{-aT}\cos\omega T + e^{-2aT}}$
✓	$a^{t/T}$	$\dfrac{1}{s - (1/T)\ln a}$	$\dfrac{z}{z - a}$

注:表中的拉普拉斯变换由连续傅里叶变换演变而来,Z 变换则通过类似的过程由离散傅里叶变换得到。

参 考 文 献

[1] 曾禹村.信号与系统[M].4 版.北京:北京理工大学出版社,2018.

[2] 胡沁春,刘刚利.信号与系统[M].2 版.重庆:重庆大学出版社,2018.

[3] 魏春英,高晓玲.信号与系统[M].北京:北京邮电大学出版社,2017.

[4] 王玉洁,田秀华,杨会玉.信号与系统[M].长春:吉林大学出版社,2012.

[5] 向军,万再莲,周玮.信号与系统[M].重庆:重庆大学出版社,2011.

[6] 程相君,陈生潭.信号与系统[M].西安:西安电子科技大学出版社,1990.

[7] 胡光锐.信号与系统[M].上海:上海交通大学出版社,1995.

[8] 戴旦前,陈崇源.δ 函数和卷积及其在电工中的应用[M].北京:高等教育出版社,1986.

[9] C.J.沙万特　琼.拉普拉斯变换原理[M].西安:陕西科学技术出版社,1984.

[10] 王建华.具有伯努利分布丢包网络控制系统的保性能控制器设计[J].航天控制,2015.

[11] 朱陆陆.蒙特卡洛方法及应用[D].武汉:华中师范大学,2014.